Natur zwischen Wandel und Veränderung

Springer-Verlag Berlin Heidelberg GmbH

Bundesamt für Naturschutz (Hrsg.)

Natur zwischen Wandel und Veränderung

Ursache, Wirkungen, Konsequenzen

bearbeitet von
Karl-Heinz Erdmann und Christiane Schell

Mit 42 Abbildungen und 15 Tabellen

 Springer

Bundesamt für Naturschutz (BfN)
Dr. Karl-Heinz Erdmann
Dr. Christiane Schell
Konstantinstraße 110
53179 Bonn

ISBN 978-3-642-62503-9

Die Deutsche Bibliothek - CIP-Einheitsaufnahme
Natur zwischen Wandel und Veränderung: Ursachen, Wirkungen, Konsequenzen / Hrsg.: Bundesamt für Naturschutz. Bearb.: K.-H. Erdmann; C. Schell.- Berlin; Heidelberg; New York; Barcelona; Hongkong; London; Mailand; Paris; Tokio: Springer 2002
ISBN 978-3-642-62503-9   ISBN 978-3-642-56356-0 (eBook)
DOI 10.1007/978-3-642-56356-0

http://www.springer.de
© Springer-Verlag Berlin Heidelberg 2002
Ursprünglich erschienen bei Springer-Verlag Berlin Heidelberg 2002
Softcover reprint of the hardcover 1st edition 2002
Umschlaggestaltung: E. Kirchner, Heidelberg
Reproduktionsfertige Vorlage von Waltraud Zimmer, Bonn
Das Manuskript wurde am 31.10.2001 abgeschlossen.

SPIN: 10753223   30/3130/xz   - 5 4 3 2 1 0 - Gedruckt auf säurefreiem Papier

Inhaltsverzeichnis

Anschrift der Autoren

Prof. Dr. Dieter Anhuf
Térreo Cidade Universitaria, Instituto de Estudos Avancados, Av. Prof. Luciano Gualberto, Travessa J, 374, 05508-900 Sao Paulo, SP, Brazil

Prof. Dr. Wilhelm Barthlott
Rheinische Friedrich-Wilhelms-Universität Bonn, Botanisches Institut und Botanischer Garten, Meckenheimer Allee 170, D-53115 Bonn

Prof. Dr. Hans-Rudolf Bork
Christian-Albrechts-Universität zu Kiel, Ökologie-Zentrum, Olshausenstraße 40, D-24098 Kiel

Dipl.-Verwaltungswissenschaftler Uwe Brendle
Bundesamt für Naturschutz, Konstantinstraße 110, D-53179 Bonn

Dr. Karl-Heinz Erdmann
Bundesamt für Naturschutz, Konstantinstraße 110, D-53179 Bonn

Dr. Gundula Hübner
Martin-Luther-Universität Halle-Wittenberg, Institut für Psychologie, D-06099 Halle/Saale

Prof. Dr. Martin Kappas
Georg-August-Universität Göttingen, Geographisches Institut, Goldschmidtstraße 5, D-37077 Göttingen

Gerold Kier
Rheinische Friedrich-Wilhelms-Universität Bonn, Botanisches Institut und Botanischer Garten, Meckenheimer Allee 170, D-53115 Bonn

Frank Klingenstein
Rheinische Friedrich-Wilhelms-Universität Bonn, Botanisches Institut und Botanischer Garten, Meckenheimer Allee 170, D-53115 Bonn

Prof. Dr. Ingo Kowarik
Technische Universität Berlin, Institut für Ökologie und Biologie, Rothenburgstraße 12, D-12165 Berlin

Prof. Dr. Hartmut Leser
Universität Basel, Geographisches Institut, Bernoullianum, Klingelbergstraße 16, CH-4056 Basel

Jens Mutke
Rheinische Friedrich-Wilhelms-Universität Bonn, Botanisches Institut und Botanischer Garten, Meckenheimer Allee 170, D-53115 Bonn

Dr. Petra Sauerborn
Universität zu Köln, Seminar für Geographie und ihre Didaktik, Gronewaldstraße 2, Postfach 410 720, D-50931 Köln

Dr. Christiane Schell
Bundesamt für Naturschutz, Konstantinstraße 110, D-53179 Bonn

Prof. Dr. Wolfgang Schumacher
Ministerium für Umwelt und Naturschutz, Landwirtschaft und Verbraucherschutz, Schwannstraße 3, D-40476 Düsseldorf

Heinrich Spanier
Höhlenweg 16 c, D-53125 Bonn

Prof. em. Dr. Dr. h.c. Herbert Sukopp
Technische Universität Berlin, Institut für Ökologie und Biologie, Rothenburgstraße 12 , D-12165 Berlin

Natur zwischen Wandel und Veränderung. Ursachen, Wirkungen, Konsequenzen - ein Vorwort

Karl-Heinz Erdmann (Bonn) und Christiane Schell (Bonn)

Dynamik ist ein kennzeichnendes Merkmal der Natur. Wissenschaftliche Untersuchungen belegen, dass ökologische Systeme nur selten in einem Gleichgewichtszustand verharren und nicht - wie vielfach angenommen - zwangsläufig auf einen solchen zulaufen. Ständige Modifikationen im Naturhaushalt sind die Regel, nicht die Ausnahme. Wesentliches Merkmal aller ökologischer Systeme ist die Verschiedenheit in Zeit und Raum. Diese Erkenntnisse der Ökologie wurde bislang jedoch im Natur- und Umweltschutz nur relativ selten rezipiert mit der Folge einer immer noch überwiegend statischen Naturbetrachtung.

Seit dem Auftreten der ersten Hominiden wird der natürliche Wandel zunehmend anthropogen beeinflusst. In prähistorischer Zeit lebte der Mensch - selbst in labilen Naturräumen - noch weitgehend eingebunden in die Abläufe der Natur. Wegen seiner zunächst noch beschränkten technischen Möglichkeiten und einer geringen Bevölkerungszahl beeinflusste der Mensch zu dieser Zeit die Erde nicht sehr viel stärker als andere Lebewesen auch. Während paläo- und mesolithische Jäger, Sammler und Fischer noch keine nachhaltigen ökosystemverändernden Spuren hinterließen und damit noch weitestgehend als Bestandteil der natürlichen Ökosysteme angesehen werden können, begann der Mensch spätestens im Neolithikum, die ursprünglichen Ökosysteme lokal und regional umzugestalten.

Gegen 10.000 v. Chr. setzte eine tiefgreifende kulturelle Revolution ein. Mit dem Übergang vom Jäger und Sammler zum Ackerbauer und Viehzüchter - dem Übergang von der aneignenden zur produzierenden Wirtschaftsform - sind erste einschneidende, vom Menschen bewirkte Veränderungen im Naturhaushalt nachweisbar. Die Entwicklung des Ackerbaus ermöglichte zwar, die zur Verfügung stehende Nahrungsmenge mehr als zu verzehnfachen, setzte aber die Beseitigung der natürlichen Vegetationsdecke zur Urbachmachung des Bodens für eine ackerbauliche Nutzung voraus. Damit wurden Naturlandschaften in Kulturlandschaften überführt, was vielfältige landschaftsökologische Veränderungen nach sich zog. Beispielsweise ging mit dem Entfernen der geschlossenen Pflanzendecke auch der natürliche Schutz des Bodens vor Erosion verloren. Erst wenn der Boden der erosionsauslösenden Kraft der Niederschläge oder der Winde schutzlos ausgesetzt ist bzw. der Schutz eingeschränkt ist, kann der Prozess der Bodenerosion einsetzen.

Zahlreiche kulturgeschichtliche Forschungsergebnisse belegen, dass Blüte und Bestand vieler Gemeinwesen davon abhingen, ob und inwieweit es ihnen gelang, den Boden und dessen Fruchtbarkeit durch angepasste Landnutzung (Ackerbau und Viehzucht) langfristig zu sichern. In diesem Zusammenhang weist Olschowy (1986, S.68) darauf hin, dass viele ehemals blühende Hochkulturen (Mayas, Römer,

Ägypter) unter anderem auch bedingt durch unsachgemäße Bodennutzung untergegangen seien. Eine der ersten Beschreibungen über Folgen von Eingriffen des Menschen in den Naturhaushalt findet sich in dem um 400 v. Chr. von Platon (427-347 v. Chr.) verfassten Dialog 'Kritias':

> "An Fruchtbarkeit aber habe unser Land jedes andere übertroffen; darum sei es damals auch in der Lage gewesen, ein großes Heer von Leuten zu ernähren, die sich nicht mit dem Landbau beschäftigten ... Damals aber waren die Früchte, die es trug, nicht nur schön, sondern auch in großer Fülle. Wie sollen wir das nun glauben können, und nach welchen Spuren, die vom damaligen Land noch übrig sind, dürfen wir diese Aussagen als richtig betrachten? ... In den neuntausend Jahren - so viele sind es nämlich seit jener Zeit bis heute gewesen - ereigneten sich zahlreiche gewaltige Überschwemmungen, und in dieser langen Zeit und unter diesen Ereignissen hat die Erde, die von den Höhen herabgeschwemmt wurde, nicht etwa einen mächtigen Damm gebildet, wie das an anderen Orten geschieht, sondern sie wurde jeweils ringsum getrieben und verschwand in der Tiefe. Wie man das bei den kleinen Inseln sehen kann, ist also, wenn man den heutigen Zustand mit dem damaligen vergleicht, gleichsam noch das Knochengerüst eines Leibes übrig, der von einer Krankheit verzehrt wurde: ringsum ist aller fette und weiche Boden weggeschwemmt worden, und nur das magere Gerippe des Landes ist übriggeblieben. Aber damals war dieses Land noch unversehrt, mit hohen von Erde bedeckten Bergen, und die Ebenen, die man heute als rau und steinig bezeichnet, hatten fetten Boden in reichem Maße, und auf den Höhen gab es weite Wälder, von denen noch heute deutliche Spuren sichtbar sind. Einige von diesen Bergen bieten jetzt einzig den Bienen noch Nahrung; es ist aber gar nicht so lange her, da waren von den großen Häusern, für deren Bedachung man dort die Bäume gefällt hatte, die Dächer noch wohlerhalten ..." (Platon zit. nach: Garbrecht 1985, S.101).

Diese Beschreibung ist die älteste bekannte Darstellung des Prozesses der Bodenerosion. Sie belegt, dass Menschen schon in ihrer frühen Geschichte tiefgreifende ökologische Veränderungen ausgelöst und Landschaftsdegradation begünstigt haben. Platon nennt eine der Hauptursachen des Bodenabtrags: die Abholzung der Wälder. Garbrecht (1985, S.101f.) weist darauf hin, dass Platon im ägäischen Raum das Beispiel der Mündung des Großen Mäanders in Ionien bekannt gewesen sei. Im Verlauf der vorangegangenen 2.500 Jahre verlagerte sich die tiefe Meeresbucht durch Sedimentation von Erosionsmaterial rund 45 km nach Westen, mit der Folge der Verlandung der ehemaligen Seestädte Myus und Milet.

Einige Jahrhunderte später äußerte sich auch der Theologe Albertus Magnus (1193-1280) zu Fragen der Bodenerosion. Dessen Darlegungen lassen nicht nur erkennen, dass er bereits vor über 700 Jahren das Wesen der Bodenerosion, sondern auch die isohypsenparallele sowie die grobschollige Bodenbearbeitung als Maßnahmen gegen die Bodenerosion erkannt hatte:

"Die Äcker, welche an den Hängen der Berge liegen, sind häufig trocken und mager, weil die Muttererde nach den Tälern abfließt, und deswegen haben auch die Täler fetteren Boden. Deswegen soll man die an Hängen liegenden Äcker mit Transversalfurchen durchziehen, damit in den Furchen die Nähr-flüssigkeit zurückgehalten wird. Sehr verständige Leute besäen den nicht beackerten, harten Humusboden, und nachdem der Humus besät ist, legen sie ihn um, entweder mit dem Pflug oder der Hacke oder sonst einem Grabin-strument, und sie ackern ihn nur einmal, damit die großen Schollen nicht so zerkleinert werden, daß der Boden durch den Regen ins Tal hinabge-schwemmt wird und dabei die Saat zugrunde geht." (Albertus Magnus zit. nach: Mückenhausen 1976, S.27)

Durch die Entwicklung der Wissenschaften, insbesondere der Naturwissen-schaften, sowie die Entdeckung ihrer Anwendbarkeit mittels Technik entfaltete sich in den letzten 300 bis 400 Jahren die abendländische industriell-technische Kultur. Insbesondere mit der raschen Zunahme der Erdbevölkerung, der Entwicklung vie-ler Gemeinwesen zu hochindustrialisierten Gesellschaften und der weiteren Inten-sivierung der Landnutzungen haben Eingriffe in den Naturhaushalt nach Art und Umfang eine niemals zuvor erreichte Größenordnung erreicht, die zu einer ernsten und weltweiten Gefahr für Mensch und Natur geführt haben. Aus diesem Grunde betont Glaser (1989, S.436), dass es im Hinblick auf Natur und Umwelt wissen-schaftlich fundiert sei, von einer großen globalen Krise zu sprechen.

Der Schutz von Natur und Umwelt ist damit zu einer Überlebensfrage der Menschheit geworden. Globale Natur- und Umweltprobleme wie z.B. die Ausdün-nung der Ozonschicht, der Treibhauseffekt und die Verschmutzung der Meere - um nur einige Phänomene anthropogenen Ursprungs zu nennen - werden schon in na-her Zukunft spürbare Folgen zeigen. Es ist davon auszugehen, dass die tiefgreifen-den Modifikationen natürlicher Lebensbedingungen auch für den Menschen in sei-nen sozialen und ökonomischen Beziehungen zu einschneidenden Konsequenzen mit heute noch ungeahntem Ausmaß führen können. Im Gegensatz zu regional be-grenzten Eingriffen in den Naturhaushalt handelt es sich bei den beispielhaft ge-nannten Problemfeldern um weltweit wirksame, hochkomplexe Prozesse, deren Folgen künftig in verstärktem Maße ein global abgestimmtes Handeln erforderlich machen.

Um die verschiedenen, im Spannungsfeld zwischen Wandel (endogen gesteuer-te Prozesse) und Veränderung (exogen gesteuerte Prozesse) auftretenden Phänome-ne genauer zu beleuchten, führten das **Bundesamt für Naturschutz (BfN)** gemein-sam mit der **Rheinischen Friedrich-Wilhelms-Universität Bonn**, dem **Arbeits-kreis Geographie und Naturschutz (AKGN)** innerhalb der **Deutschen Gesell-schaft für Geographie (DGfG)** und der **Gesellschaft für Mensch und Umwelt (GMU)** im **Geographischen Institut der Universität Bonn** im Rahmen des **Studi-um Generale** die interdisziplinär ausgerichtete Ringvorlesung **"Natur zwischen Wandel und Veränderung. Ursachen, Wirkungen, Konsequenzen"** durch. Im Vordergrund der Ringvorlesung standen die Identifikation aktueller Problemfelder,

das Aufzeigen neuer Aufgabenfelder und angemessener praktikabler Lösungsansätze sowie die Entwicklung präventiver Lösungsstrategien für die aktuellen Aufgaben im Natur- und Umweltbereich. Die vorliegende Publikation dokumentiert
die im Rahmen der Ringvorlesung gehaltenen Vorträge.

Mit den in der Aufsatzsammlung zusammengefassten Beiträgen ist der The-
menkomplex Natur zwischen Wandel und Veränderung jedoch keinesfalls umfänglich abgehandelt. Die Publikation zielt darauf, die weitere Auseinandersetzung mit
den verschiedenen, der Naturdynamik zugrundeliegenden Faktoren anzuregen und
die Suche nach zukunftsorientierten Lösungsansätzen für eine naturverträglichere
Naturnutzung weiter zu fördern.

Literatur

Garbrecht, G. (1985): Wasser. Vorrat, Bedarf und Nutzung in Geschichte und Gegenwart. - Reinbek bei Hamburg

Glaser, G. (1989): Umweltforschung als internationale Aufgabe. - In: Geographische Rundschau 41, S.436-440

Mückenhausen, E. (1976): Bisherige Untersuchungen über den Bodenabtrag in
Deutschland und anderen europäischen und außereuropäischen Ländern. - In:
Richter, G. (Hrsg.): Bodenerosion in Mitteleuropa. - Darmstadt, S.26-33

Olschowy, G. (1986): Maßnahmen gegen Bodenerosion. - In: Bodenschutz. Gut-
achterliche Stellungnahme und Ergebnisse eines Kolloquiums des Deutschen
Rates für Landespflege. - Schriftenreihe des Deutschen Rates für Landespflege
51, S.67-69

Natur zwischen Wandel und Veränderung
- Phänomene, Prozesse, Entwicklungen

Hans-Rudolf Bork (Kiel) und Karl-Heinz Erdmann (Bonn)

Exposé

Während der zurückliegenden Jahre hat sich das Naturbild innerhalb der verschiedenen mit ökologischen Themen befassten Disziplinen grundlegend geändert. Als wesentliche Merkmale ökologischer Systeme gelten Dynamik und Verschiedenheit in Zeit und Raum. Bislang wurden diese Erkenntnisse jedoch im Umwelt- und Naturschutz viel zu wenig rezipiert mit der Folge einer immer noch überwiegend statischen Naturbetrachtung: Wandel und Veränderung sind Merkmale der Natur in Vergangenheit, Gegenwart und Zukunft.

1 Definitionen

Definieren wir "Natur" zunächst als einen vom Menschen unbeeinflussten Ausschnitt der Erdoberfläche. Natur gemäß dieser extremen Definition ist in Mitteleuropa nicht mehr existent - alle mitteleuropäischen Standorte sind mehr oder weniger stark, direkt oder indirekt anthropogen überprägt. Unbewohnte Gebiete der Hochgebirge, der Arktis und der Antarktis waren wahrscheinlich die am längsten erhalten gebliebenen Reste von Natur auf der Erde. Selbst diese Räume wurden in den vergangenen Jahrzehnten insbesondere über Veränderungen der chemischen Zusammensetzung der Atmosphäre in ihrer natürlichen, d.h. vom modernen Menschen völlig unbeeinflussten Entwicklung, beeinträchtigt. Die vollständig natürliche Entwicklung wurde damit beendet.

Nichtexistentes ist nicht schützbar. Nichtexistentes ist nicht in einen früheren (natürlichen) Zustand rückentwickelbar. Wir haben zu akzeptieren, dass vom Menschen unbeeinflusste Natur nicht mehr wiederherstellbar ist. Der häufig gebrauchte technisch begründete Begriff "Renaturierung" gaukelt Irrealistisches vor. Technische Natur ist i.S. der obigen extremen Naturdefinition ein Wortwiderspruch. Der Gegensatz von Natur und Kultur besteht daher heute auf der Erdoberfläche nicht mehr. Kulturlandschaft als vom Menschen veränderter Ausschnitt der Erdoberfläche kennzeichnet heute die gesamte Landoberfläche der Erde. Damit stehen wir vor dem Zwang, aufgrund seiner Nichtmehrexistenz den Begriff "Natur" aus der Debatte zu entfernen und nur noch Kultur (Kulturökosysteme, Kulturlandschaften etc.) zu differenzieren.

Dies ist wenig hilfreich. Die Intensität menschlicher Eingriffe in Ökosysteme wird so der breiten Öffentlichkeit nicht begreiflich zu machen sein. Ein Vergleich mit natürlichen Zuständen, die vor der Zeit der modernen Analysen von Ökosystemen zu Ende ging, wäre nicht möglich. Der scheinbar einfache Ausweg besteht darin, Natur in anderer Weise, als eingangs geschehen, zu definieren. Wie ist die provozierend prägnante Definition von Natur als der vom Menschen unbeeinflusste Ausschnitt der Erdoberfläche zu ersetzen? Die Begriffe "natürlicher Wandel" und "anthropogene Veränderung" können zur Klärung beitragen. Der natürliche Wandel vollzieht sich heute parallel zu den anthropogenen Veränderungen und ist von diesen möglicherweise differenzierbar.

Der natürliche, d.h. der vom Menschen vollkommen unbeeinflusste Wandel der Natur verläuft in unterschiedlicher Intensität zeitgleich in allen Raumskalen. In den Landschaften der Erde vollzieht sich damit permanent sowohl abrupt - und damit gut beobachtbar - als auch allmählich - im Verlauf eines einzelnen Menschenlebens kaum feststellbar langsam - ein Wandel der Natur, der vom Menschen weder direkt noch indirekt beeinflusst wird. Dazu sind bereits kurzfristig wirksame endogene natürliche Wandlungen, wie Vulkanausbrüche und Erdbeben, zu rechnen.

Schwieriger ist die quantitative Analyse des natürlichen Wandels, der von längeren Klimazyklen ausgelöst wird, auf die Relief- und Bodenentwicklung sowie die biotische Dynamik (z.B. der raumzeitliche Wandel der Artenvielfalt). Diese Analyse ist überaus anspruchsvoll, da sich der natürliche Wandel permanent und damit über Zeiträume von Jahrhunderten, Jahrtausenden und Jahrzehntausenden vollzieht. Menschenmögliche Messzeiträume sind zu kurz für eine vollständige Quantifizierung des natürlichen Wandels. Einen Ausweg bietet die Rekonstruktion des vergangenen natürlichen Wandels, die jedoch mit zahlreichen methodischen Problemen behaftet ist. Und - auch wenn der vergangene Wandel teilweise starke Ähnlichkeiten mit dem heutigen und dem erwartbaren zukünftigen aufweist - so bleibt doch eine nicht exakt quantifizierbare Unsicherheit, wie die rezente Situation einzuordnen ist.

Neben den natürlichen Wandel tritt die anthropogene Veränderung. Unter letzterer verstehen wir einerseits direkte Eingriffe, die u.a. den Zustand des Reliefs (z.B. durch Abgrabung von Sanden oder Aufschütten von Deponien) sowie die Funktionen, Eigenschaften und Strukturen des Bodens und der Vegetation (z.B. durch Maßnahmen der Land- und Forstwirtschaft wie Düngung, Bodenbearbeitung, Pflanzen und Ernten) verändern. Indirekt wirkt die Landnutzung auf zahlreiche Prozesse. Unter natürlicher Waldvegetation trat in Mitteleuropa keine Bodenerosion auf (Bork 1988). Erst Rodungen und die nachfolgende Nutzung beendeten den vollkommenen Schutz des Bodens vor Erosion. Starkregen und Stürme vermochten auf nicht oder nur spärlich vegetationsbedeckten Oberflächen Bodenpartikel abzulösen und zu verfrachten. Belastungen der Oberflächengewässer waren und sind die Wirkung.

Über Jahrhunderttausende war die anthropogene Veränderung nicht existent oder zumindest unbedeutend gewesen. Spätestens mit den ersten Ackerbauern werden Eingriffe des Menschen in die Natur u.a. des Nahen Ostens, Süd-, West- und Mitteleuropas großräumig nachweisbar. Spätestens im 19. Jh. unterliegt kein Kontinent mehr vollständig nur einem natürlichen Wandel. Spätestens seit den 1960er und 1970er Jahren wandelt sich keine Landschaft der Erde mehr vollständig natürlich. Diese anthropogenen Veränderungen sind flächendeckend nachweisbar: DDT in den Körpern von Menschen und Tieren entlegener Regionen, veränderte Zusammensetzungen der Atmosphäre selbst über der Antarktis, Spuren von Schwermetallen und Radionukliden in Pflanzen, auf der Erdoberfläche, in Böden und im Eis der Gletscher - um nur wenige bekannte Beispiele zu nennen.

Damit besteht die heutige Aufgabe des Natur- und Umweltschutzes zunächst darin, den natürlichen Wandel von anthropogenen Veränderungen zu unterscheiden - qualitativ (in vielen Fällen heute bereits realisierbar) und quantitativ (in vielen Fällen heute nicht bestimmbar). Erst wenn diese Differenzierung erfolgt ist, können geeignete Maßnahmen zur zukünftigen dauerhaft natur- und umweltgerechten Entwicklung von Landschaften geplant und umgesetzt werden. Hier besteht ein großer Handlungsbedarf, weniger ein großer Diskussionsbedarf.

2 Wissensdefizite gestern, heute und morgen zu Wandel und Veränderung

Unsere Kenntnisse zu Wandel und Veränderung sind in den vergangenen Jahren und Jahrzehnten stark angewachsen. Wurden noch im letzten Jahrhundert scheinbar einfache Prozesse falsch verstanden, so sind heute oft zumindest die grundlegenden Vorgänge bekannt. Manchmal gelingt eine physikalisch basierte Beschreibung der Prozesse, eine Formulierung in linearen oder nichtlinearen Gleichungssystemen und die Simulation der Prozesse mit Modellen.

Am Beispiel der Abflussbildung wird der Erkenntnisforschritt zu Wandel und Veränderung deutlich: Wie entsteht Abfluss auf der Bodenoberfläche? Stammt das abfließende Wasser direkt aus dem Niederschlag und beeinflussen Menschen die Abflussbildung? Oder versickert das Niederschlagswasser zunächst, passiert Boden und Gestein, um dann an der Bodenoberfläche auszutreten - mit einer geringen Wirkung menschlichen Handelns? Oder stammt schließlich der Abfluss überhaupt nicht aus dem Niederschlag; bewegt sich vielmehr Wasser vom Meer seitlich in die Gesteine der Kontinente, um in den Klüften des Gesteins in die Hügel und Berge hinauf zu steigen und dann dort an die Bodenoberfläche zu gelangen? Dann hätte der Mensch keinen Einfluss auf die Prozesse der Abflussbildung.

Leonardo da Vinci beschäftigte sich intensiv mit dieser bedeutenden Forschungsfrage. Er gelangte in dem Kapitel "Zur Bestätigung, warum das Wasser auf den Berghöhen ist" des Wasserbuches zu folgendem Schluss: "Ich sage, so wie die natürliche Wärme das Blut zum Scheitel des Menschen hinauftreibt und, wenn der Mensch tot ist, das Blut in dessen unteren Teilen zusammensinkt, und so wie sich, wenn die Sonne den Kopf des Menschen erhitzt, das Blut dort vervielfacht und soviel Feuchtigkeit aufsteigt, daß durch die allzu große Anstrengung der Adern Kopfschmerzen verursacht werden; so ist es bei den Wasseradern, die sich im Körper der Erde verzweigen, und durch die natürliche Wärme, die in dem ganzen die enthaltenden Körper verbreitet ist, bleibt das Wasser auch in den Adern hoch oben in den Gipfeln der Berge. Und wenn ein Wasser durch eine gemauerte Leitung im Körper eines Berges fließt, wird es wie etwas Totes seine ursprüngliche niedrige Lage niemals verlassen, weil es nicht von der lebenspendenden Wärme der ersten Ader erwärmt wird. Außerdem hat die Wärme des Elements Feuer und, tagsüber, die Wärme der Sonne die Kraft, die Feuchtigkeit in den unteren Teilen der Berge zu wecken und hochzuziehen, auf dieselbe Weise, wie es die Wolken anzieht und ihre Feuchtigkeit im Bett des Meeres weckt." (Leonardo da Vinci 1996, S.23).

Noch im späten 18. Jh. ist C.G. Pötzsch, dem bedeutenden Erforscher der Hochwasser in Sachsen, das Entstehen des Hochwassers der Elbe im Juni 1785 völlig unklar: "So hoch war das Wasser in so kurzer Zeit bey doch nur mäßigem Regen angeschwollen, der das Erdreich noch lange nicht gesättigt hatte. Diese so schleunig große Anschwellung des Wassers war also unmöglich von dem Regen herzuleiten, und doch wußte man sich solche Erscheinung nicht zu erklären" (Pötzsch 1786, S.120).

Heute kennen wir die Grundprozesse der Abflussbildung. Auf die unbedeckte Bodenoberfläche aufprallende Niederschlagstropfen versickern, bis schließlich die Infiltrationskapazität überschritten wird. Regentropfen vorausgegangener Niederschläge haben oftmals die unbedeckte Geländeoberfläche verändert. Durch Regentropfenaufschlag werden Bodenaggregate zerschlagen und in Teilen fortgeschleudert. Nach dem Aufprall verstopfen sie häufig zuvor offene, wasserleitende Poren und reduzieren dadurch das Wasseraufnahmevermögen an der Bodenoberfläche drastisch. Laborberegnungsversuche ergaben Reduzierungen der Infiltrationskapazität durch Regentropfenaufschlag um 60% bis über 90% gegenüber unverdichteten, frisch bearbeiteten Geländeoberflächen (Bork 1988). Der verdichtete Bereich, der kaum einen Millimeter mächtig ist, bestimmt bei Starkregen entscheidend den Umfang der Wasserbewegung sowohl in den Zentimetern und Dezimetern unter der Verdichtung als auch auf der Bodenoberfläche. Der Anteil des Niederschlagswassers, der nicht sofort versickern kann, wird in kleinen Depressionen zwischengespeichert oder fließt oberflächlich ab. Dennoch ist es bis heute nicht gelungen, die beschriebenen Prozesse der Abflussbildung physikalisch korrekt in einem Modellsystem zu beschreiben. Eine exakte Quantifizierung dieser episodisch auftretenden Prozesse ist nur überaus selten außerhalb von Laboratorien gelungen.

Abflussbildung ist in den früheren natürlichen Waldgebieten und heutigen Kulturlandschaften Mitteleuropas vollständig ein Resultat anthropogener Veränderungen (Bork et al. 1998).

Diese Ausführungen mögen genügen, um exemplarisch die Erkenntnisentwicklung und die verbliebenen Kenntnisdefizite zu Wandel und Veränderung zu verdeutlichen.

3 Methoden

Welche Methoden stehen uns zur Verfügung, um natürlichen Wandel und anthropogene Veränderung zu unterscheiden und zu quantifizieren? Prozesse können in verschiedenen Zeitfrequenzen an wenigen Standorten oder entlang von Transekten gemessen werden. Heutige Strukturen in der Landschaft können vor Ort kartiert oder auf Luft- bzw. Satellitenaufnahmen identifiziert werden. Kaum oder nicht bekannte Prozesse können in Feld- oder Laborexperimenten nachvollzogen werden. Vergangene Strukturen, Prozesse und Landschaftszustände können über die Analyse von Geoarchiven und die Interpretation von zeitgenössischen Quellen rekonstruiert werden. Prozessbasierte Modelle gestatten eine Simulation der kurz- und langfristigen Entwicklung von Ökosystemen, Landschaften, Regionen und der gesamten Erde.

Jede der genannten Methoden hat ihre Vor- und Nachteile. Messungen können mit Fehlern behaftet sein. Sie werden aufgrund des Finanz- und Arbeitsaufwandes meist nur über wenige Monate oder Jahre und wenige Standorte vorgenommen. Kartierungen beschreiben schlaglichtartig und grob einen Landschaftszustand. Satellitenbilder bieten nur für einige wissenschaftliche Untersuchungen die notwendige räumliche Auflösung. Sie liefern nur Informationen zur Erdoberfläche. Luftbilder liegen nur für wenige Zeitpunkte vor. Experimente vermögen die tatsächlichen Gegebenheiten im Feld nur bedingt nachzuahmen. So hat technisch erzeugter Niederschlag bei Beregnungsexperimenten andere Eigenschaften als der aus den Wolken auf die Erdoberfläche fallende Regen. Rekonstruktionen bleiben bruchstückhaft, da nur wenige frühere Ökosystemzustände annähernd nachzuvollziehen sind. Oft sind nur wenige Relikte erhalten. Mangelnde Prozesskenntnisse hinterlassen Lücken in Modellen, die über empirische und damit eingeschränkt übertragbare Gleichungen versuchsweise geschlossen werden. Nur wenige Modelle sind überprüft.

Aufgrund dieser methodischen Mängel hat disziplinäre Forschungstätigkeit in den vergangenen Jahren und Jahrzehnten nicht selten widersprüchliche Resultate erbracht. Wissenschaftler (vor allem Meteorologen und Klimatologen), die sich mit dem gegenwärtigen Klima befassen, erkennen in den Messreihen der vergangenen Jahrzehnte und in Simulationen eindeutige Trends z.B. der Erwärmung der Atmosphäre und interpretieren sie als eindeutig anthropogen bedingte Veränderung. Paläoklimaforscher finden hingegen in den vergangenen Jahrtausenden Klimaextreme, die fast so stark sind wie diejenigen Veränderungen, die von einigen der erstgenannten Gruppe der Rezentklimaforscher für die Mitte des 21. Jh. erwartet werden. Einige Paläoklimaforscher bezweifeln daher die Eindeutigkeit der Ursache der gegenwärtigen Klimatrends. Sie halten auch einen natürlichen Wandel für möglich. Inzwischen gilt die anthropogene Veränderung des Klimas in der wissenschaftlichen Diskussion und in der öffentlichen Wahrnehmung jedoch als gesichert.

Nur interdisziplinäres Arbeiten vermag derartige gravierende Interpretationskonflikte zu lösen, in dem die relevanten Disziplinen sehr verschiedenartige, für die jeweiligen wissenschaftlichen Fragen geeignete Methoden nutzen und gemeinsam verknüpfen.

Die wesentlichen Ziele der Anwendung dieser interdisziplinären Methodik bestehen heute darin, zunächst fundierte Bewertungen des gegenwärtigen Zustandes der Landschaften vornehmen und die erwartbaren Entwicklungen besser beurteilen zu können. Umsetzungen können dann mit dem Ziel erfolgen, die Diskrepanz zwischen Veränderung und Wandel zu verringern.

4 Wandel und Veränderung in der Vergangenheit

In manchen mitteleuropäischen Landschaften währte die Periode der Urgeschichte fünf Jahrtausende. Während des Neolithikums und der frühen Bronzezeit veränderten sich im überwiegenden Teil der mitteleuropäischen Landschaften die Landschaftsfunktionen und -strukturen nur schwach. Über die erhebliche Ausdehnung der Landnutzung in der jüngeren Bronzezeit und in der Eisenzeit veränderten Menschen wahrscheinlich erstmals den mitteleuropäischen Energie-, Wasser- und Stoffhaushalt signifikant.

Ungünstige Witterungsverhältnisse und resultierende Ertragsausfälle, Seuchen, Fehden und Kriege dezimierten in der Völkerwanderungszeit die Zahl der Menschen. Viele Überlebende verließen, wie der Name der Epoche andeutet, Mitteleuropa. Pollen- und Bodenanalysen belegen, dass Wald die Landschaften zurückeroberte. Letztmals dominierte in Mitteleuropa der natürliche Wandel.

Die Bevölkerungsentwicklung in Deutschland

Nachhersagen der Bevölkerungsentwicklung in Deutschland wurden von verschiedenen Autoren versucht. So geben Müller-Wille (1956), Kirsten et al. (1965), Abel (1978), Henning (1985) und Bork et al. (1998) Bevölkerungszahlen für verschiedene Zeitpunkte an. Da die Ausdehnung Deutschlands schwankte, sind Vergleiche schwierig. Dennoch haben wir uns entschlossen, die ungefähre Entwicklung der Bevölkerungszahlen vom Frühmittelalter bis zum ausgehenden 18. Jh. darzustellen - bezogen auf Deutschland in den heutigen Grenzen (Abb.1).

Das kontinuierliche Bevölkerungswachstum seit dem Ende der Völkerwanderungszeit wurde bis zum ausklingenden 11. Jh. lediglich von einer bedeutenden Depression im 10. Jh. unterbrochen. Im 12. und 13. Jh. schwächte sich das Wachstum trotz der deutschen Ostsiedlung und der günstigen klimatischen Bedingungen deutlich ab (Abb.1). Die Tragfähigkeit wurde allmählich erreicht. In der ersten Hälfte des 14. Jh. führten ungünstige Witterung, Bodenerosion und Hochwasser wiederholt zu Hungersnöten und Massensterben (vgl. Abel 1967, 1967; Bork et al. 1998). In den Jahren 1348 bis 1350 wütete die Pest (Keil 1986). Diese Katastrophen ließen die Zahl der Menschen in Deutschland zwischen 1300 und 1350 um mehr als ein Drittel sinken. Zahlreiche Orte fielen wüst (Abel 1976). Ein stetiges Wachstum kennzeichnete die Periode bis zum Beginn des 30jährigen Krieges, der den zweiten großen Einschnitt des vergangenen Jahrtausends brachte.

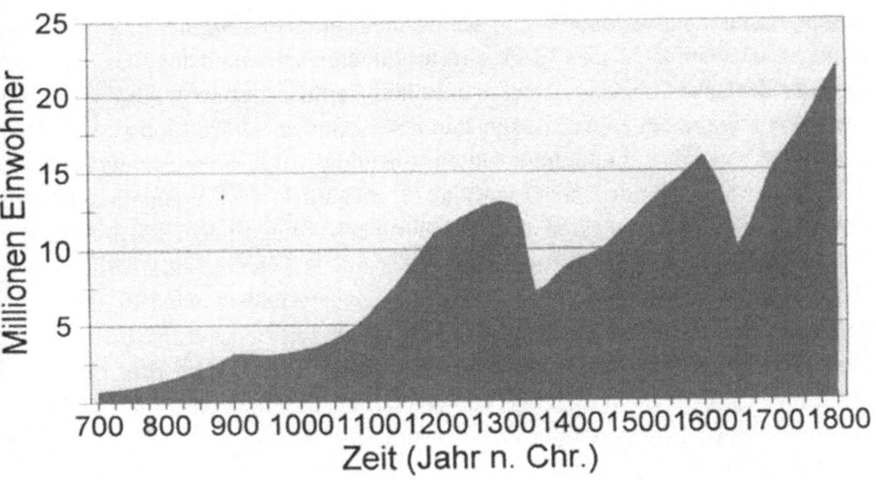

Abb.1:   Ein Modell der Bevölkerungsentwicklung in Deutschland.

Der Fleischkonsum in Deutschland

Vor allem Abel (1938, 1971a-e, 1978) und Henning (1985, 1994) haben Schrift-
quellen identifiziert und ausgewertet, die Angaben über den Fleischverzehr während des Mittelalters und der Neuzeit in verschiedenen Städten und Regionen
Deutschlands enthielten. In Abb.2 sind die Daten beider Autoren zum Fleischkonsum im Zeitverlauf zusammengeführt. Die Umrechnung erfolgte für Deutschland
in den heutigen Grenzen. Ein Trend ist erkennbar.

Vom 6. bis zum 11. Jh. variierte der Fleischkonsum kaum. Im Durchschnitt ver-
zehrte ein Mensch in Deutschland in jener Zeit pro Jahr 80 bis 100 Kilogramm

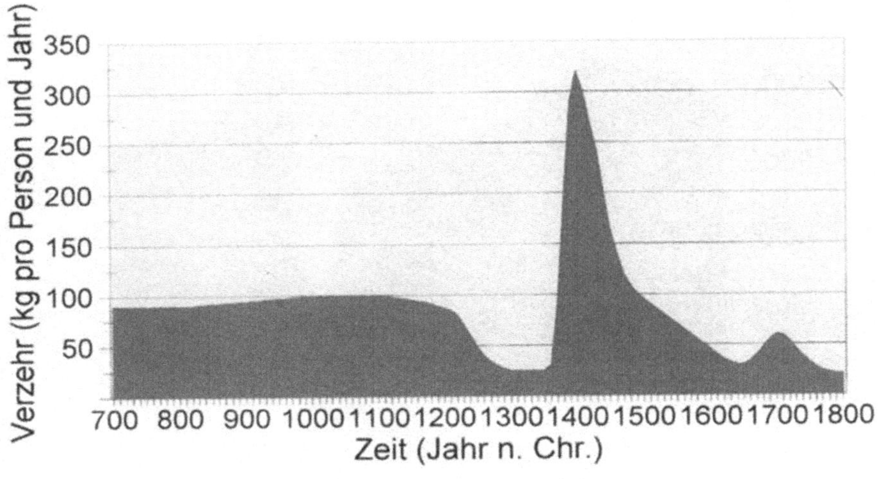

Abb.2:   Ein Modell des Fleischkonsums in Deutschland.

Fleisch und damit etwa soviel wie in der zweiten Hälfte des 20. Jh. Mit dem Bevölkerungswachstum im 12. und 13. Jh. tritt ein allmählicher Landmangel ein, der auch durch die deutsche Ostsiedlung nicht vollständig kompensiert wird. Zur Erzeugung von einem Kilogramm Fleisch ist annähernd die zehnfache Fläche nötig, die für die Produktion von einem Kilogramm Getreide benötigt wird. Daher geht die Fleischproduktion im 12. und besonders stark im 13. Jh. zurück. Der Verzehr erreicht ein Minimum von 25 kg pro Person und Jahr im frühen 14. Jh. Mit dem drastischen Bevölkerungsrückgang bis 1350 entfällt der Druck auf die Anbaufläche Deutschlands. Große Flächen bewalden sich oder werden als Dauergrünland extensiv beweidet. Der Fleischverbrauch schnellt in die Höhe und erreicht ein heute kaum vorstellbares Ausmaß (Abb.2). Abel (1938, 1978) berichtet von einem Konsum von bis zu vier Pfund Fleisch pro Person und Tag. Das spätmittelalterliche und frühneuzeitliche Bevölkerungswachstum bedingt eine erneute, allmähliche Flächenverknappung und damit einen Rückgang der Fleischproduktion und des Fleischkonsums auf unter 50 kg pro Person und Jahr. Erst im 20. Jh. werden Werte von 50 kg wieder überschritten und das frühmittelalterliche Maximum von 100 kg annähernd erreicht.

Die Ernährungsdynamik in Deutschland

Noch unsicherer ist eine erste, grobe Schätzung des Nährwertes der von der deutschen Bevölkerung eingenommenen Nahrung (angegeben in Kilojoule pro Person und Tag). Abb.3 zeigt die starken Schwankungen zwischen 700 und 1800 n. Chr. Sie wurden berechnet auf der Grundlage der Daten zum Fleischkonsum und des - hier nicht dargestellten - Getreideverbrauchs sowie verschiedenen Annahmen zum seinerzeitigen Nährwert.

Der Getreideverbrauch erreichte bereits im beginnenden Hochmittelalter das Maximum der vergangenen eineinhalb Jahrtausende, um dann deutlich zurückzu-

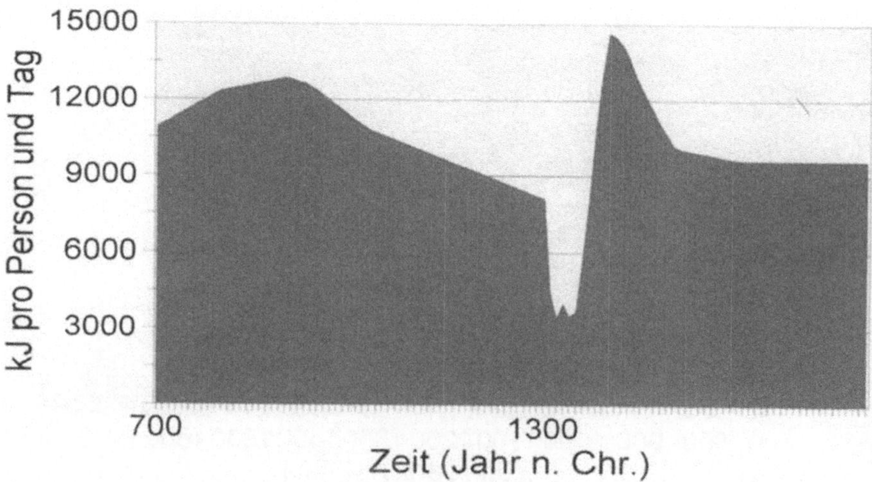

Abb.3:   Ein Modell der Ernährungsdynamik in Deutschland.

gehen. Da der Fleischverzehr in Deutschland anschließend kaum anstieg, nahm der Nährwert nach unseren ersten Berechnungen von mehr als 12.000 Kilojoule um das Jahr 900 auf etwa 8.000 Kilojoule pro Person und Tag im 13. Jh. ab. Wie erwähnt, wurde Fleisch bereits im späten 12. Jh. in Mitteleuropa rar. In der Folgezeit mussten sich die meisten Menschen vorwiegend von Getreideprodukten ernähren, sie wurden zu "Zwangsvegetariern". Missernten in der ersten Hälfte des 14. Jh. verringerten den Konsum schließlich auf Werte unter 4.000 kJ pro Person und Tag. Hunger und Mangelernährung waren allgegenwärtig.

Erst mit dem Massensterben durch die Pest der Jahre 1348 bis 1350 änderte sich die Situation grundlegend. Der Flächenüberschuss in der zweiten Hälfte des 14. Jh. und die resultierende einzigartige Zunahme der Fleischproduktion ließen den durchschnittlichen Nährwert der Nahrung rasch auf mehr als 14.000 kJ hochschnellen.

Die Veränderung der Ackerfläche in Deutschland

Im Gegensatz zum Nährwert lässt sich die Ausdehnung der Ackerflächen recht genau aus Bodendaten ableiten. Sowohl die Art der Bodenbildung als auch die Art und das Ausmaß von Bodenerosion und Bodenakkumulation lassen detaillierte Rückschlüsse auf die Landnutzung zu. Allerdings müssen die Böden und Sedimente, in denen die Informationen zur seinerzeitigen Landnutzung verschlüsselt sind, zunächst datiert werden. Bork et al. (1998) haben mehr als 2.000 Standorte in Deutschland untersucht und die Veränderung der Ausdehnung der Ackerflächen seit dem 7. Jh. rekonstruiert. Die Daten sind in Abb.4 wiedergegeben.

Beginnend mit dem 7. Jh. nahm die Ackerfläche Deutschlands stetig zu. Einerseits wurden u.a. in den tieferen Lagen der Mittelgebirge Standorte unter den Pflug genommen, die eine geringere Bodenfruchtbarkeit und ungünstigere klimatische

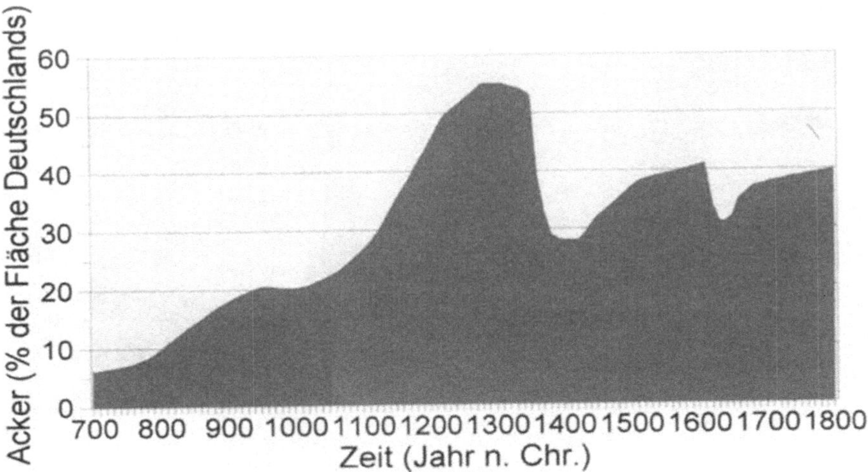

Abb.4:   Veränderung der Ackerfläche in Deutschland (Datenquelle: Bork et al. 1998).

Bedingungen als die frühen Siedlungsräume aufwiesen. Andererseits dehnte sich die Besiedlung nach Osten aus, wo sie mit slawischen Siedlern konkurrierte. Schließlich wurde um das Jahr 1300 die größte Ausdehnung des Ackerlandes in der gesamten, mehr als 7.000 Jahre währenden Ackerbauzeit erreicht. Der anschließende dramatische Rückgang hat vielfältige Ursachen. Wesentlich und bislang völlig unterschätzt war im 14. Jh. die erosionsbedingte Aufgabe agrarischer Nutzung. Geringmächtige Böden waren vollständig abgetragen worden, ein Wüstfallen die unmittelbare Konsequenz. Seuchen, Kriege und Fehden trugen entscheidend zum Bevölkerungsrückgang und damit auch zur Aufgabe der Ackernutzung bei. In der anschließenden Regenerationsphase wuchs der Ackerflächenanteil, unterbrochen vom 30jährigen Krieg, schließlich bis auf 40% der Gesamtfläche Deutschlands in den heutigen Grenzen an (Abb.4).

Der Bodenabtrag auf den erosionsgefährdeten Hangstandorten Deutschlands

Am Hang erodierte Sedimente wurden überwiegend auf konkaven Unterhängen und in benachbarten Talauen abgelagert. Über die Detailanalyse der Ablagerungsstandorte kann das Ausmaß der mittelalterlichen und neuzeitlichen Bodenerosion oft noch heute rekonstruiert werden. Dazu werden die Volumina datierter Sedimentkörper für einzelne Abflussereignisse oder (zumeist) für bestimmte Landnutzungsperioden bestimmt. Über die Nachvollziehung der Ausdehnung der damaligen Einzugsgebiete und die datierte Ablagerungsdauer können mittlere Erosionsraten bestimmt werden. Bork et al. (1998) quantifizierten auf diesem Weg für die erwähnten mehr als 2.000 Standorte die Bodenerosion, die sich seit dem Frühmittelalter in Deutschland vollzogen hat. Das Resultat zeigt Abb.5.

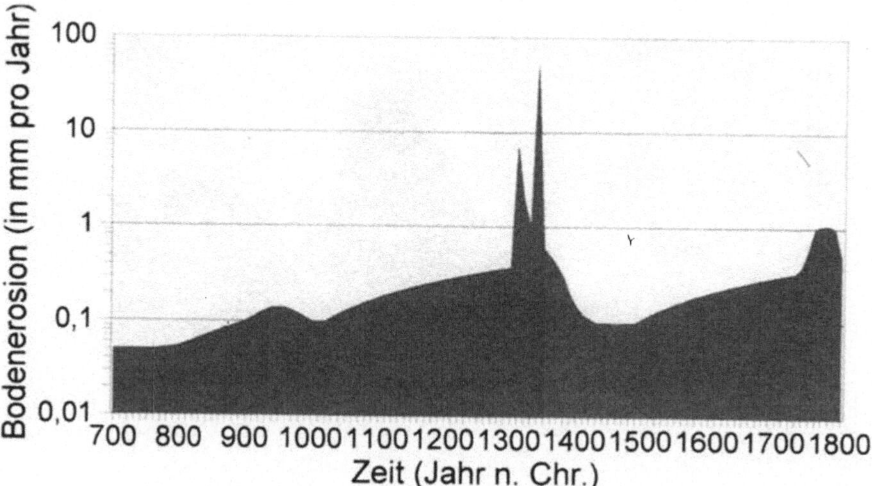

Abb.5:   Abtrag auf erosionsgefährdeten Hangstandorten Deutschlands (Datenquelle: Bork et al. 1998).

Eine geringe Bedeutung besaß das Ausmaß der Bodenerosion in den vergangenen 1.500 Jahren - von drei Perioden abgesehen.

Witterungsextreme trafen in der ersten Hälfte des 14. Jh. in Deutschland auf ausgeräumte und außergewöhnlich intensiv genutzte Landschaften. Die geringe Biomasse hatte wahrscheinlich zusätzlich das Klima Mitteleuropas verändert und das Ausmaß der hygrischen Witterungsextreme verstärkt. Dramatische flächen- und linienhafte Bodenerosion war die Folge (Abb.5). Vielerorts wurden die humosen Böden vollständig erodiert. Nicht selten ging der gesamte ackerbaulich nutzbare Oberboden über steinreichen Schuttdecken oder unfruchtbaren Sanden verloren (Schatz 2000). Besonders wirksam war das tausendjährige Niederschlags-, Abfluss- und Erosionsereignis Ende Juli 1342 (vgl. Alexandre 1987; Bork 1988; Roth 1996; Bork et al. 1998). Merkmale des natürlichen Wandels - in diesem Fall Witterungsextreme - trafen auf anthropogene Veränderungen wie ausgeräumte, vegetationsarme Landschaften und wahrscheinlich dadurch verstärkte Niederschläge. Kumulationen ungünstiger Merkmale des Wandels und der Veränderung können verheerende, teilweise irreversible Wirkungen nach sich ziehen.

Erosionsextreme kennzeichneten auch die zweite Hälfte des 18. Jh. Lokale Witterungsextreme häuften sich - ein sehr wahrscheinlich natürlicher Wandel zeigte seine Wirkungen. Insbesondere in Gefällsrichtung genutzte Wölbäcker, deren Furchen unbeabsichtigt der Abflusssammlung und -ableitung dienten, wurden tief zerschluchtet. Damit führten auch in dieser Zeit natürliche Witterungsextreme und eine ungünstige Landnutzung zu verheerenden, oft noch heute gut sichtbaren Schäden in mitteleuropäischen Landschaften.

In der dritten erosionsreichen Phase, den vergangenen Jahrzehnten, sind hingegen alleine anthropogene Einflüsse erosionsfördernd gewesen. Ein natürlicher Wandel, der die hygrischen Witterungsextreme verstärkte, ist für das 20. Jh. nicht nachweisbar. Schläge wurden mit der Flurbereinigung im Westen und der Kollektivierung im Osten Deutschlands vergrößert, Wege und Terrassen beseitigt und damit lange Abflusswege geschaffen. Fruchtfolgen wurden verändert und zunehmend erosionsfördernde Feldfrüchte wie Mais und Rüben angebaut. Im Vergleich zum 19. und frühen 20. Jh. erhöhte sich die Bodenerosion auf hängigen Äckern um 200 bis 300%, in Extremfällen um mehr als das Zehnfache (Bork 1988).

Die Synthese

Ein Vergleich der Bevölkerungszahlen, des Fleischkonsums, der Ernährung, des Ackeranteils und der Bodenerosionsraten offenbart überraschende Zusammenhänge. Die verwendeten und generierten Daten stammen überwiegend aus sehr verschiedenartigen, voneinander unabhängigen Quellen. Allerdings wurde die Ernährungsdynamik (Abb.3) aus den Daten zur Bevölkerungsentwicklung (Abb.1), zum Fleisch- (Abb.2) und Getreidekonsum berechnet. Eine identische Basis besitzen auch die Daten zur Ausdehnung der Äcker und zum Ausmaß der Bodenerosion (Abb.4 und Abb.5).

Einige Kausalitäten wurden bereits angesprochen. Das Bevölkerungswachstum erhöhte zu Beginn des Mittelalters stetig den Nahrungsmittelbedarf in Deutschland. Dieser wurde zunächst besonders über Wild und Getreideprodukte gestillt. Letztere bedingten umfangreiche Rodungen und die zunehmende Anlage von Ackerflächen. Haustiere verdrängten im Verlauf des Frühen Mittelalters allmählich das Wild von den Speiseplänen der meisten Bewohner Deutschlands, wodurch die Beweidung bedeutend anwuchs. Die weiter zunehmende Zahl an Menschen erhöhte den Druck auf die Fläche weiter. Bis zum 13. Jh. dehnten sich die Ackerflächen kontinuierlich aus. Schließlich war der verfügbare Raum vollständig und intensiv genutzt.

Bereits im 11. Jh. konnte die Zunahme der Nutzfläche nicht mehr mit dem Bevölkerungswachstum Schritt halten, der Verzehr von Getreideprodukten und Fleisch nahm ab. Im 13. Jh. blieben aufgrund der günstigen Witterung und damit hoher Erträge gravierende Mangelsituationen weitgehend aus.

Kühle und feuchte Jahre sowie Witterungskatastrophen änderten die Lage besonders in den Jahren 1313 bis 1317 schlagartig. Die labile, auf günstiger Witterung und hohen Erträgen beruhende ausreichende Ernährung war nicht länger gewährleistet. Abfluss und Bodenerosion reduzierten langfristig die Bodenfruchtbarkeit und riefen kurzfristig Missernten hervor. Besonders dramatisch waren die Folgen des (wahrscheinlich durch eine anthropogen hervorgerufene Klimaveränderung verstärkten) Tausendjährigen Regens. Viele zuvor fruchtbare Felder wurden während dieser Katastrophe oder den vorausgegangenen Starkregen manchmal innerhalb von Stunden ihrer Bodendecke beraubt. Sie fielen für Jahrhunderte, nicht wenige dauerhaft wüst. Die Pest der Jahre 1348 bis 1350 traf unterernährte, geschwächte Menschen. Ohne die exzessive anthropogene Veränderung der mitteleuropäischen Landschaften wäre der zeitgleich natürliche Wandel vermutlich ohne besondere Folgen geblieben.

Weite Teile Deutschlands waren plötzlich bevölkerungsarm. Die stark erodierten Flächen bewaldeten sich in der zweiten Hälfte des 14. Jh. wieder. Die Waldfläche verdreifachte sich in Deutschland (Bork et al. 1998). Der Wald schützte die Oberflächen vor weiterer Bodenabspülung, Dauergrünland dehnte sich aus. Die Tierhaltung und der Fleischverzehr nahmen drastisch zu. Mehrere Fleischmahlzeiten am Tag waren im 15. Jh. üblich.

Das erneute Bevölkerungswachstum und der resultierende Bedarf an Ackerfläche führte bereits im späten 15. und im 16. Jh. zwangsläufig zu einem Rückgang der Fleischproduktion. Der Nährwert der Nahrung verringerte sich deutlich. Diese erneute Intensivierung der anthropogenen Veränderung ging jedoch nicht mit einem signifikanten natürlichen Wandel einher. Daher blieben dauerhafte Bodenzerstörungen aus.

Erst von der vierten bis zur achten Dekade des 18. Jh. überlagerten sich ein relevanter natürlicher Wandel und Nutzungsintensivierungen. Die bedeutendste Bodenzerstörung seit der Mitte des 14. Jh. und der dauerhafte Verlust von Ackerflächen waren die unmittelbare Konsequenz.

Nach dem im Hinblick auf unsere Thematik ereignisarmen 19. und frühen 20. Jh. wurden die anthropogenen Eingriffe in die Landschaften Mitteleuropas im Verlauf der letzten Jahrzehnte so bedeutend, dass selbst ohne einen gleichzeitigen natürlichen Wandel außergewöhnliche Veränderungen nachzuweisen sind. Technischer Fortschritt und agrarpolitische Rahmenbedingungen bewirkten eine historisch einmalige Produktivitätssteigerung. Die Landschaft wurde landnutzergerecht gestaltet. Viele Betriebe spezialisierten sich auf wenige Produkte. Technologieintensive Produktionsverfahren wurden großflächig etabliert. Gravierende, unerwünschte Landschaftsveränderungen waren die unmittelbare Konsequenz, insbesondere verstärkten sich

- die flächen- und linienhafte Bodenerosion durch Wasser und Wind,
- die Bodenverdichtung,
- die Belastungen des Grund- und Oberflächenwassers,
- der Artenrückgang,
- die Veränderung und Zerstörung von Biotopen sowie
- die Vereinheitlichung des Landschaftsbildes.

Umfassende Forschungsarbeiten haben in den vergangenen Jahrzehnten die Ursachen anthropogener Veränderungen aufgedeckt und viele Möglichkeiten zu ihrer Reduzierung aufgezeigt. Dennoch bestehen unverändert viele Hemmnisse zur Minderung des Ausmaßes der anthropogenen Veränderung.

5 Wandel und Veränderung in der möglichen Zukunft

Einen wesentlichen Einfluss auf die Weiterentwicklung der Kulturlandschaften Deutschlands und damit auf das zukünftige Ausmaß der anthropogenen Veränderungen hat die Agrar-, Umwelt- und Naturschutzpolitik der Europäischen Union. Die Regulierung der Mengen und Preise agrarischer Produkte bestimmen Rentabilität und Anbauverhalten. Die fortschreitende Liberalisierung des Agrarmarktes wird bedeutende Veränderungen von Natur und Umwelt nach sich ziehen. Manche natur- und umweltschonende Verfahren der Produktion agrarischer Produkte sind so kostenaufwändig, dass eine bedeutende Verbreitung nicht zu erwarten ist. Die ökonomischen Zwänge bieten derzeit kaum Spielräume für eine dauerhaft natur- und umweltgerechte landwirtschaftliche Produktion (Müller et al. 2000b).

Werden sich mittel- und langfristig die anthropogenen Eingriffe weiter intensivieren? Tritt ein natürlicher Wandel hinzu? Auch die besten und komplexesten Modelle vermögen keine zuverlässige Antwort auf diese zentralen gesellschaftlichen Fragen zu geben. Prognosen der Entwicklung sind nicht möglich, da einerseits das System Landschaft so komplex ist, das wesentliche Rückkopplungen nach wie vor nicht exakt mathematisch beschreibbar oder gar (noch?) völlig unbekannt sind. Andererseits werden nicht vorhersehbare politische und ökonomische Entscheidungen die Landschaftsentwicklung determinieren.

Daher sind wir auf die Analyse von Szenarien angewiesen, also auf die Beantwortung der Frage, was wäre wenn ...?

Das pessimistische Szenario: Die Beschleunigung der anthropogenen Veränderung

Eine Fortsetzung der derzeitigen globalen Entwicklung wird die anthropogene Veränderung weiter verstärken. Neben der Entwicklung des mittleren Verhaltens des Klimas werden die Extreme immer mehr in den Vordergrund des Interesses der Gesellschaft rücken. Länger anhaltende Dürren, häufigere und stärkere Stürme sowie intensivere Niederschläge werden neue, heute kaum absehbare Rückkopplungen bedingen. Besonders dramatische Wirkungen sind jedoch weniger für Deutschland als vielmehr für Staaten in den wechselfeuchten Subtropen und in den Tropen erwartbar. Eine weitere Zunahme der Bodenerosion in Deutschland wird die hier ohnehin ablaufenden Nutzungsaufgaben verstärken. Die Wahrnehmung der heimischen Bodenzerstörung wird wohl marginal bleiben. Die Bevölkerung der Staaten außerhalb der gemäßigten Breiten, die sich auch zukünftig weitgehend selbst ernähren muss und Bodenverluste nicht ausreichend durch Importe ausgleichen kann, wird dagegen noch intensiver von zunehmenden Witterungsextremen betroffen sein. Schon kurzfristig werden dort Hungersnöte und Massensterben vermehrt zu beklagen sein. Verheerend ist die langfristige Perspektive im pessimistischen Szenario.

Das optimistische Szenario: Die Entschleunigung der anthropogenen Veränderung

Auf lokaler und regionaler Ebene bietet sich in Deutschland eine Vielfalt von Möglichkeiten an, die anthropogene Entwicklung zu entschleunigen. Erste Voraussetzung ist ein besseres Natur-, Umwelt- und Systemverständnis der Bevölkerung und damit eine stark verbesserte Natur- und Umweltbildung für alle Altersstufen.

Manche Veränderung vollzieht sich bereits. Das notwendige Naturverständnis bedingt einen Paradigmenwechsel im Naturschutz: Vom Einzelartenschutz zum integrativen, flächendeckenden Naturschutz, vom statischen, leitbildorientierten Naturschutz zur dauerhaft natur- und umweltgerechten, sozial verträglichen und ökonomisch tragfähigen Natur- und Kulturlandschaftsentwicklung. BSE sowie die Maul- und Klauenseuche haben die europäische Landwirtschaft verändert. Verbraucher und Produktqualität - sowie hoffentlich auch der Natur- und Umweltzustand - rücken in den Vordergrund landwirtschaftlicher Produktion.

Eine gute Chance besteht jetzt darin, traditionelle Polarisierungen durch Konsensbemühungen zu ersetzen. In verschiedenen Projekten werden heute Umsetzungsstrategien für eine dauerhaft natur- und umweltgerechte, sozial verträgliche und zugleich ökonomisch tragfähige Naturentwicklung geprüft und exemplarisch umgesetzt.

So entwickelt und erprobt das BMBF-geförderte und von Prof. Dr. Klaus Müller (Zentrum für Agrarlandschafts- und Landnutzungsforschung, Müncheberg) koordinierte Verbundforschungsvorhaben "Ansätze für eine dauerhaft umweltgerechte landwirtschaftliche Produktion: Modellgebiet Nordost-Deutschland (GRANO)" Konzepte, die zu einer dauerhaft natur- und umweltgerechten Nutzung von Agrarlandschaften in ausgewählten Regionen Nordostdeutschlands beitragen können (Müller et al. 2000a). Zentrale Thesen des Vorhabens sind:

- Ökonomische und ökologische Ziele in der Landwirtschaft können harmonieren.
- Ohne die Partizipation der Praktiker (Landwirte, Natur- und Umweltschützer, Gewerbetreibende und Regionalpolitiker) können keine tragfähigen Lösungen gefunden werden.
- Nur über eine integrative Untersuchung der politischen Rahmenbedingungen und der spezifischen Anforderungen an eine ökonomisch, sozial und ökologisch tragfähige Landwirtschaft werden die häufigen Zielkonflikte erkennbar.
- Am Ende des vierjährigen Vorhabens ist die Natur- und Umweltsituation spürbar verbessert. Tragfähige Projekte sind initiiert.

Als Fallbeispiele dienen drei Landkreise in Brandenburg. Gemeinsam werden von den in der Landschaft handelnden Personen Empfehlungen für eine natur- und umweltschonende Agrarlandschaftsnutzung erarbeitet und in Modellvorhaben umgesetzt. Die beteiligten wissenschaftlichen Institutionen analysieren deren Wirksamkeit.

Partizipation steht im Fokus von GRANO. Die Erkenntnisse sind mit und für die Akteure transparent und nachvollziehbar darzustellen - eine unbedingte Voraussetzung für den Erfolg des Vorhabens. Die Ausrichtung auf eine nachhaltige Nutzung der Agrarlandschaften muss daher von den Akteuren als dauerhafte Lösung erkannt, entwickelt und umgesetzt werden. GRANO ist auf diesen Erkenntnis- und Umsetzungsprozess ausgerichtet. Das flexible Wechselspiel von Planung, Umsetzung und Prüfung führt zu häufigen Veränderungen der weiteren Bearbeitungsschritte (Müller et al. 2000b).

Wodurch wird die Konsensfindung zwischen Natur- und Umweltschützern, Politikern und Landwirten gefördert? Landwirte streben eine kurzfristige Sicherung der Einkommen an. Natur- und Umweltschützer verfolgen oftmals längerfristige Ziele. Diese divergierenden Interessenlagen werden im Forschungsvorhaben von den Akteuren analysiert.

Vorbereitend wurden in den beiden ausgewählten brandenburgischen Regionen Uckermark-Barnim und Elbe-Elster intensive Befragungen und Analysen durchgeführt. In jeder Modellregion wurde danach ein dreitägiger Planungsworkshop veranstaltet, an dem Vertreter der verschiedenen gesellschaftlichen Gruppen teilnahmen. Die Akteure diskutierten die spezifischen Nutzungs-, Natur- und Umweltprobleme der jeweiligen Modellregion, definierten Handlungsfelder und formulierten die folgenden vier Umsetzungsprojekte:

- Definition und Bewertung ökologischer Leistungen der Landwirtschaft,
- Landwirtschaftliche Beratung zu Natur- und Umweltthemen,

- Regionalmarketing Landwirtschaft und Tourismus sowie
- Regionales Flächenmanagement.

Im Umsetzungsprojekt "Definition und Bewertung ökologischer Leistungen der Landwirtschaft" etablieren und evaluieren Vertreter der Politik, der Landwirtschaft, des Naturschutzes und der Wissenschaft gemeinsam ein neues Bewertungssystem. So könnten ökologische Leistungen der Landwirtschaft durch eine dezentrale und flexible Mittelvergabe effizienter honoriert und gefördert werden. Neue Kooperationsformen lassen Effizienzsteigerungen erwarten.

Natur- und Umweltschutzleistungen werden in der Beratung von Landwirtschaftsbetrieben, die in Brandenburg privatwirtschaftlich organisiert ist, kaum nachgefragt. Das zweite Umsetzungsprojekt versorgt daher Berater der Landwirte mit Informationen zu Produktionsverfahren, die stärker an Natur- und Umweltqualitätszielen orientiert sind. Empfehlungen für die Etablierung eines Beratungssystems in Brandenburg zu natur- und umweltrelevanten Fragen der Landwirtschaft sind ein bedeutendes Projektziel.

Die Verarbeitung und Vermarktung landwirtschaftlicher Produkte in der Region, in der sie erzeugt wurden, unterstützt das dritte Umsetzungsprojekt. Über Kooperationen wird versucht, die Ströme landwirtschaftlicher Produkte (wie Fleisch) innerhalb einer Region zu halten, um Arbeitsplätze in der Verarbeitung zu schaffen und die Transporte zu mindern. Die themenbezogene Bündelung und Erweiterung existierender Tourismusangebote soll eine zielgerichtete Vermarktung fördern. Gemeinsam mit Landwirtschaftsbetrieben werden Tourismuspakete entwickelt, die Einblicke in die landwirtschaftliche Produktion, in die Herstellung und Vermarktung gesunder Nahrungsgüter geben. Neben vielfältigen natur- und umweltverträglichen Einzelaktivitäten ist die Erhöhung der regionalen Wertschöpfung sowie die Schaffung von Arbeitsplätzen ein weiteres anspruchsvolles Ziel dieses Umsetzungsprojektes. Neue Kooperationsformen werden verankert und wissenschaftlich analysiert (Müller et al. 2000b).

Neue Siedlungen, Gewerbegebiete und Verkehrswege werden vorwiegend auf landwirtschaftlichen Nutzflächen errichtet. Die im Jahr 1998 veränderte naturschutzrechtliche Eingriffsregelung eröffnet die Möglichkeit eines Regionalen Flächenmanagements als viertes Umsetzungsprojekt.

Erste Projekterfolge belegen, dass über oftmals mühsame, zeitaufwendige partizipative Arbeit lokale Natur- und Umweltentlastungen erreicht werden und gleichzeitig ökonomische sowie soziale Vorteile entstehen können.

6 Literatur

Abel, W. (1938): Wandel im Fleischverbrauch und der Fleischversorgung in Deutschland seit dem ausgehenden Mittelalter. - In: Berichte über Landwirtschaft N.F. 22, S.411-452

Abel, W. (1967): Wüstungen in historischer Sicht.- In: Abel, W. (Hrsg.): Wüstungen in Deutschland. - In: Zeitschrift für Agrargeschichte und Agrarsoziologie. Sonderheft 2, S.1-15

Abel, W. (1971a): Landwirtschaft 500 bis 900. - In: Aubin, H. & Zorn, W. (Hrsg.): Handbuch der deutschen Wirtschafts- und Sozialgeschichte. Bd. 1. - Stuttgart, S.83-108

Abel, W. (1971b): Landwirtschaft 900 bis 1350. - In: Aubin, H. & Zorn, W. (Hrsg.): Handbuch der deutschen Wirtschafts- und Sozialgeschichte. Bd. 1. - Stuttgart, S.169-201

Abel, W. (1971c): Landwirtschaft 1350 bis 1500. - In: Aubin, H. & Zorn, W. (Hrsg.): Handbuch der deutschen Wirtschafts- und Sozialgeschichte. Bd. 1. - Stuttgart, S.300-333

Abel, W. (1971d): Landwirtschaft 1500 bis 1648. - In: Aubin, H. & Zorn, W. (Hrsg.): Handbuch der deutschen Wirtschafts- und Sozialgeschichte. Bd. 1. - Stuttgart, S.386-413

Abel, W. (1971e): Landwirtschaft 1648 bis 1800. - In: Aubin, H. & Zorn, W. (Hrsg.): Handbuch der deutschen Wirtschafts- und Sozialgeschichte. Bd. 1. - Stuttgart, S.495-530

Abel, W. (1976): Die Wüstungen des ausgehenden Mittelalters. - Stuttgart

Abel, W. (1978): Geschichte der deutschen Landwirtschaft vom frühen Mittelalter bis zum 19. Jahrhundert. - Stuttgart

Alexandre, P. (1987): Le climat en Europe au Moyen Age. Contribution a l'histoire des variations climatiques de 1000 a 1425, d'apres les sources narratives de l'Europe occidentale. - Paris

Bork, H.-R. (1988): Bodenerosion und Umwelt. Verlauf, Ursachen und Folgen der mittelalterlichen und neuzeitlichen Bodenerosion. Bodenerosionsprozesse. Modelle und Simulationen.- Landschaftsgenese und Landschaftsökologie 13

Bork, H.-R.; Bork, H.; Dalchow, C.; Faust, B.; Piorr, H.-P. & Schatz, Th. (1998): Landschaftsentwicklung in Mitteleuropa. - Gotha

Henning, F.-W. (1985): Landwirtschaft und ländliche Gesellschaft in Deutschland. Bd. 1: 800 bis 1750. - Paderborn, München, Wien, Zürich (2.Aufl.)

Henning, F.-W. (1994): Deutsche Agrargeschichte des Mittelalters. 9. bis 15. Jh. - Stuttgart

Keil, G. (1986): Seuchenzüge des Mittelalters. - In: Herrmann, B. (Hrsg.): Mensch und Umwelt im Mittelalter. - Darmstadt, S.109-128

Kirsten, E.; Buchholz, E.W. & Köllmann, W. (1965): Raum und Bevölkerung in der Weltgeschichte. Bd. 1 und 2. - Würzburg

Leonardo da Vinci (1996): Das Wasserbuch. Schriften und Zeichnungen. Ausgewählt und übersetzt von Marianne Schneider. - München, Paris, London

Montanari, M. (1993): Der Hunger und der Überfluß. Kulturgeschichte der Ernährung in Europa. - München

Müller, K.; Bork, H.-R.; Dosch, A.; Hagedorn, K.; Kern, J.; Peters, J.; Petersen, H.-G.; Nagel, U.J.; Schatz, Th.; Schmidt, R.; Toussaint, V.; Weith, T.; Werner, A. & Wotke, A. (2000a): Nachhaltige Landnutzung im Konsens. Ansätze für eine dauerhaft-umweltgerechte Nutzung der Agrarlandschaften in Nordostdeutschland. - Gießen

Müller, K.; Wotke, A. & Bork, H.-R. (2000b): Ansätze für eine dauerhaft umweltgerechte landwirtschaftliche Produktion: Modellgebiet Nordost-Deutschland (GRANO). - In: Brandenburger Umweltberichte 8, S.56-61

Müller-Wille, W. (1956): Siedlungs-, Wirtschafts- und Bevölkerungsräume im westlichen Mitteleuropa um 500 n. Chr. - Westfälische Forschungen 9

Pötzsch, C.G. (1786): Nachtrag und Fortsetzung seiner Chronologischen Geschichte der großen Wasserfluthen des Elbstromes seit tausend und mehr Jahren.- Dresden

Roth, R. (1996): Einige Bemerkungen zur Entstehung von Sommerhochwasser aus meteorologischer Sicht. - In: Zeitschrift für Kulturtechnik und Landentwicklung 37, S.241-245

Schatz, Th. (2000): Untersuchungen zur holozänen Landschaftsentwicklung Nordostdeutschlands. - ZALF-Bericht 41

Das Klima im Spannungsfeld natürlicher und anthropogener Einflüsse

Martin Kappas (Göttingen)

Exposé

Im Rahmen der Behandlung des Themas "Natur zwischen Wandel und Veränderung" spielt die Dynamik des Klimas eine entscheidende Rolle für alle ökologischen Systeme auf der Erde, ist es doch das Klima, das ein Leben auf unserer Erde im Vergleich zu anderen Planeten unseres Sonnensystems erst ermöglicht. Das Klima befindet sich seit Anbeginn der Erdgeschichte in stetem Wandel. Klimastabilität ist somit nicht typisch, nie hat es so etwas wie ein vollkommen stabiles Klima oder einen stabilen natürlichen Lebensraum auf dem Planeten Erde gegeben. Die Umwelt- und Atmosphärenbedingungen haben sich im Laufe der Erdgeschichte ständig geändert - manchmal allmählich, teilweise aber auch dramatisch. Das Leben hat sich diesen Bedingungen unablässig angepasst; zum Teil hat es sie auch selbst hervorgerufen.

Der Mensch - der moderne Homo sapiens sapiens - entwickelte sich vor ca. 100.000 Jahren und begann sofort auf seine Umwelt einzuwirken. Die Folge war zunächst die Ausrottung zahlreicher Tier- und Pflanzenarten. Neben den elementaren Eingriffen in Fauna und Flora der Erde verändert der Mensch zunehmend das Klima der Erde indem er die Atmosphärenzusammensetzung modifiziert. Die Erdatmosphäre hat sich dabei im Verlauf der letzten 100 Jahre um ca. 0,6 °C erwärmt und somit ein Niveau erreicht, das höher liegt als jemals während der letzten 600 Jahre. Zudem verstärken sich die Annahmen, dass die beobachtete Erwärmung erst der Beginn einer lang anhaltenden Klimaänderung ist. Obwohl wir über die daraus folgenden Konsequenzen noch wenig wissen, muss mit weitreichenden Veränderungen für Flora, Fauna, Lebensräume und Ökonomie gerechnet werden.

Vor diesem Hintergrund erscheint es wenig verwunderlich, dass die Veränderungen der Atmosphäre unserer Erde größere Bedeutung finden als andere ökologische Probleme. Die Wissenschaft ging lange Zeit davon aus, dass das Klima eine exogene Größe darstellt - charakterisiert durch eine Zykluszeit von einem Jahr - und das Wetter um diesen Klimazustand oszilliert. Knapp 150 Jahre nach der Entdeckung des Treibhauseffektes durch Fourier und ca. 80 Jahre nach der Warnung des schwedischen Physikers Arrhenius, dass die Verbrennung fossiler Brennstoffe (Erdöl, Kohle) das Klima beeinflusse, beschäftigt sich die Klimaforschung stärker mit den Zusammenhängen zwischen anthropogenen Treibhausgasemissionen und Klimawandel. Zwar war unsere Erde auch in der Vergangenheit mit Treibhausgasen angereichert, was physikalisch leicht belegt werden kann, da die einfallende Sonnenstrahlung gerade ausreichen würde, um eine durchschnittliche Oberflächentemperatur von -18 °C zu erzielen.

Relativ neu ist allerdings die Erkenntnis, dass die anthropogen verursachte Zunahme des Treibhausanteils groß genug ist, um relevante Klimaveränderungen zu bewirken. Eine solche Veränderung - sofern sie nicht bereits eingetreten ist - wird für die nächsten 100 Jahre erwartet. Ursächlich verantwortlich für die Atmosphärenveränderung sind insbesondere die Verbrennung fossiler Energie, die Verringerung der weltweiten Waldfläche, sowie bestimmte landwirtschaftliche Nutzungsformen wie Reisanbau oder Rinderhaltung. Ausgelöst werden diese Prozesse durch die explosionsartige Entwicklung der Weltbevölkerung, die als Hauptinitiator der Klimaveränderung angesehen werden muss.

1 Natürliche Einflüsse auf das Klimasystem der Erde

Die Erde ist von einer sehr dünnen Gasschicht, Atmosphäre genannt, umgeben, die das erstaunlichste aller Phänomene ermöglicht: das Leben.

Vom subjektiven Standpunkt eines einzelnen Menschen gesehen ist unsere Atmosphäre ein unermäßlicher Sauerstoffvorrat und ein unendlicher "Abfallkübel" für Abgase, von einem objektiven, wissenschaftlichen Standpunkt aus betrachtet, aber eher eine empfindliche und verletzliche dünne Haut. Dünn deshalb, weil 99,9% der gesamten Luftmasse in der bis 11 km reichenden Troposphäre und der bis 50 km reichenden Stratosphäre enthalten sind. In einer Haut, die nur 1% des Erdradius (6.370 km) ausmacht, ist nahezu die gesamte Atmosphärenmasse enthalten. In der untersten Schicht unserer Atmosphäre spielt sich das gesamte Wettergeschehen sowie der Wasserkreislauf ab. In der Stratosphäre befindet sich in einer Höhe von 20 bis 25 km die lebenswichtige Ozonschicht, die darüber hinaus das hochenergetische Spektrum der Sonnenstrahlung ausfiltert, was insbesondere für das Leben auf dem Land von hoher Bedeutung ist. Die Strahlenbelastung wäre ansonsten zu hoch zur Evolution höherstehender Lebensformen. Abb.1 fasst den Stockwerkaufbau der Erdatmosphäre sowie deren vertikale Begrenztheit zusammen. Durch die wissenschaftliche Erkenntnis, dass die Atmosphäre begrenzt ist, wird auch dem Wachstum der Menschheit Grenzen gesetzt. Die alte menschliche Vorstellung, nach der ein Stoff aufgelöst ist und für immer verschwunden ist, nachdem er verbrannt wurde und der Wind den entstehenden Rauch davongetragen hat, erweist sich nunmehr als falsch.

Wenn wir die natürlichen Einflüsse auf das Klima unserer Erde analysieren, so müssen wir vor allem die Energieströme für das System Erde betrachten. Die Erde bezieht fast ihre gesamte Energie von der Sonne, die diese enormen Energiemengen durch einen Kernfusionsprozess erzeugt. Alle anderen Energiequellen tragen zusammen weniger als 0,1% zum globalen Energiehaushalt der Erde bei. Dabei sind insbesondere die Erdwärme und natürliche Kernspaltungen zu nennen. Die fossile Energie zählt in dieser Betrachtung nicht als eigener Energieträger, da sie nichts an-

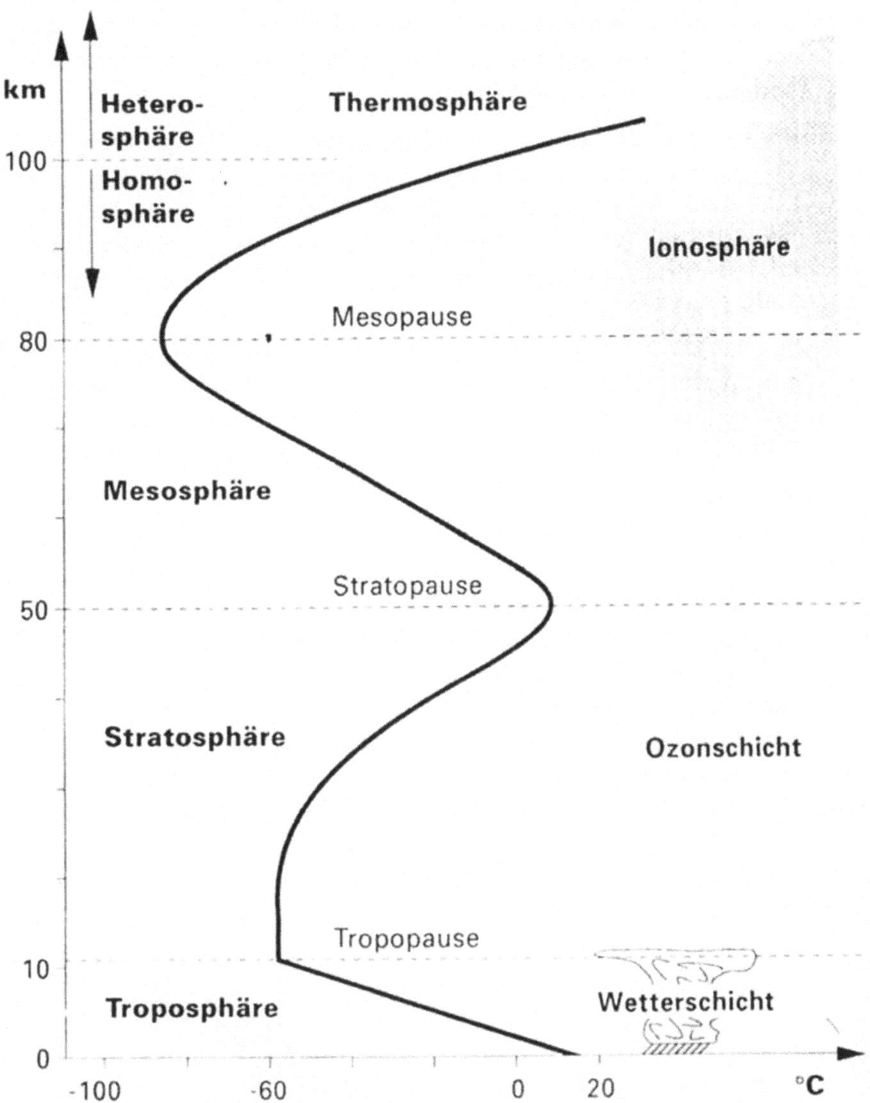

Abb.1:   Stockwerkbau der Atmosphäre (nach: Gassmann 1994, S.2).

deres als gespeicherte solare Energie darstellt. Diese Speicherung wird in Form von Biomasse durch die pflanzliche Photosynthese ermöglicht. Der Energietransport von der Sonne zur Erde geschieht in Form von Strahlung, die überwiegend im kurzwelligen Bereich des Strahlungsspektrums liegt (0,15 bis 4 µm, mit einem Maximum bei 0,5 µm). Die Erde strahlt ebenfalls Energie in den Weltraum ab. Da die Erde jedoch wesentlich kühler als die Sonne ist, liegt die Abstrahlung der Erde in einem Spektrum von 4 bis 100 µm und damit im langwelligen Infrarotbereich. Die von der Erde aufgenommene Energiemenge entspricht bis auf Bruchteile der wieder in den Weltraum abgegebenen Strahlung. Diese Bruchteile entsprechen der Nettospeicherung in Form von Biomasse. Es muss dabei eine Nettorechnung vorgenommen werden, da nicht nur Energie gespeichert, sondern gleichzeitig durch Fäulnis und Verbrennung auch wieder freigesetzt wird.

Der Wechsel zwischen Speicherung und Freisetzung dieser Energien macht sich auch in der jahreszeitlichen Oszillation der CO_2-Meßkurve am Mouna Loa (vgl. Abb.2) bemerkbar. Ohne dieses Energieflussgleichgewicht würde sich die Atmosphäre unseres Planeten rasch aufheizen bzw. abkühlen. Physikalische Messungen zur Bestimmung der eintreffenden solaren Energiemengen liefern ein verblüffendes Ergebnis. Die von der Sonne eintreffende Energiemenge ist nahezu konstant. Man spricht hier von der Solarkonstanten (Q), die einen durchschnittlichen Wert von 342 W/m^2 aufweist, wobei die eintreffende Energiemenge über das gesamte Strahlungsspektrum summiert wird. Die Solarkonstante weist aber aufgrund der variablen Anzahl und Größe von Sonnenflecken auf der Sonne kleine Schwankungen auf.

Anhand einer der längsten systematischen Beobachtungsreihe, nämlich der seit 1610 lückenlos beobachteten und dokumentierten Sonnenfleckenrelativzahl (gewichtete und normierte Zahl der Sonnenflecken), lässt sich ein 11jähriger Zyklus ausmachen, der von einem schwächeren 22jährigen Zyklus überlagert wird. Die Sonne zeigt dabei ihre maximale Strahlungsleistung bei maximaler Fleckenzahl. Nach unseren gegenwärtigen Kenntnissen bewirken die Flecken eine Schwankung der Solarkonstanten in der Größenordnung von 2-3 W/m^2, was eine primäre Temperaturveränderung (ohne Rückkoppelungseffekte berechnet) von etwa 0,15 K bzw. eine effektive Temperaturschwankung (mit Rückkoppelungsfaktor von etwa 3) von rund 0,5 K hervorruft. Man nimmt heute an, dass das weitgehende Ausblei-

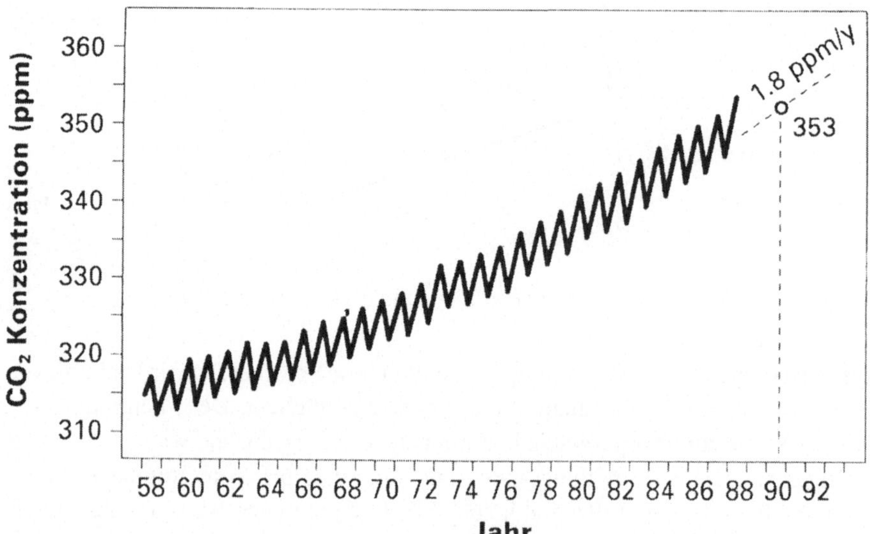

Abb.2:   Atmosphärische CO₂-Konzentrationen gemessen am Mouna Loa Observatorium (Hawaii) (nach Gassmann 1994, S.30).

ben von Sonnenflecken während des sogenannten Maunder-Minimums zwischen 1645 und 1715 als auslösender Faktor für eine Kaltperiode ("kleine Eiszeit") betrachtet werden kann. Damals sank die Temperatur global gemittelt in Europa um 0,5 K ab, was in Europa zu schlimmen Ernteausfällen, sehr kalten Wintern und Hungersnöten führte.

Die Strahlungsbilanz unserer Erde hängt allerdings nicht nur von der solaren Emission ab, sondern auch von der Entfernung unseres Planeten zur Sonne. So werden unsere Jahreszeiten weitgehend von den Erdbahnparametern bestimmt, wobei die Extremwerte derzeit Anfang Januar (mit dem 1,034-fachen des Mittelwertes) und Anfang Juli (mit dem 0,965-fachen) erreicht werden (vgl. Peixoto & Oort 1992). Die Solarkonstante bezieht sich dabei auf die Durchschnittsentfernung zur Sonne. Darüber hinaus zählt der sogenannte Milankovitch-Effekt, der die Bewegung der gesamten Erdbahnellipse enthält und den kurzfristigen Jahreszyklus überlagert. Eine Verschiebung der gesamten Ellipse führt zu deutlicheren Entfernungsunterschieden zur Sonne, als dies im Jahreszyklus der Fall ist. Dabei muss allerdings in Zeiträumen von 10.000 bis 100.000 Jahren gedacht werden. Das Auftreten von Eiszeiten kann durch diese säkulare Orbitalbewegung mitverursacht worden sein.

Wesentlich bedeutender für die klimatische Situation auf unserer Erde sind mittelfristig jedoch andere Faktoren, wie die Reflektionseigenschaften der Erde (Albedo) sowie der natürliche Treibhauseffekt. Beide Faktoren werden signifikant von der Zusammensetzung der Atmosphäre beeinflusst.

Spricht man vom Klima der Erde, so ist in der Regel das physikalische Klima in Form der Ausprägung der Elemente Strahlung, Temperatur, Luftfeuchte und Niederschlag gemeint. Das Erdklima ist dabei das Ergebnis eines komplexen Zusammenspiels der Subsysteme Atmosphäre, Hydrosphäre (gasförmiges und flüssiges Wasser), Kryosphäre (Schnee und Eis), Lithosphäre (Erdoberfläche) und Biosphäre. Der Einfluss der einzelnen Teilsysteme auf das globale Klima ist allerdings unterschiedlich. Die Atmosphäre an sich spielt mit dem von ihr verursachten natürlichen Treibhauseffekt eine zentrale Rolle bei der Bildung bzw. Steuerung des globalen Klimas. Da die eintreffende Sonnenenergie gerade ausreichen würde, um die Erdoberflächentemperatur auf durchschnittlich -18 °C zu erwärmen, kommt dem natürlichen Treibhauseffekt eine erhebliche Bedeutung für das Leben auf unserer Erde zu. Der Wert von -18 °C errechnet sich nach dem Stefan-Bolzmann-Gesetz, welches besagt, dass ein nicht-reflektierender (schwarzer) Körper im energetischen Gleichgewicht (Einstrahlung = Ausstrahlung) eine Temperatur in Kelvin aufweist, die sich wie folgt berechnet:

$$Temp = \sqrt[4]{E / 5,67 \cdot 10^{-8}}$$

Bei der Berechnung wird von einer globalen Strahlungsenergie E in Höhe von 235 W/m^2 ausgegangen. Dies ist der effektiv wirksame Nettowert der Strahlung, die auf der Erdoberfläche ankommt. Aufgrund der Reflektion durch die Erdoberfläche und durch die Atmosphäre (an Wolken und Aerosolen) werden nämlich ca. 30% der ankommenden solaren Energie, also 107 von 342 W/m^2, direkt wieder abgestrahlt. Abb.3 zeigt schematisch die Energieströme im Klimasystem der Erde. In der Realität wird die Erdoberfläche nicht durch eine Energiemenge von 235 W/m^2 aufgewärmt, sondern durch eine Energiemenge von 390 W/m^2. Die Differenz von 155 W/m^2 ist auf den natürlichen Treibhauseffekt zurückzuführen. Dies bedeutet gleichzeitig, dass die von der Erdoberfläche abgehende Wärmeenergie nur zu einem geringen Anteil direkt in den Weltraum abfließt (40 von 168 W/m^2).

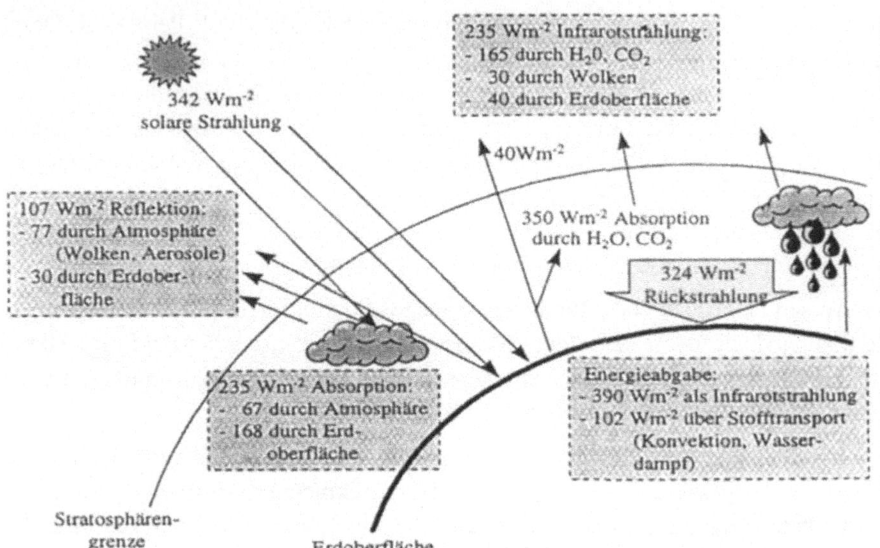

Abb.3:   Energieströme im irdischen Klimasystem (nach Lang 1999, S.13).

Ein Großteil der Energie wird also von der Erdatmosphäre zurückgehalten. Dieser Prozess geschieht zum einen durch Stofftransport, insbesondere durch Verdunstung von Wasser und Aufstieg warmer Luft (Transport latenter Energie), zum anderen durch Absorption von Infrarotstrahlung. Die Erdatmosphäre wirkt somit wie eine semipermeable Schicht, die für kurzwellige Sonnenstrahlung leichter durchlässig ist als für langwellige Wärmestrahlung (Infrarotstrahlung). Nach dem Stefan-Bolzmann-Gesetz erwärmt sich die Erdatmosphäre aufgrund der durch den natürlichen Treibhauseffekt erzeugten 155 W/m^2 um zusätzliche 33 K. Die globale Durchschnittstemperatur auf der Erde beträgt somit aufgrund des natürlichen Treibhauseffektes (-18 °C + 33 °C) = +15 °C. Der Energiehaushalt unserer Erde ist dabei im Gleichgewicht und die eingehende kurzwellige Strahlung entspricht gerade der in den Weltraum emittierten Infrarotstrahlung (342-107 = 235 = 390 - 155, vgl. Abb.3). Wäre der Energiehaushalt nicht im Gleichgewicht, so würde sich die Erdoberfläche sehr schnell aufheizen bzw. abkühlen. Ohne den natürlichen Treibhauseffekt würde die Erde jedenfalls in einen Zustand endgültiger Erstarrung absinken. Große Teile der Erdoberfläche würden nämlich zu Eis und Schnee mit einer Albedo von etwa 0,6 erstarren (derzeitige globale Erdalbedo beträgt 0,3) und die Gleichgewichtstemperatur würde entsprechend tiefer sinken.

Zusammenfassend kann festgehalten werden, dass die Atmosphäre funktional gleichzeitig

- ein wärmender Mantel (durch den natürlichen Treibhauseffekt),
- ein Schutzschild gegen UV-Strahlen (Ozonschicht in der Stratosphäre) und
- ein Transportmedium für das Lebenselixier Wasser ist.

Der für unser Erdklima so bedeutende Absorptionseffekt wird also durch die sogenannten Treibhausgase (H_2O, CO_2, CH_4, N_2O, usw.) erzeugt, wobei die Physik des Treibhauseffektes selbst, wie bereits dargelegt, gut verstanden ist. Treibhausgase sind Moleküle, die elektromagnetische Strahlung absorbieren und wieder emittieren können. Nach der jeweiligen Molekülstruktur ergeben sich unterschiedliche Absorptionsspektren. Das Wassermolekül absorbiert insbesondere die langwellige Wärmestrahlung sehr gut, während sich das CO_2-Molekül durch drei Absorptionsmaxima im mittleren Strahlungsbereich auszeichnet. Wasserdampf und Kohlendioxid sind die wichtigsten natürlichen Treibhausgase, die 65% (H_2O) bzw. 22% (CO_2) zum natürlichen Treibhauseffekt beitragen (vgl. Enquete-Kommission 1992, S.139f.). Die Zusammensetzung des Atmosphärengemisches hat also enorme Bedeutung für die Oberflächenbedingungen und das Leben auf unserer Erde.

Ein weiteres wesentliches Spezifikum des Energiesystems Erde sind die zahlreichen Rückkoppelungsmechanismen (Feedbacks). Ein Anstieg treibhausrelevanter Spurengase (z.B. CO_2, N_2O usw.) führt zu einer primären Temperaturerhöhung in Bodennähe, was wiederum die Verdunstungsrate von Wasser erhöht. Wasserdampf hat bereits heute einen Anteil von 66% am natürlichen Treibhauseffekt. Eine Zunahme des Wasserdampfs wird also die Temperaturerhöhung weiter verstärken. Der vermehrte Wasserdampf führt aber gleichzeitig zu einer zunehmenden Wolkenbildung, die im Falle niedrig liegender Wolken die Albedo erhöht und somit abkühlend wirkt. Die Messung bzw. Quantifizierung dieser Feedbackmechanismen sind das zentrale Problem der heutigen Klimamodellierung und werden später nochmals aufgegriffen.

2 Anthropogene Ursachen globaler Klimaveränderungen

Nach der Erklärung der physikalischen Ursachen des natürlichen Treibhauseffektes kann klar herausgestellt werden, dass dieser nach den heutigen Kenntnissen durch die Veränderung der Menge, Struktur und Höhenlage der Wolken sowie durch die steigenden Konzentrationen strahlungsabsorbierender Gase aktiv beeinflusst wird. An der Atmosphärenzusammensetzung fanden in den letzten 100 Jahren die stärksten anthropogenen Eingriffe statt. Um das zukünftige Klima unserer Erde zu verstehen, müssen sämtliche anthropogenen Emissionen auf ihre Strahlungsabsorption hin untersucht und gemäß ihrer Treibhauswirksamkeit bewertet werden. Die wichtigsten anthropogenen Treibhausgase sind in der Reihenfolge ihrer Bedeutung

- Kohlendioxid (CO_2),
- Methan (CH_4),
- Fluorchlorkohlenwasserstoffe (FCKW),
- Ozon (O_3) und
- Lachgas (N_2O).

Obwohl Wasserdampf durch menschliche Aktivitäten (Kühltürme, Rauchgase, Verkehr) in großen Mengen emittiert wird, und obwohl H_2O insgesamt das wichtigste Treibhausgas ist, erscheint es nicht in der Liste der anthropogenen Treibhausgase. Dies ist darin begründet, dass die durch technische Prozesse freigesetzten Emissionen gegenüber den natürlichen Verdunstungsprozessen vernachlässigbar klein sind.

Kohlendioxid (CO_2)

Das zur Zeit wichtigste anthropogene Treibhausgas ist CO_2. Der kumulative Anteil der heutigen CO_2-Emissionen über die nächsten 100 Jahre macht ca. 60% der gesamten anthropogenen Verstärkung des Treibhauseffektes in diesem Zeitraum aus. Die globale atmosphärische CO_2-Konzentration ist von ihrem nacheiszeitlichen Gleichgewicht von 280 ppm (0,028 Volumenprozent) auf 353 ppm (parts per million, 1990) bzw. 369 ppm (1998) angewachsen. Sie nimmt heute mit einer Geschwindigkeit von 1,8 ppm entsprechend 0,5% jährlich weiter zu (vgl. Abb.2). Die Oszillationen in Abb.2 kennzeichnen die mit dem "Ein- und Ausatmen" der Natur verbundenen Kohlenstoffströme. Durch Photosynthese werden im Sommerhalbjahr riesige CO_2-Mengen in die Biomasse aufgenommen und im Winterhalbjahr durch Verrottung wieder an die Atmosphäre abgegeben. Im Jahresgang werden dabei rund 50 GtC (GtC = Gigatonnen Kohlenstoff) zwischen Atmosphäre und Biosphäre ausgetauscht. Die Nutzung der fossilen Energieträger liefert heute rund 6 GtC. Zusätzlich werden noch einmal rund 2 GtC durch Brandroden der tropischen Regenwälder freigesetzt. Die Hälfte dieses Emissionsstroms wird durch die Ozeane aufgenommen, so dass eine jährliche Zunahme von 4 GtC entsprechend 1,8 ppm oder 0,5% resultiert. Detaillierte Kenntnisse des globalen Kohlenstoffkreislaufs (vgl. Nisbet 1994) sowie paläoklimatische Ergebnisse des Verlaufs der CO_2-Konzentrationen während der letzten 160.000 Jahre lassen schlußfolgern, dass ein Zusammenhang zwischen globalen CO_2-Anstieg und der anthropogenen Nutzung fossiler Energie nicht mehr angezweifelt werden kann.

Methan (CH_4)

Neben Kohlendioxid ist Methan das zweitwichtigste anthropogene Treibhausgas. Der kumulative Effekt der heutigen CH_4-Emissionen für die nächsten 100 Jahre macht rund 19% (Kohlendioxid 60%) der gesamten anthropogenen Verstärkung des Treibhauseffektes aus. Der Konzentrationsanstieg des CH_4 verlief jedoch seit der Industrialisierung wesentlich drastischer als beim CO_2. Es ergibt sich eine Zunahme von 0,8 ppm (Beginn der Industrialisierung) auf 1,72 ppm (1990). Dies entspricht einer Zunahme von 115%. Würde man die heutigen Konzentrationen auf ein mittleres nacheiszeitliches Niveau von 0,65 ppm beziehen, so würde sich gar ein

Zuwachs von 165% ergeben. Die jährliche Zuwachsrate beträgt heute 0,9% und ist somit fast doppelt so hoch wie die von CO_2. Die CH_4-Konzentration in der Atmosphäre dürfte in den nächsten Jahren noch weiter steigen, da sie eng mit der Entwicklung der Weltbevölkerung zusammenhängt. Die Weltbevölkerung wächst mit erschreckenden 1,5% pro Jahr. In Abb.4 ist die weitgehend lineare Korrelation zwischen CH_4 und der Weltbevölkerung über einen Zeitraum von 350 Jahren aufgetragen. Die Hauptquelle für Methan sind Bakterien, die unter Luftabschluss im Wasser organisches Material abbauen. Heute wird in Reisfeldern schätzungsweise mehr Methan erzeugt als durch alle natürlichen Feuchtgebiete (Moore, Sümpfe, Tundra) zusammen. Eine weitere Quelle sind die Verdauungstrakte wiederkäuender Tiere wie Rinder und Schafe. Die Anzahl der Tiere wie auch die Ausdehnung der Flächen für Reisfelder hängen direkt mit der Weltbevölkerung zusammen. Andere Quellen wie Erdgas-, Kohle- und Ölförderung, die Brandrodung von Regenwäldern oder Mülldeponien haben ebenfalls direkten Bezug zum Menschen. Fast alle Methanquellen korrelieren somit positiv mit der Entwicklung der Bevölkerung. Eine wesentliche CH_4-Senke in der Atmosphäre stellt die Reaktion mit dem Hydroxyl-Radikal OH dar. Als Resultat der CH_4-Abbaureaktion entstehen nach Ablauf komplexer Reaktionsketten im wesentlichen CO_2 und H_2O als stabile Endprodukte. Weiterhin wird durch den Abbauprozess von Methan die Ozonbildung (O_3) in der Troposphäre angeregt. Wir erhalten also als Folge des Methan-Abbaus drei wesentliche Treibhausgase, nämlich CO_2, H_2O und O_3. Neben der direkten Klimawirksamkeit von Methan sind somit die indirekten Effekte des Methan-Abbaus zu berücksichtigen, welche die Abschätzung des Treibhauseffekts von Methan enorm komplizie-

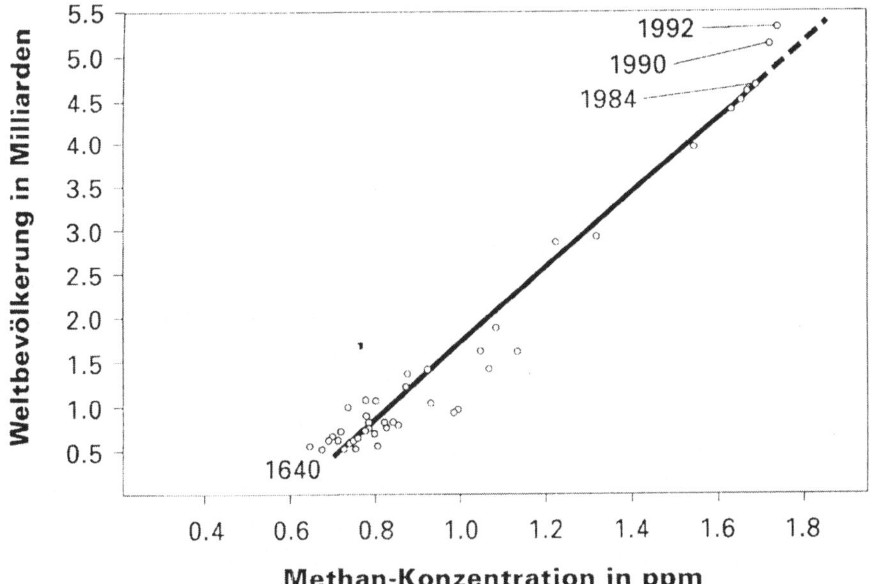

Abb.4:   Das Wachstum der Bevölkerung und die Zunahme der Methan-Konzentration in der Atmosphäre (nach: Gassmann 1994, S.32).

ren. Weiterhin ist das indirekte Einbringen von Wasserdampf in die ansonsten trockene Stratosphäre durch den Transport von CH_4 in die Stratosphäre und den dortigen Abbau zu bemerken. Das in die Stratosphäre durch CH_4 induzierte H_2O führt zum einen zur Bildung schleierartiger stratosphärischer Wolken, die den Treibhauseffekt insgesamt verstärken und zum anderen das Temperatur- und Feuchteverhältnis zwischen Troposphäre und Stratosphäre nachhaltig verändern. Zur Zeit ergeben sich rund 0,4 GtC anthropogener CH_4-Emissionen pro Jahr, was etwa 4% der anthropogenen CO_2-Emissionen ausmacht.

Fluorchlorkohlenwasserstoffe (FCKW)

Als FCKW benennt man eine Gruppe von Stoffen, die vollständig künstlich hergestellt werden und in der Troposphäre inert sind. Den FCKW ist eine hohe Reaktionsträgheit eigen, so dass sie weder chemisch umgewandelt noch durch Regen ausgewaschen werden können. Eine Folge dieser Reaktionsträgheit ist die Anreicherung dieser Stoffe in der Atmosphäre. Die wichtigsten FCKW's sind $C\,Cl_3\,F$ zum Schäumen poröser Kunststoffe (Treibgas) oder $C\,Cl_2\,F_2$ als Füllmittel für Kälteanlagen (Kühlschränke). Da die FCKW's durch natürliche Prozesse in der Troposphäre nicht abgebaut werden, reichern sie sich nach einem langsamen Diffusionsprozess in der höheren Stratosphäre an, wo sie dann durch Photodissoziation (Wirkung intensiver UV-Strahlung) zerlegt werden. Dabei wird die Treibhauswirksamkeit der FCKW's zwar eliminiert, aber unter den Folgeprodukten befindet sich ein Problemstoff, nämlich das Chlor-Radikal. Das Chlor-Radikal kann in einem katalytischen Kreisprozess (ohne dabei selbst abgebaut zu werden) Ozon in der Stratosphäre zerstören. Eine weitere Abnahme der Ozonschicht in der Stratosphäre hätte weitreichende Störungen in der Biosphäre zur Folge.

Ozon (O_3)

Wie bereits im Zusammenhang mit Methan und den FCKW's erwähnt, haben wir es bei Ozon mit zwei unterschiedlichen Entwicklungen zu tun. Zum einen entsteht schädliches Ozon in der Troposphäre und zum anderen nimmt das nützliche Ozon in der Stratosphäre ab. In der Troposphäre gelten als Ausgangsprodukte neben Methan insbesondere Nichtmethankohlenwasserstoffe und Stickoxide (NO_x) aus Industrie, Verkehr und Hausbrand (Heizungen). Insgesamt wird die globale Ozonzunahme in der unteren Troposphäre der Nordhalbkugel in den letzten 100 Jahren auf 100-200% geschätzt. In weiten Gebieten der Nordhalbkugel ist heute der natürliche vertikale Konzentrationsgradient des Ozons durch den Menschen umgekehrt worden. Das bedeutet, innerhalb der planetaren Grundschicht (1-2 km über Grund) ist die Ozonkonzentration höher als in der darüber liegenden freien Atmosphäre. Zur Zeit nimmt das troposphärische Ozon 10-12% pro Jahrzehnt zu und das nützliche Ozon in der Stratosphäre nimmt um 5-6% pro Jahrzehnt in der Höhenschicht von 20-24 km ab. Aus epidemiologischen Untersuchungen ist bekannt, dass eine 1%ige Abnahme des stratosphärischen Gesamtozongehalts zu einer 2-3%igen Zunahme von Hautkrebs führt. Auch andere Schädigungen von Pflanzen und Mikroorganismen dürften daran gekoppelt sein.

Lachgas (N_2O)

Lachgas steuert heute etwa 6% zur Verstärkung des Treibhauseffektes bei. Der Lachgasgehalt der Atmosphäre nimmt zur Zeit mit 0,8 ppb oder 0,25% zu. Die Hauptquellen sind Mikroorganismen in den Waldböden, die jährlich 4 MtN freisetzen sowie Mikroorganismen in den Meeren, die insgesamt nochmals 2 MtN beisteuern. Die vorindustrielle Konzentration betrug 285 ppb und beläuft sich heute (Stand 1990) auf 310 ppb. Damit ergibt sich eine Zunahme von 9%, die fast ausschließlich anthropogenen Ursprungs sein dürfte. Ein wesentlicher anthropogener Input ist die Anwendung von Kunstdünger in der Landwirtschaft. Mit zunehmender Intensivierung der Anbaumethoden zur Deckung der Nahrungsbedürfnisse einer schnell wachsenden Erdbevölkerung wird die Bedeutung des N_2O als Treibhausgas innerhalb der kommenden Jahre zunehmen.

Wie reagiert nun unsere Erdatmosphäre auf zusätzliche Treibhausgase? Ganz allgemein wird durch die Erhöhung der Konzentration der Treibhausgase die Troposphäre im infraroten Spektralbereich (Wärmestrahlung) undurchsichtiger. Das heißt, es entsteht ein Ungleichgewicht zwischen kurzwelliger eingehender und langwellig ausgehender Wärmestrahlung. Dieses Ungleichgewicht bewirkt, dass der Netto-Energiezustrom zur Troposphäre größer wird und dadurch die Atmosphäre in einen neuen Gleichgewichtszustand mit höherer Temperatur gezwungen wird. Diese erzwungene Anpassung nennt man deshalb auch "Forcing". Das "Forcing" bzw. die Klimawirksamkeit der einzelnen Gase ist dabei aber sehr unterschiedlich zu bewerten. Um das Treibhauspotential der verschiedenen Gase zu vergleichen, wird die relative Wirksamkeit der Gase in Relation zum CO_2 bestimmt. Je nachdem, ob man für den Vergleich gleiche Massen oder gleich viele Moleküle benutzt, ergeben sich unterschiedliche Zahlen. Nach einer Aufstellung des "Intergovernmental Panel on Climate Change" (IPCC 1990) ergeben sich in Relation zu CO_2 folgende Temperaturveränderungskräfte (Forcing) der beteiligten Gase (vgl. Tab.1).

Gas	Forcing pro Masse	Forcing pro Molekül	Lebensdauer in Jahren
CO_2	1	1	120
CH_4	58	21	10
N_2O	206	206	150
CFC-11	3.970	12.400	60
CFC-12	5.750	15.800	130

Tab.1:   *Momentanes Forcing relativ zu CO_2.*

Aus Tab.1 wird ersichtlich, dass 1 g CH_4 58mal stärkere Temperaturveränderungskräfte hervorruft als 1 g CO_2. Für Lachgas und die FCKW's ergeben sich jeweils weitaus höhere Wirkungsgrade, woraus ersichtlich wird, dass eine kleinere Emission als diejenige von CO_2 trotzdem einen relevanten Treibhauseffekt bewirken kann.

Zusammenfassend kann davon ausgegangen werden, dass der anthropogene Treibhauseffekt zu zwei Drittel von CO_2 verursacht wird. Die Hauptquellen des CO_2 liegen in der Verbrennung fossiler Brennstoffe sowie der tropischen Brandrodung. Methan liegt mit fast 19% an zweiter Stelle der Verursacherliste. Es entsteht durch landwirtschaftliche Nutzung, insbesondere Rinderhaltung und Nassreisanbau sowie durch den Abbau von Kohlevorräten und Erdgas. Die FCKW's entstammen ausschließlich künstlichen anthropogen verursachten Quellen. Aufgrund des zerstörerischen Effektes auf das stratosphärische Ozon soll deren Produktion entsprechend dem Montreal Protokoll weltweit eingestellt werden. Lachgas trägt mit 6% zum anthropogenen Treibhauseffekt bei, wobei als wichtigste künstliche Quellen die Nutzung von Stickstoffdüngern in der Landwirtschaft identifiziert wurden (vgl. Bartling & Hippchen 1996).

3 Prognosen der zukünftigen Klimasituation

Um Prognosen für die nächsten Jahrzehnte abgeben zu können, nutzt die Klimatologie mathematische Modelle unterschiedlicher Komplexität. Der einfachste Modelltyp ist das sogenannte Energiebilanz-Modell, welches zur Vorhersage von Temperaturwerten bei unterschiedlicher Atmosphärenzusammensetzung herangezogen wird. Als wichtige Nebenbedingung wird die solare Energieeinstrahlung und Erdabstrahlung vorgegeben. Als Weiterentwicklung dieser Modelle finden sich sogenannte Strahlungs-Konvektions-Modelle (radiative convective models, RCM's), die neben der Strahlung auch den Energietransport über Konvektion, also beispielsweise aufsteigenden Wasserdampf, in Betracht ziehen. Inzwischen werden zur Simulation von Klimaszenarien deutlich komplexere Modelle, sogenannte allgemeine Zirkulationsmodelle (General Circulation Models, GCM's), genutzt. Die Modelle simulieren die klimarelevanten Stoff- und Energieflüsse, indem sowohl horizontal als auch vertikal (Schichtung der Atmosphäre) differenziert wird. Die räumliche Auflösung gegenwärtiger Modelle beträgt selbst bei hochauflösenden Modellen noch 200 km Maschenweite. Der vertikale Netzebenenabstand ist inzwischen auf nur noch 1 km gesunken. Das "klassische" GCM ist ein Gleichgewichtsmodell, bei dem interaktiv diejenigen Klimazustände bestimmt werden, die bei einer Verdoppelung des CO_2-Gehalts den neuen Gleichgewichtszustand darstellen. Dieses häufig genutzte Verdoppelungsszenario wird auch als $2xCO_2$-Szenario bezeichnet.

Die neuesten Modelle berücksichtigen neben der Atmosphäre auch die Hydrosphäre, da die Ozeane eine wichtige Rolle für die energetischen Prozesse (z.B. Aufnahme von CO_2) spielen. Diese gekoppelten Zirkulationsmodelle (Coupled

General Circulation Models, CGCM's) berücksichtigen das Wärmeaufnahmepotential der Ozeane. Die Wärmeaufnahme durch die Wassermassen der Ozeane verschiebt die Temperaturerhöhung der Luft um einige Jahrzehnte. Nach Brunnert (1994) kann es Jahrtausende dauern bis sich der Temperaturanstieg von der Oberfläche bis in die Tiefe der Ozeane fortpflanzt. Ein weiterer Vorteil der CGCM's ist, dass sie transiente (zeitabhängige) Prognosen bestimmen und nicht nur den neuen Gleichgewichtszustand. Das IPCC geht in seinen neuesten Schätzungen davon aus, dass der CO_2-Gehalt der Atmosphäre sich bis zum Ende des 21. Jahrhunderts durch menschliche Aktivitäten verdoppelt (IPCC 1996). Mit dieser Emissionsentwicklung ist ein globaler Temperaturanstieg von 2 °C verbunden. Die Erwärmung wird sich aber weiter fortsetzen, auch wenn eine Stabilisierung der CO_2-Konzentration auf diesem Niveau erreicht wird. Die neue Gleichgewichtstemperatur erreicht damit das 1,1- bis 2-fache der prognostizierten 2 °C. Die Abschätzungen des IPCC aus dem Jahre 1990 wurden damit deutlich nach unten korrigiert. Grundlage dieser Prognosen sind Berechnung der führenden Klimamodelle, die in Tab.2 dargestellt sind.

Modell	Gleichgewichts- temperaturanstieg*	davon zum Zeitpunkt der CO_2-Verdoppelung erreicht**
BMRC	2,1 °C	1,4 °C
CSIRO	4,3 °C	2,0 °C
GFDL	3,7 °C	2,2 °C
NCAR	4,6 °C	3,8 °C
UKMO	2,5 °C	2,5 °C

* Änderung der Gleichgewichtstemperatur nach einem $2xCO_2$-Gehalt

** Die Abschätzung des realisierten Temperaturanstiegs beruht auf einem 1 %-igen CO_2-Anstieg pro Jahr

Abkürzungen:
BMRC: Bureau of Meteorological Research Centre (Melbourne, Australien)
CSIRO: Commonwealth Scientific and Industrial Research Organization (Melbourne, Australien)
GFDL: Geophysical Fluid Dynamics Laboratory (Princeton, USA)
NCAR: National Center for Atmospheric Research (Boulder, USA)
UKMO: United Kingdom Meteorological Office (Bracknell, Großbritannien)

Tab.2:   Prognosen bedeutender Klimamodelle (nach Kattenberg et al. 1996).

Neben den unterschiedlichen Temperaturprognosen zeigen die Modelle ausgeprägte regionale Unterschiede. Alle CGM's zeigen Unterschiede in der Temperaturerhöhung äquatornaher bzw. äquatorferner Gebiete. Die Modelle prognostizieren eine überdurchschnittlichen Anstieg in Polnähe und einen geringen Temperaturanstieg in den niederen Breiten. Für die nördliche Halbkugel werden dabei die größeren Temperaturerhöhungen berechnet, was vermutlich mit den größeren Landmassen der Nordhemisphäre zusammenhängt. Bezüglich der Niederschlagsentwicklung berechnen alle Modelle eine feuchtere Atmosphäre und eine um 3 bis 15% höhere Niederschlagsergiebigkeit. Ursächlich bedingt ist dies durch die höheren Durchschnittstemperaturen, die Verdunstung und Wolkenbildung steigern. Höhere Niederschläge erhalten insbesondere die Tropen sowie ganzjährig die hohen Breitenzonen. In den mittleren Breiten fällt dagegen mehr Regen in den Wintermonaten und die Sommer werden etwas trockener.

Neben der Betrachtung dieser Absolutwerte erfährt die Variabilität des Klimasystems bei den Klimaforschern immer mehr Aufmerksamkeit. Im Jahr 1990 ging man noch davon aus, dass sich zwar die Niederschlagsvariabilität leicht erhöhen würde, die Veränderung der Temperaturvariabilität aber jedoch nur mäßig sei. Heute schätzt man, dass sich durch einen Anstieg der Treibhausgase die Temperaturvariabilität dramatisch erhöhen wird. Gestützt wird diese These durch neuere Befunde aus einer Grönland-Eisbohrung, die für die Eem-Warmzeit drastische Temperatursprünge nachweist (Weaver & Green 1994). Für die Zukunft hieße dies, dass die Anzahl der Wetterextrema steigen würde. Alle Modellberechnungen weisen aber in ihrer Prognose eine mehr oder weniger große Unsicherheit anhand des prognostizierten Schwankungsbereichs der möglichen Temperaturerhöhung auf. Diese Unsicherheit ist in den vielschichtigen Rückkoppelungsmechanismen (Feedbacks) begründet, deren Wirkungsweise heute nur fragmenthaft gesichert ist. Zu den wichtigsten, heute bekannten, Rückkoppelungsmechanismen, die durch eine primäre Temperaturerhöhung erzeugt werden gehören:

- Die Rückkoppelung Wasserdampf
  Eine Intensivierung der Verdunstung führt zu einem höheren Wasserdampfgehalt in der Atmosphäre. Dies führt insgesamt zu einer Temperaturerhöhung von 2,2 K. Der Wasserdampfanteil in der Atmosphäre ist bereits heute für 2/3 des natürlichen Treibhauseffektes verantwortlich. Der steigende Wasserdampfanteil ist wiederum positiv rückgekoppelt mit der Wolkenbildung.

- Die Rückkoppelung Wolken
  Die Menge, Struktur und Höhenverteilung der Wolken kann sich durch zunehmenden Wasserdampfgehalt sowie durch Veränderung des troposphärischen Temperaturgradienten ändern. Die Modellierung des Bedeckungsgrades der Wolken bleibt dabei bis heute ungewiss. Allgemein kann für diese Rückkoppelung festgehalten werden, dass je nach Wolkenart und Höhenlage der Wolken, diese den Treibhauseffekt dämpfen oder fördern können.

- Die Rückkoppelung Meer- und Landeis
  Durch die primäre Temperaturerhöhung kommt es zum Abschmelzen der Inlandgletscher und des Meereises. Dadurch verkleinert sich die Albedo der Erde, wodurch weniger Strahlung reflektiert wird. Dies führt zu einer effektiven Temperaturzunahme und zu einer zunehmenden Einfütterung von Süßwasser in die Ozeane.

- Die Rückkoppelung Tiefenwasserproduktion im Nordatlantik
  Das absinkende Oberflächenwasser transportiert heute bereits 1/3 der überschüssigen Treibhauswärme in die Tiefe und entzieht es somit auf längere Zeit dem Kreislauf. Kleinste Veränderungen der Salzkonzentration, die sich durch vermehrte Niederschläge in den höheren Breiten bzw. aus dem Abschmelzen des Eises ergeben, können zur drastischen Abnahme der Tiefenwasserproduktion führen, so dass es zum Beispiel zu einem Abflauen bzw. Kollaps des Golfstroms kommen kann. Dies würde die Temperaturen im Treibhaus "Europa" erniedrigen.

Die aufgeführten Rückkoppelungen belegen nochmals wie hochgradig vernetzt die modifizierbaren Parameter der Atmosphäre sind.

Mit welchen Konsequenzen ist nun aufgrund der postulierten Klimaänderungen zu rechnen? Die Mehrzahl der Naturwissenschaftler sowie viele Ökonomen gehen davon aus, dass durch die globale Erwärmung Überflutungen bewohnter Landgebiete ausgelöst werden, eine höhere Sterblichkeit und höhere Energienachfrage eintritt. Die größten Netto-Schäden dürften in der Landwirtschaft zu verzeichnen sein. Bei einer Verdoppelung der CO_2-Konzentration geht man davon aus, dass 20% aller Schäden auf die Primärproduktion entfallen (vgl. Pearce et al. 1996). Der Ernteertrag soll sich nach Cline (1992) pro Hektar global um 7% verringern. Vor der Tatsache einer weiter exponentiell wachsenden Erdbevölkerung (zur Zeit 1,4-1,5%/Jahr) und fehlenden Reserveflächen, ist mit katastrophalen Auswirkungen auf die Ernährungssituation zu rechnen. Das alte Szenario von Malthus könnte mit einiger Verspätung doch noch zur Realität werden. Die unterschiedlichen Produktionsmethoden auf der Erde lassen aber erwarten, dass die Anpassungsfähigkeit an die neuen Klimazustände regional unterschiedlich sein werden. Dies wird zu erheblichen distributiven Konsequenzen, tendenziell zu Lasten der Entwicklungsstaaten gehen.

Die enorme Tragweite der Klimaänderungen führt dazu, dass sich nicht nur die Naturwissenschaften, sondern auch Ökonomie, Bevölkerungswissenschaften und Soziologie den damit zusammenhängenden Problemen widmen (vgl. Lozán et al. 1998). Die Themenbreite der vorliegenden Publikation "Natur zwischen Wandel und Veränderung. Ursachen, Wirkungen und Konsequenzen" ist dafür ein gutes Beispiel.

4 Literatur

Bartling, H. & Hippchen, J. (1996): Stickstoffdüngung als Umweltproblem. - Aufsätze zur Wirtschaftspolitik 53 des Forschungsinstituts für Wirtschaftspolitik an der Universität Mainz. - Mainz

Brunnert, H. (1994): Klimamodelle als Grundlage für Vorhersagen von Klimaveränderungen. - In: Sauerbeck, D. & Brunnert, H. (Hrsg.): Klimaveränderungen und Landbewirtschaftung. - Sonderheft 148 der Bundesforschungsanstalt für Landwirtschaft in Braunschweig-Völkenrode, S.59-74

Cline, W.R. (1992): The Economics of Global warming. - Washington D.C.

Gassmann, G. (1994): Was ist los mit dem Treibhaus Erde? Einblicke in die Wissenschaft. - Stuttgart, Leipzig

IPCC [Intergovernmental Panel on Climate Change] (1990): Summary. - In: Houghton, J.T.; Jenkins, G.J. & Ephraums, J.J. (Hrsg.): Climate Change: The IPCC Scientific Assesment. - Cambridge

IPCC [Intergovernmental Panel on Climate Change] (1996): Summary. - In: Houghton, J.T.; Filho, L.G.M.; Calander, B.A.; Harris, N.; Kattenberg, A. & Maskell, K. (Hrsg.): Climate Change 1995: The Science of Climate Change. Second Assesment Report of the IPCC. - Cambridge

Enquete-Kommision [Enquete-Kommission "Schutz der Erdatmosphäre" des 12. Deutschen Bundestages] (1992): Klimaänderung gefährdet globale Entwicklung. Zukunft sichern - Jetzt handeln. Erster Bericht der Enquete-Kommission "Schutz der Erdatmosphäre". - Bonn

Kattenberg, A.; Giorgi, F.; Grassl, H.; Meehl, G.A.; Mitchell, J.F.B.; Stouffer, R.J.; Tokioka, T.; Weaver, A.J. & Wigley, T.M.L. (1996): Climate Models - Projections of Future Climate. - In: Houghton, J.T.; Filho, L.G.M.; Callander, B.A.; Harris, N. & Maskell, A. (Hrsg.): Climate Change 1995: The Science of Climate Change. Second Assesment Report of the Intergovernmental Panel on Climate Change. - Cambridge, S.285-357

Lang, G. (1999): Globaler Klimawandel und Agrarsektor - empirische Analyse und wirtschaftspolitische Implikationen für die Bundesrepublik Deutschland. - Tübingen

Lozán, J.L.; Graßl, H. & Hupfer, P. (Hrsg.) (1998): Warnsignal Klima. Wissenschaftliche Fakten. Wissenschaftliche Auswertungen. - Hamburg

Nisbet, E.G. (1994): Globale Umweltveränderungen. Ursachen, Folgen, Handlungsmöglichkeiten. - Heidelberg, Berlin, Oxford

Pearce, D.W.; Cline, W.R.; Achanta, A.N.; Fankhauser, S.; Pachauri, R.K.; Tol, R.S.J. & Vellinga, P. (1996): The Social Costs of Climate Change: Greenhouse Damage and the Benefits of Control. - In: Bruce, J.P.; Lee, H. & Haites, E.F. (Hrsg.): Climate Change 1995: Economic and Social Dimensions of Climate Change. Second Assessment Report of the Intergovernmental Panel on Climate Change III. - Cambridge, S.181-224

Peixoto, J.P. & Oort, A.H. (1992): Physics of Climate. - New York

Weaver, A.J. & Green, C. (1994): Global Climate Change and Variability: Action or Adaptation to Increasing Greenhouse Gases? - Lessons from the Past. - McGill University-Report 94-1

Der Boden zwischen Wandel und Veränderung.
Beispiele und Perspektiven

Petra Sauerborn (Köln)

Exposé

Der Boden ist ein wichtiger Bestandteil des globalen Ökosystems. Er stellt an sich eine nicht statische Größe dar und unterliegt vielfältigen Modifikationen, z.B. durch den Menschen. In Zukunft ist eine verstärkte Gefährdung der Pedospäre zu erwarten, was sich im Zusammenhang mit Klimaveränderungen sowie am Beispiel der Bodenerosion verdeutlichen lässt. Der Boden ist ein bedeutendes Schutzgut, um dessen nachhaltigen Bestand der Mensch sich künftig verstärkt bemühen sollte.

1 Einleitung

Die Bodencharta des Europarates zählte im Jahr 1972 den Boden zu den kostbarsten Gütern der Menschheit, die es zu schützen gilt. Im Gegensatz zum Artenschutz gilt die Schutzbedürftigkeit jedoch nur selten dem Boden als solchem, sondern seinen vielfältigen Funktionen im Naturhaushalt sowie für den Menschen (vgl. u.a. Blume 1992). Der Mensch empfindet den Boden als eine Selbstverständlichkeit in seinem Leben, als einen vertrauten Bestandteil der Umwelt. Sein Interesse gilt i.d.R. der direkten Nutzbarkeit, wie z.B. der Bodenfruchtbarkeit, seiner Funktion als Baugrund, Deponierungsbasis, Lagerstätte, land- und forstwirtschaftlichem Standort, Basis für Freizeit und Erholung. Durch die Vielfältigkeit der Funktionen des Bodens und seiner Bedeutung für das gesamte Ökosystem kommt ihm jedoch eine weitaus größere Rolle zu, als durch die bisherigen Schutzbestimmungen manifestiert.

2 Was ist Boden?

Der Boden setzt sich aus fester organischer und anorganischer Substanz, Bodenorganismen, Bodenwasser und Bodenluft zusammen. Böden bedecken den größten Teil der Landfläche auf der Erde und sind häufig unmittelbar landschaftsprägend (vgl. Wild 1995). Böden bilden den obersten, belebten, durch Humus- und Gefügebildung, Verwitterung und Mineralbildung sowie Verlagerung von Zersetzungs- und Verwitterungsprodukten umgestalteten Teil der Erdkruste. Durch die Entwicklung wird aus dem festen Ausgangsgestein häufig ein stark differenziertes Profil (vgl. Blume 1992). Böden sind sehr variabel und werden in unterschiedliche Bodentypen unterteilt, die sich durch eine charakteristische Abfolge der Horizonte ergibt. Der Verlauf der Entwicklung ist bedingt durch die bodenbildenden Faktoren:

Klima, Gestein, Relief, Wasser, Vegetation, Fauna, Mensch und Zeit. Der Boden unterliegt einer ständigen Entwicklung und seine Einflussgrößen sind nicht statisch. Er erreicht in den seltensten Fällen sein sogenanntes Klimaxstadium. Der Wandel ist somit Ausdruck eines dynamischen Systems.

3 Bodenfunktionen

Der Naturkörper Boden stellt einen Teil des Ökosystems dar und dient als Lebensraum von Organismen. Er beherbergt Zersetzer, denen eine große Bedeutung im Kreislauf von Kohlenstoff und mineralischen Nährstoffen zukommt. Die Bodenorganismen können organische Stoffe abbauen.

Durch die Länge des Bestandes von Böden können sie als Archiv landschaftsgeschichtlicher Urkunden der Natur- bzw. Kulturgeschichte dienen und Auskunft über die ökologischen Bedingungen in der Vorzeit geben. Bisweilen sind Fossilien oder Artefakte enthalten.

Der Boden versorgt Pflanzen mit Nährstoffen und hat Standortfunktion. Er dient der Verankerung sowie der Versorgung mit Wasser und Luft sowie u.U. auch dem Schutz vor Schadstoffen. Der Boden ermöglicht eine land- und forstwirtschaftliche Nutzung. Er wirkt als Puffer gegenüber Temperaturveränderungen und dem Transport des Wassers zwischen Grundwasser und Atmosphäre. Durch seine Eigenschaft als Ionenaustauscher puffert der Boden zudem den pH-Wert ab und verhindert, dass Nährstoffe und andere Elemente durch Auswaschung oder Verflüchtigung verloren gehen. Die Pedosphäre besitzt eine Speicherfähigkeit gegenüber Wasser, ist Teil des Wasserhaushaltes und reguliert u.a. die Parameter des Grundwasserkreislaufes. Der Boden bindet mit dem Niederschlag oder vom Menschen eingebrachte und im Sickerwasser gelöste Stoffe. Dadurch sowie mittels Filterung und Abbau vermag er Grundwasser- und Gewässerkontaminationen entgegenzuwirken. Der Boden wirkt als Senke für Spurengase bzw. Stäube und dient damit der Lufthygiene. Aus ihm können Spurengase, wie Ammoniak, Stickoxide, Schwefelwasserstoff und Methan entweichen. Auch durch Erosion kann er zur Quelle von Schadstoffausträgen werden.

Mit den natürlichen Bodenfunktionen konkurrieren die sogenannten Grundfunktionen als Lagerstätte, Baugrund, Deponie usw. (vgl. Blume 1992; Tab.1).

4 Veränderungen des Bodens durch den Menschen

Die Veränderungen und Belastungen des Bodens durch den Menschen sind vielfältig. Sie können in direkte, z.B. durch Nutzung bedingte, und indirekte, wie die durch Schadstoffeinwirkungen, unterteilt werden. Der Bodenverbrauch durch Versiegelung, das Abgraben und das Überdecken gelten als direkter Eingriff. Unbewusste Veränderungen von Nutzpflanzenstandorten sind bedingt durch Bearbeitung, Dün-

Bodenfunktion		Beispielhafte Indexgrößen	Größenordnung/Wirkung
Naturkörper	Teile von Ökosystemen	Leistungsspektrum/-vermögen, Landschaftsinterpretation Bodenprofil	Ökotop
	Lebensraum von Organismen Landschaftsgeschichtliches Archiv	Artenspektrum, Biomasse Bodenprofil, Horizontmerkmale	
Versorgungsbasis (Wurzelraum)	natürliche Vegetation Kulturpflanzen	Biomasse, Artenspektrum, Phänologie Phänologie, Erntequalität/-quantität	Ökotop/Ökochore/Ökosphäre
Entsorgungsbasis (Filterkörper und Fließwiderstand)	Teil des Wasserhaushaltes Puffer	Grundwasserqualität/-quantität Abflußqualität/-quantität	Ökotop/Ökochore/Ökosphäre
Schadstoffsenke und -quelle	Teil des Wasser- und Luft- haushaltes Puffer	Wasser-/Lufthygiene	Ökotop/Ökochore/Ökosphäre
Menschliche Grundnutzung/Grundfunktionen Lagerstätte		Mineralbestand, Bodenart. Inhaltsstoffe	Ökotope
Quelle für Baumaterial Deponierungsbasis Baugrund Standort für Freizeit/Erholung		Tragfähigkeit. Fließgleichgewicht Tragfähigkeit	

Tab.1:　*Bodenfunktionen, Indexgrößen und Größenordnung der Auswirkung von Funktionen (verändert und ergänzt nach Blume 1992).*

Quellen der menschlichen Bodenbelastung	Eingriffe in den Boden
Bodenbearbeitung, Melioration	Lockern, Mischung
Bodenbearbeitung, Melioration, Drainage	Entwässern
Bodennutzung (z.B. Landwirtschaft, Freizeit)	Abtragung durch Wasser, Wind, Hangrutschung, Uferabbruch
Kulturpflanzenanbau, Denitrifikation nach Verdichtung	Erschöpfung der Nährstoffe durch Entgasen, Auswaschen, Entziehen
Gewinnung von Bodenschätzen, Reliefbegradigung	Abgraben, Entblößen
Bautätigkeit: Siedlungen, Verkehr u.a., Deponierung	Versiegeln, Überbauen, Bedecken
Befahren, Begehen, Bewässern	Verdichten, Vernässen
Ver-/Entsorgungsleitungen	Erwärmen
Überflutung, Verkehr, Nährstoffrückfuhr	Düngen, Versalzen
Abfallentsorgung, Staubemissionen	Alkalisieren
Industrie, Verkehr, Hausbrand, Abfallentsorgung, Kraftwerke	Kontamination mit Stäuben, Metallen, Nichtmetallen
Abfallensorgung/Versorgungsleitungen	Kontamination mit Gasen
Protonen-, Ammoniumeinträge	Versauern
Kernkraftwerke, Kernwaffen	Kontamination mit Radionukliden

Tab.2:   *Quellen der Bodenbelastung und ihr Einfluss auf den Boden (verändert und ergänzt nach Scholten 1998).*

gung, Be- und Entwässerung oder dem Einsatz von Pflanzenschutz- u.ä. Mitteln. Die Belastung des Bodens erfolgt zudem durch Schadstoffeinträge von Schwermetallen, Salzen, Säuren, Organika, Gasen und Radionukliden, aber auch durch Temperaturveränderungen. Hinzu kommen Beeinträchtigungen über die Entsorgung und Deponierung von Abfällen, Müll, Abwasser, Klärschlamm und Baggergut (vgl. Blume 1992; Tab.2).

5 Der Einfluss von Klimaveränderungen auf den Boden

Kaum ein geowissenschaftlicher Problemkreis steht heute derart im Blickpunkt des öffentlichen Interesses, wie das Klima und seine möglichen Änderungen. Die Klimafolgenforschung untersucht u.a. den potentiellen Einfluss von Klimaveränderungen auf den Boden. Die bestehende Literatur ist i.d.R. qualitativen Einschätzungen möglicher Auswirkungen gewidmet (vgl. u.a. Arnold 1990; Batjes & Bridges 1992; Bouwman 1990; Bouwman & Sombroek 1990; Brinkman 1990; Eijsackers & Hamers 1992; Parry et al. 1988a und 1988b; Scharpenseel et al. 1990; Szabolcs 1990). Rogasik et al. (1994) weisen darauf hin, dass die zur Verfügung stehende Datenbasis für eine zuverlässige Quantifizierung unzureichend ist. Es sind daher ausschließlich qualitative Aussagen möglich. Ein Großteil der Untersuchungen beschränkt sich auf außereuropäische Regionen, in denen Boden und Wasser bereits als limitierende Faktoren der Versorgung sowie des Landschaftshaushaltes auftreten (vgl. u.a. Blume 1992; Scharpenseel et al. 1990).

"Die biogeochemischen Stoffkreisläufe in terrestrischen Ökosystemen werden für die quantitativ wichtigsten chemischen Elemente weitgehend von Prozessen im Boden beeinflußt" (Matzner 1996, S.218). Hier sind z.B. die Zersetzung, die Mineralisation, die Nitrifikation, die Humifizierung, die Aufnahme durch die Wurzeln sowie die Sorption und Emission von Spurengasen zu nennen. Zudem befinden sich im Boden die höchsten Elementvorräte der Ökosysteme, was seine Rolle innerhalb der Stoffkreisläufe unterstreicht.

Die genannten Prozesse werden erheblich von Bodenorganismen gesteuert. Diese sind in ihrer Aktivität u.a. abhängig von der Nahrungsqualität und dem -dargebot, der Temperatur sowie der Feuchte, die unmittelbar mit einer Klimaänderung verknüpft sind. "Wie die bisherige Ökosystemforschung gezeigt hat, haben Veränderungen der geochemischen Kreisläufe häufig eine Wirkung auf die Umwelt/System-Interaktionen, insbesondere auf den Stoffaustrag mit dem Sickerwasser, der gleichzeitig Stoffeintrag in die Hydrosphäre bzw. Lithosphäre ist und damit auf die Grundwasserqualität" (Matzner 1996, S.218; vgl. u.a. Schlesinger 1991).

Der Einfluss physikalischer und chemischer Klimaparameter auf Bodeneigenschaften und -prozesse ist zum Teil dominant, was sich auch in der engen Korrelation zwischen den Klima- und den Hauptbodenzonen zeigt. So bewirkt eine ausreichende Veränderung der Klimafaktoren, wie Temperatur und Niederschlag, auch eine Verschiebung in der räumlichen Verteilung der Hauptbodengruppen. Die räumliche und zeitliche Variabilität der Böden ist nach Rogasik et al. (1994) in der charakteristischen Reaktionszeit der Einzelgrößen sowie der Sensitivität des Ausgangsgesteins der Bodenbildung bzw. der festen Bodenphase gegenüber Wärme- und Feuchteregimen begründet.

Ein Wandel des physikalischen Klimas, wie der Temperatur oder des Niederschlages, wirkt sich zunächst auf die oberflächenbeeinflussenden Parameter des Bodens aus. Dies kann z.B. die Bedeckung, der Oberflächenabfluss und die Wasserbilanz mit Evaporation, Transpiration, Infiltration und Speicherkapazität sein. Die Veränderung des chemischen Klimas durch eine Variabilität der Luftzusammensetzung beeinträchtigt die internen Eigenschaften des Bodens. Hier können die Textur, die Struktur, das Bodenfeuchteregime sowie der Grundwasser- bzw. der Boden-Nährstoff- und Humus-Haushalt der Pedosphäre genannt werden. Der gestörte Bodenhaushalt führt zudem zu einer verstärkten Erosionsanfälligkeit. Rogasik et al. (1994) führen aus, dass der Boden sich heute in einem annähernden Fließgleichgewicht befindet, dessen Kinetik und Einzelflüsse temperaturabhängig sind. Ein Wandel der Temperaturverhältnisse führt so zu einer Veränderung von Bodeneigenschaften, -prozessen und -bewuchs. Ein zukunftsorientiertes, nachhaltiges Bodenmanagement muss demnach neue Fließgleichgewichte im Energie- und Stoffhaus-

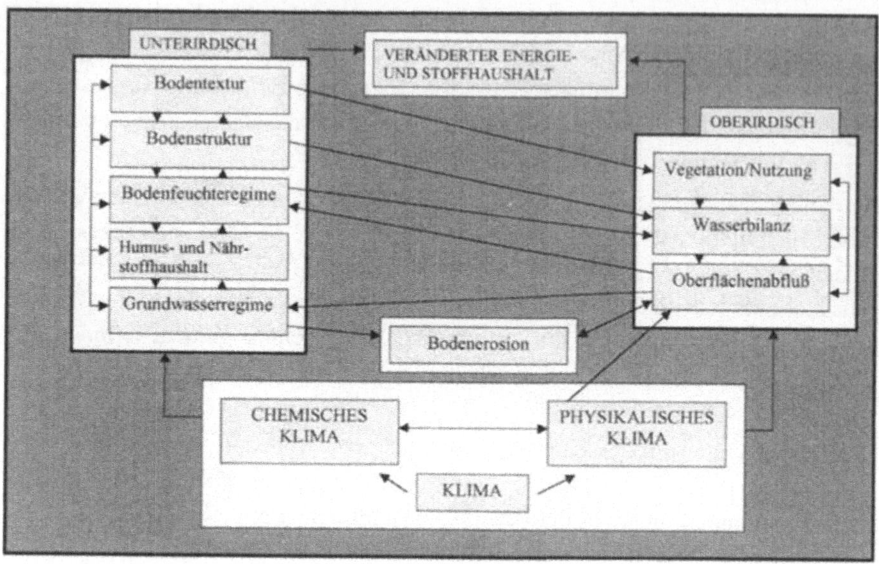

Abb.1:   *Der Einfluss des Klimas auf ausgewählte Bodenparameter (verändert und ergänzt nach Rogasik et al. 1994).*

halt bei der Planung berücksichtigen (vgl. Rogasik et al. 1994). In Abb.1 sind Einflüsse des physikalischen und des chemischen Klimas auf ausgewählte Parameter der Pedosphäre dargestellt (vgl. Rogasik et al. 1994).

Die Auswirkungen eines sich ändernden Klimas sind nicht nur vom Ausmaß des Modifikationen abhängig. Der Zeitraum des Prozesses sowie die Dauer des Einwirkens der geänderten klimatischen Verhältnisse auf die Pedosphäre sind weitere Einflussfaktoren. Es ist nicht zwingend davon auszugehen, dass eine sich kurzfristig änderte Eigenschaft auch entsprechend schnell wieder in ihren ursprünglichen Zustand zurückgeführt werden kann. Eine Variabilität der Bodenmerkmale muss jedoch nicht gleichbedeutend mit einer Verschlechterung sein, wenngleich ihre Folgen sich auf das gesamte, den entsprechenden Bodenstandort umgebende Ökosystem auswirken können. Langfristige Schädigungen sind zwar als grundsätzlich anzusehen, doch besteht stellenweise die Möglichkeit einer Anpassung z.B. für Vegetation, Fauna und Nutzung. In Abb.2 ist die Variabilität ausgewählter Bodenmerkmale in unterschiedlichen Zeitskalen dargestellt.

Jeder klimaabhängige Bodenprozess bzw. jede Bodeneigenschaft unterliegt einer individuellen zeitlichen Ausprägung, die ihrerseits von speziellen Gegebenheiten am Standort abhängt (vgl. Rogasik et al. 1994). Die langfristige Bedeutung des Klimaeinflusses auf die Verwitterung wird von der ökologischen Amplitude des Bodens bestimmt. Die Schädigung durch Erosion kann hingegen sowohl auf einen permanenten Abtrag, als auch auf die Wirkung von Extremereignissen zurückgeführt werden. Die Podsolierung ist von kühlen, feuchten und sauren Bodenverhältnissen abhängig, während die Versalzung unter trockenen Bedingungen sowie im

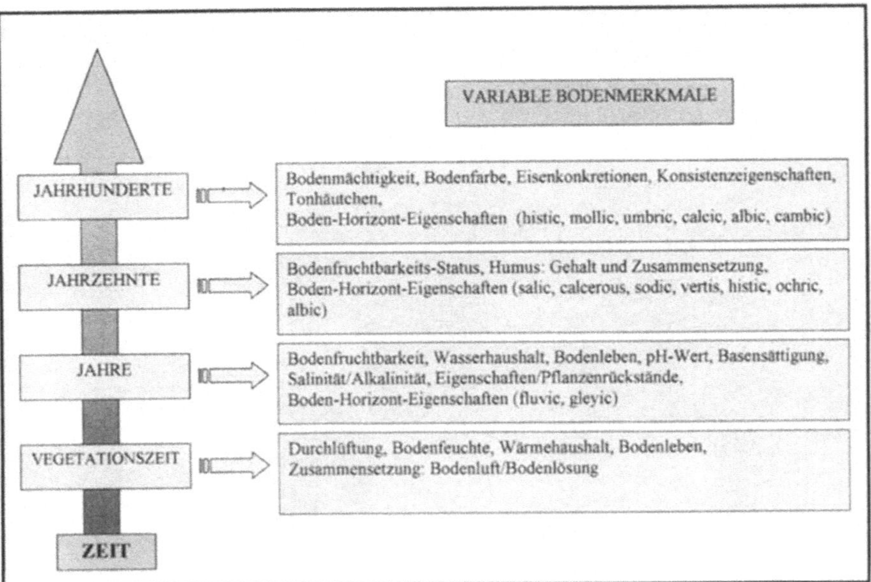

Abb.2:   *Zeitliche Variabilität ausgewählter Bodenmerkmale*
       (verändert und ergänzt nach Rogasik et al. 1994).

Zusammenhang mit Bewässerungsmaßnahmen an Bedeutung gewinnt. Die Entstehung hydromorpher Horizonteigenschaften ist von einer ausreichenden O_2-Verfügbarkeit bestimmt, die Versauerung hingegen stellt ein regionales Problem bei hoher Deposition von Stickstoff und Schwefel dar. Humusakkumulation und -umsatz sind im Zusammenhang mit der Bodenfruchtbarkeit von Bedeutung. Dem klimatischen Einfluss auf die Nährstoffauswaschung kann durch entsprechende Schutzmaßnahmen begegnet werden. Das Wissen um die Zusammenhänge zwischen Pflanzen, Wurzeln und Bodenfauna gilt als Grundlage für Anpassungs- und Vermeidungsstrategien, so dass ihre Bedeutung als kurzfristig angesehen werden kann. In Abb.3 ist die zeitliche Bewertung des Klimaeinflusses auf ausgewählte Bodenprozesse dargestellt.

Der Einfluss des Klimas auf die Bodeneigenschaften ist ebenfalls sehr different und soll an ausgewählten Beispielen dargestellt werden. Die zeitliche Bedeutung der Klimaabhängigkeit der Parameter steigt mit der Ungunst von physikalischen, chemischen oder biologischen Eigenschaften an. Rogasik et al. (1994) nennen in diesem Zusammenhang eine geringe Bodenfruchtbarkeit, ein minimales Wasserspeichervermögen, zeitweilige Staunässe, Salinität, Sodizität sowie Al-Toxizität. In Abb.4 ist die zeitliche Bedeutung ausgewählter klimaabhängiger Bodeneigenschaften dargestellt.

Korngrößenvorkommen und -zusammensetzung sind als relativ stabile Parameter anzusehen, da physikalische und chemische Verwitterung erst langfristig wirksam werden (vgl. Rogasik et al. 1994). Die Aggregatstabilität hingegen wird kurz-

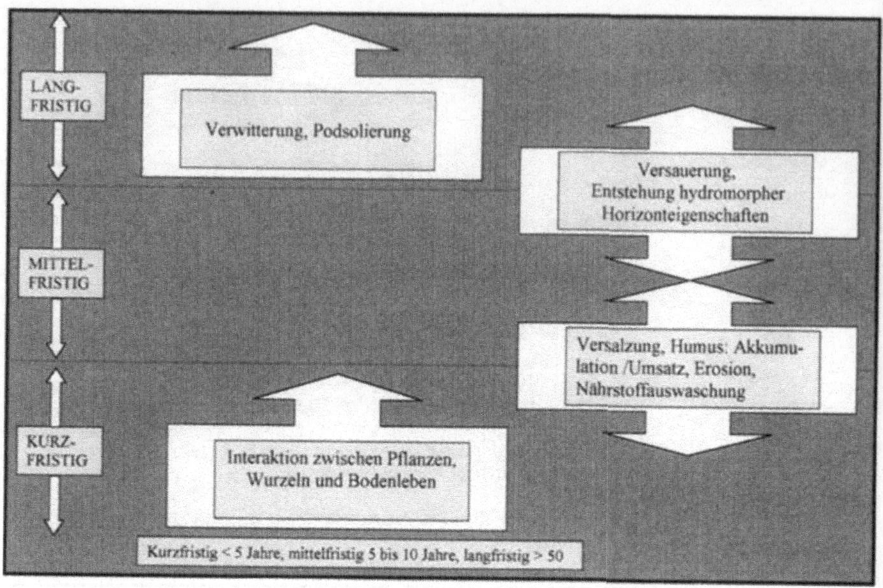

Abb.3:   *Bewertung des Klimaeinflusses auf ausgewählte Bodenprozesse*
             (verändert und ergänzt nach Rogasik et al. 1994).

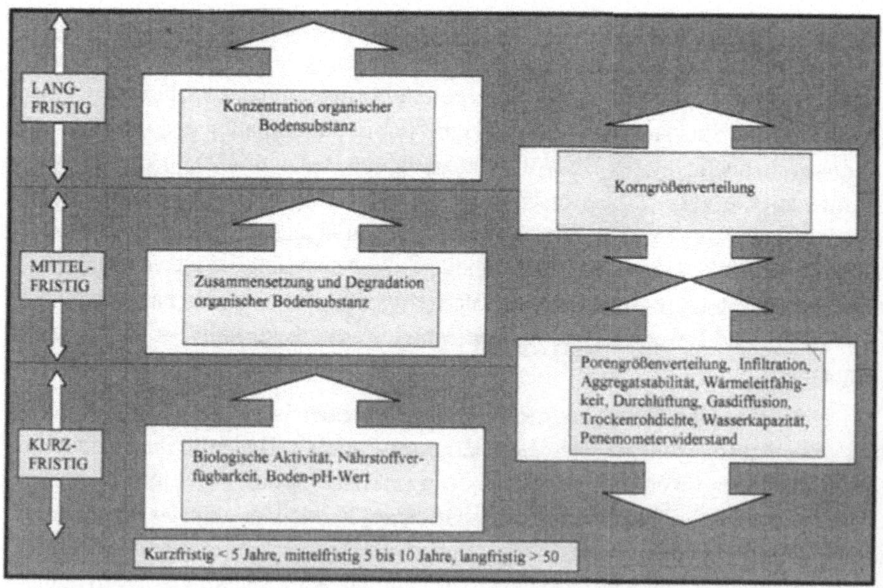

Abb.4:   *Bewertung des Klimaeinflusses auf ausgewählte Bodeneigenschaften*
             (verändert und ergänzt nach Rogasik et al. 1994).

fristig durch den Einfluss klimatischer Faktoren, wie z.B. Niederschlagsintensität,
Tropfenspektren, Austrocknungs- und Befeuchtungszyklen, verändert. Dies gilt,

Eigenschaft/ Prozeß \ Veränderte Klimaparameter	Anstieg CO_2	Anstieg Temperatur	Trockenstreß	Extremereignisse/ Niederschlag
Bodenstruktur	↑ Anzahl stabiler Bioporen ↑ gute Bearbeitbarkeit	↑ Reduzierung Verdichtungsrisiko/Bewirtschaftung bei trockenen Bedingungen ↓ Höheres Verdichtungsrisiko durch Verlust organischer Bodensubstanz	↑ Schrumpfung, Risse, Abnahme Makroporosität	↓ Zunahme Verdichtung/ Verschlämmung ↓ schlechte Bearbeitbarkeit
Bodenwasser und Gebietswasserbilanz	↑ höhere Effizienz/ Wassernutzung und geringerer Verbrauch durch Pflanzen = bessere Bilanz ↓ Kompensation positiver Effekte durch hohe Biomasseproduktion	↓ Evaporation unproduktiv ↓ Verringerung nutzbaren Grundwasserspeichers ↓ Erwärmungsbedingter Abbau/Humus = Verringerung/Speicher pflanzenverfügbares Wasser	↓ verminderter Gehalt/ Bodenwasser	↓ Auswaschungsgefahr
Nährstoffstatus/Boden	↑ Zunahme Nährstoff-Mobilisierung ↓ Zunahme Biomasse-Produktion = Reduktion Nährstoffvorrat	↑ kurzfristig: verbesserte Nährstoffverfügbarkeit ↓ Zunahme Humusabbau = Abnahme Pufferkapazität und Redoxpotential ↓ Abnahme Humusgehalt = Abnahme Nährstoffdynamik	↓ Abnahme Nährstoffverfügbarkeit ↓ Abnahme Düngeeffizienz	↓ Nährstoffverlagerung
Nährstoff-Auswaschung	↑ Zunahme Sorptionskapazität/Entzüge = Abnahme Nährstoffverlust	↓ Zunahme Wintertemperatur = schnellere N-Mineralisation = N-Verluste	↑ Nährstoffverluste minimal	↓ Oberflächenabtrag/ Nährstoffaustrag = Abnahme Pflanzennährstoffe
Biologische Aktivität	↑ Zunahme: Wurzel- und Ernterückstände (C-Input) sowie Aktivität Bodenleben	↑ beschleunigte Stoffumsätze ↑ Stimulation Bodenleben ↓ Respiration > Photosynthese = Verlust an C_{org}	↓ Abnahme Flora und Fauna ↓ Abnahme Stoffumsatz	↓ Abnahme biologische Aktivität
Organische Substanz/ Boden	↑ höherer C-Input = höherer Gehalt organischer Kohlenstoff	↓ Ertragsrückgang = Abnahme Wurzel- und Ernterückstände = Abnahme Humus	↓ Kohlenstoffakkumulation	↓ Zunahme Erodierbarkeit ↓ Abnahme Humusqualität
pH-Wert/ Versauerung	↑ Zunahme Humus = Zunahme Sorptionsfähigkeit	↓ Abnahme Kationenaustauschkapazität und Humus = Freisetzung Schwermetalle	———	↓ Ca- Verlagerung
Versalzung	↑ Verbesserung Salztoleranz/Pflanzen = Abnahme Risiko	↓ Fehler in Bewässerungsregime/höhere negative klimatische Wasserbilanz = Zunahme Risiko	↓ Fehler in Bewässerungsregime/höhere negative klimatische Wasserbilanz = Zunahme Risiko	↓ Anhebung Grundwasser = Zunahme Risiko
Erosion/ Infiltration	↑ Zunahme Biomasseproduktion = Zunahme Bedeckung = Abnahme Erodibilität/ Oberflächenabfluß	↓ Abnahme Humus und Pflanzendecke = Zunahme Oberflächenabfluß/Abnahme Infiltration = Zunahme Erodierbarkeit (Wasser/Wind)	↓ Zunahme Erodierbarkeit/Wind	↓ Erosionsschäden ↓ Zunahme Oberflächenabfluß ↓ Abnahme Niederschlagsinfiltration
Produktionspotential/ Boden	↑ generelle Zunahme Ertragspotential	↓ Zunahme Sommertemperatur = generelle Abnahme Ertragspotential	↓ generelle Abnahme Ertragspotential	↓ generelle Abnahme Ertragspotential

Tab.3:   Einfluss der Veränderung ausgewählter Klimaparameter auf verschiedene Bodeneigenschaften und -prozesse (verändert und ergänzt nach Rogasik et al. 1994).

obwohl sie ein Resultat von Körnungsart und Korngrößenverteilung sowie organischer Substanz und biologischer Einflussgrößen ist. Rogasik et al. (1994) führen aus, dass veränderte Temperatur- und Feuchteregime der Böden vor allem die Bodenfruchtbarkeit, die durch Humus- und Nährstoffgehalt sowie Bodenazidität geprägt ist, beeinflussen. Tab.3 stellt eine Zusammenfassung der Effekte ausgewählter Klimaparameter auf verschiedene Bodeneigenschaften und -prozesse dar.

6 Fallbeispiel: Bodenerosion

Der Abtrag des Bodens stellt kein neues Naturphänomen dar, doch sind seit der Sesshaftwerdung des Menschen und zunehmenden Rodungen verstärkte Bodenabträge festzustellen. Durch den agrarstrukturellen Prozesswandel, die Zerstörung der natürlichen Vegetation und die Technisierung der landwirtschaftlichen Produktion in den letzten Jahrzehnten ist weltweit ein Anstieg der Abträge zu verzeichnen. Generell wird die Bodenerosion als Naturgefahr unterschätzt, auch wenn unzählige Untersuchungen in unterschiedlichen Regionen zeigen, dass die verursachten Schäden irreparabel und katastrophal sind (vgl. u.a. Fleischhauer 1993; Sauerborn 1994; Sauerborn et al. 1999; Schichl & Schuster 1982; Tab.4).

6.1   Definition und Quantifizierung

Eine mögliche, klassische Definition der Bodenerosion lautet: Unter Bodenerosion versteht man die durch menschliche Aktivitäten verstärkten linienhaft auftretenden Prozesse der Loslösung und des Abtransports von Bodenmaterial durch Wind bzw. Wasser (vgl. u.a. Sauerborn 1994). Diese Begriffsdefinition impliziert über das sogenannte natürliche Ausmaß hinausgehende Abtragsraten, d.h. inklusive den Mengenanteilen, die auf den (landwirtschaftenden) Menschen als Verursacher zurückgeführt werden können. Im allgemeinen wird die Rolle der Landwirtschaft in der Definition des Bodenerosionsbegriffs ebenso hervorgehoben wie bei der Beschreibung seiner Prozesse. Dieser Beitrag landwirtschaftlicher Tätigkeit zeigt sich historisch betrachtet in urbar gemachten Flächenanteilen. Die Waldanteile etwa gingen in Mitteleuropa von 90% der vorrömischen Zeit auf heutige 30% zurück (vgl. Sauerborn 1997). Der wirtschaftende Mensch erhöhte die Erodierbarkeit des Bodens und zerstörte den Schutz durch Vegetationsbedeckung. Die Flurbereinigung wirkte sich insbesondere auf die Topographiefaktoren durch die Vergrößerung der Schläge sowie auf den Einfluss der Bewirtschaftung durch die Beseitigung von Hangterrassen aus. Ausschließlich das Klima konnte bisher als sozusagen natürlicher Faktor angenommen werden, weil der Einfluss des Menschen hier nur indirekt möglich ist (vgl. Sauerborn 1994).

Technisch-industrielle Aktivitäten werden künftig den Bodenabtrag - z.B. über anthropogen bedingte Klimaveränderungen - stärker als bisher beeinflussen. Den Hintergrund hierfür liefert die Emission von Treibhausgasen, vor allem der Indu-

QUANTITATIVE ANGABEN ZUM BODENABTRAG

DEUTSCHLAND
(nach FLEISCHHAUER 1993)

     ABTRAGSRATE BODENMATERIAL:
     Durchschnitt $\Rightarrow$ ca. **10 t ha/a**
     Maximalwerte $\Rightarrow$ bis 200 t ha/a (BURDICK 1994)

     MITTLERE BODENNEUBILDUNGSRATE:
     Durchschnitt $\Rightarrow$ 1 - 2 t ha/a

=   **ABNAHME BODENMATERIAL:**
     Durchschnitt $\Rightarrow$ 8 - 9 t ha/a
     Maximalwerte $\Rightarrow$ bis 199 t ha/a

USA
(nach SCHICHL/SCHUSTER 1982)

$\rightarrow$ 1977 verloren die land- und forstwirtschaftlich genutzten Flächen in den USA 3,65 Milliarden t Bodenmaterial durch Wassererosion und 910 Millionen t durch Winderosion.

$\rightarrow$ Das 1977 von den Äckern der USA abgeschwemmte Material füllt einen Güterzug von ca. 1 Millionen km Länge. Er würde 25 Mal um den Erdball reichen.

$\rightarrow$ Von 1970 - 1980 hat sich der Bodenabtrag an der Ostküste der USA verzehnfacht.

GLOBAL
(nach FLEISCHHAUER 1993)

$\Rightarrow$ **These:** Im Jahr 2000 steht der Weltbevölkerung, im Vergleich mit 1980, 30 % weniger Bodenfläche als Ernährungsgrundlage zur Verfügung.

$\rightarrow$ In den vergangenen 50 Jahren wurden global > 12 Millionen km^2 Böden durch Bodenerosion/Verdichtung erheblich geschädigt $\cong$ Landesfläche China + Indien.

$\rightarrow$ < 9000 km^2 haben nahezu jegliche biologische Funktion verloren.

$\rightarrow$ Durch Erhöhung der Sedimentfracht gelangen bis zu 2 Milliarden t/a Kohlenstoff in die Weltmeere (WBGU 1993).

Tab.4:   Bodenabtrags- und Bodenneubildungsraten ausgewählter Regionen.

striestaaten, mit den vermuteten Folgen für das Klima. So werden z.B. wesentliche Niederschlagscharakteristika wie die Intensität, die Ereignisdauer und die Wiederkehrhäufigkeit von Extremen zu einer verstärkten Gefahr führen. Aufgrund der vielfältigen Ursachen der Bodenerosion ergibt sich für die Prognose die Notwendigkeit der interdisziplinären Zusammenarbeit.

Die Folgen anthropogen verursachter Stoff- und Energieflüsse auf die meteorologischen Prozesse und damit auf mögliche erosionsbeeinflussende Niederschlagscharakteristika galten bisher als marginal. Prinzipiell wird davon ausgegangen, dass über eine Intensivierung hydrologischer Kreisläufe die Intensität von Niederschlägen und die Häufigkeit von Extremereignissen zunimmt (vgl. Rapp & Schönwiese 1995). Wird berücksichtigt, dass der vermehrte Ausstoß klimarelevanter Spurengase vor allem auf technisch-industrielle Prozesse zurückgeht, so ergibt sich für die zukünftige Definition des Bodenerosionsbegriffs eine Erweiterung und sie könnte lauten: Als Bodenerosion bezeichnet man den anthropogen durch landwirtschaftliche *und* technisch-industrielle Aktivitäten verstärkten Bodenabtrag.

Eine quantitative Ermittlung der erosionsauslösenden Faktoren wurde auf Grund der Schäden und mit dem Ziel eines nachhaltigen Bodenschutzes unumgänglich. Bisher lieferte im wesentlichen die Art und Weise der Landbewirtschaftung einen Faktorenkomplex, der die Erhöhung der Abtragsmengen pro Jahr und Einheitsfläche bestimmte. Dies sind z.B. die Parzellenlänge bei Bearbeitung in Falllinie, der Hangneigungswinkel, die Vegetationsbedeckung des Bodens sowie die Verdichtung durch Viehtritt und Maschinen.

Eine mögliche Methode zur Quantifizicrung der Bodenerosionraten ist die "Universal Soil Loss Equation" (USLE) (Wischmeier & Smith 1978) bzw. die an deutsche Verhältnisse adaptierte "Allgemeine Bodenabtragsgleichung" (ABAG) (Schwertmann et al. 1981). In die Gleichungen gehen die Erosionsanfälligkeit des Bodens in Abhängigkeit von Bodenart, Humusgehalt und Durchlässigkeit (K), die Erosivität der Niederschläge (K), die Vegetationsbedeckung (C), die Hangneigung (S) bzw. die Hanglänge (L) und eventuelle Erosionsschutzmaßnahmen (P) ein. Sie werden multiplikatorisch miteinander verknüpft und ergeben den jährlichen Bodenabtrag in Tonnen pro Hektar und Jahr.

6.2   Schäden durch Bodenerosion

Die durch den Bodenabtrag verursachten Folgen sind vielfältig und können generell in On- und Off-Site-Schäden unterteilt werden. In der Regel handelt es sich bei bodenerosiv verursachten Beeinträchtigungen um einen schleichenden Vorgang, weshalb die Gefährdung häufig verkannt wird. Bei einem anhaltenden Prozess kann sich zudem ein gewisser Gewöhnungsgrad im Erleben einstellen. Durch die Fortschritte in der Landwirtschaft können bestimmte Schädigungen des Bodenhaushaltes kurzfristig ausgeglichen werden und die Abnahme in der Bodenmächtigkeit in Bezug auf die Profiltiefe ist für den Laien schwer erkennbar. Problematisch ist die Fehleinschätzung der Bodenerosion insbesondere, da die Bodenneubildung i.d.R. geringer ist, als das Ausmaß des Bodenabtrages (vgl. Tab.4). Demnach kommt es

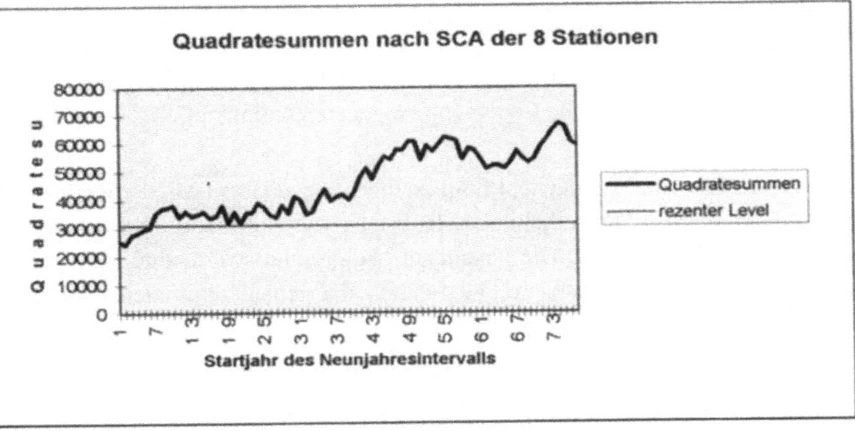

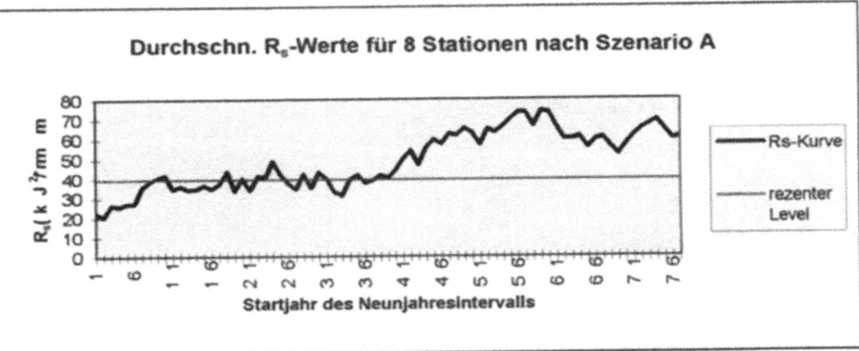

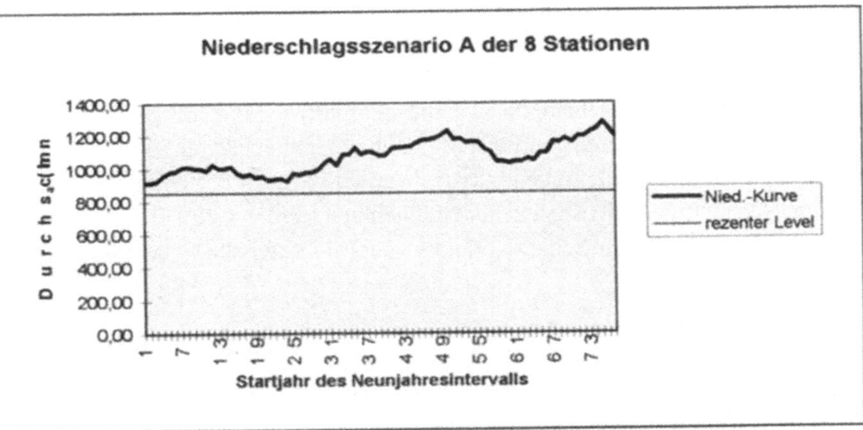

Abb.5:   *Prognostizierte Quadratesummen der Monatsniederschläge in mm²
(oben), Jahresniederschläge in mm (Mitte) und Erosivitätswerte
Rs der hydrologischen Sommer in kJ/m²*mm/h (unten) der 77
Neunjahresintervalle für 8 Stationen Nordrhein-Westfalens nach
IPCC-Szenario A jeweils mit rezentem Level 1984-92.*

bei anhaltender Bodenerosion schlussendlich im hängigen Gelände und in von Winderosion betroffenen Gebieten zu einem Verlust der gesamten Pedosphäre.

In Europa bzw. in Deutschland wurde der Bodenerosion im Vergleich zu den USA lange Jahre keine große Bedeutung beigemessen, obwohl die Schäden auch hier erheblich sind (Tab.4).

Das gezeigte Ungleichgewicht führt zu einer irreversiblen Minderung der Bodenfruchtbarkeit. Es fallen erhebliche Mengen an Material an, die ihrerseits zudem Schäden bewirken können. Die genannten Durchschnittswerte sind als zeitliche und räumliche Mittel anzusehen. Die Tendenz der genannten Zahlen zeigt einen steigenden Trend.

Einen möglichen Hinweis darauf, dass sich die Bodenerosion in Zukunft auch in Nordrhein-Westfalen verstärken wird, zeigen Untersuchungen zur Erosivität der Niederschläge (vgl. Sauerborn 1997; Sauerborn et al. 1999). Durch Trendanalysen und Modellierungen wurde die künftige potentielle Erosionsgefährdung durch Niederschläge untersucht. Es ergab sich ein zunehmender Trend (vgl. Abb.5). Als Kenngröße fand der sogenannte R-Faktor Anwendung (vgl. Wischmeier & Smith 1978; Schwertmann et al. 1987).

7 Ausblick

Der Boden ist ein eigendynamisches System und unterliegt einem steten Wandel. Durch seine vielfältige Nutzung wird er zudem permanent verändert. Diese Entwicklungen wirken i.d.R. störend auf den Naturkörper Boden und zerstören ihn direkt oder zeitlich verzögert. Das Ungleichgewicht zwischen Neubildung und Erosion führt zu einem unwiederbringlichen Verlust der wertvollen Bodenhülle. Durch vielfältige ökosystemare Zusammenhänge wirkt sich die Bodenzerstörung nachhaltig aus und bedroht letztendlich auch die menschliche Existenz. Der schleichende Charakter der Schädigungen führt oft zu einer Unterschätzung. Zukünftig sind auch durch Klimaveränderungen massive Variabilitäten in der Pedosphäre zu erwarten. Nachhaltige bodenschützende Maßnahmen werden somit global zwingend notwendig, wobei sich die Schutzwürdigkeit der Böden auf alle benannten Funktionen bezieht.

8 Literatur

Arnold, R.W. (1990): Processes that affect soil morphology. - In: Scharpenseel, H.W.; Schomaker, M & Ayoub, A. (Hrsg.): Soils on a warmer earth. - Proceedings of an International Workshop on Expected Elimatic Change on Soil Processes in the Tropics and Subtropics, 12-14 February 1990, Nairobi. - Nairobi, S.31-38

Batjes, N.H. & Bridges, E.M. (1992): A review of soil factors and processes that control fluxes of heat, moisture and greenhouse gases. - Technical Paper 23

Blume, H.-P. (Hrsg.) (1992): Handbuch des Bodenschutzes. Bodenökologie und -belastung, vorbeugende und abwehrende Schutzmaßnahmen. - Landsberg/ Lech

Bouwman, A.F. (1990): Soils and the greenhouse effect. Proceedings of the international Conference "Soils and the Greenhouse Effect". - Chichester

Bouwman, A.F. & Sombroek, W.G. (1990): Inputs to climate change by soil and agriclture related activities. Present status and futural trends. - In: Scharpenseel, H.W.; Schomaker, M. & Ayoub, A. (Hrsg.): Soils on a warmer earth. Proceedings of an International Workshop on Expected Climate Change on Soil Processes in the Tropics and Subtropics, 12-14 February 1990, Nairobi. - Nairobi, S.15-30

Brinkman, R. (1990): Resilience against climate change? Soil minerals, transformations and surface properties, Eh, Ph. - In: Scharpenseel, H.W.; Schomaker, M. & Ayoub, A. (Hrsg.): Soils on a warmer earth. Proceedings of an International Workshop on Expected Climate Change on Soil Processes in the Tropics and Subtropics, 12-14 February 1990, Nairobi. - Nairobi, S.51-60

Burdick, B. (1994): Klimaänderung und Landbau. Die Agrarwirtschaft als Täter oder Opfer. - Heidelberg

Eijsackers, H.J.P. & Hamers, T. (1992): Integrated soil and sediment research: A basis for proper protection. - Proceedings of the Conference on Integrated Research for Soil and Sediment Protection and Remediation (EUROSOL), Maastricht, 6–12 September 1992, Dordrecht

Eitel, B.(1999): Bodengeographie. - Braunschweig

Fleischhauer, E. (1993): Menschen schützen ihr Land - Bericht über die 7. Konferenz der Internationalen Organisation für Bodenkonservierung. - In: Umwelt 1/93, S.25-27

Matzner, E. (1996): Mögliche Auswirkung einer Klimaveränderung auf die Grundwasserbeschaffenheit. - In: Institut für Wasserwesen 56b, S.217-231

Parry, M.L.; Carter, T.R. & Konijn, N.T. (1988a): The impact of climate variations on agriculture. Vol.1: Assessment in cool temperature an cold regions. - Dordrecht

Parry, M.L.; Carter, T.R. & Konijn, N.T. (1988b): The impact of climate variations on agriculture. Vol.2: Assessment in semi-arid regions. - Dordrecht

Rogasik, J.; Dämmgen, U.; Lüttich, M. & Obenauf, S. (1994): Wirkungen physikalischer und chemischer Klimaparameter auf Bodeneigenschaften und Bodenprozesse. - In: Landbauforschung Völkenrode, Sonderheft 148, S.107-139

Rapp, J. & Schönwiese, C.-D. (1995): Atlas der Niederschlags- und Temperaturtrends in Deutschland 1891-1990. - Frankfurter Geowissenschaftliche Arbeiten, Serie B, 5

Sauerborn, P. (1994): Die Erosivität der Niederschläge in Deutschland - ein Beitrag zur quantitativen Prognose der Bodenerosion durch Wasser in Mitteleuropa. - Bonner Bodenkundliche Abhandlungen 13

Sauerborn, P. (1997): Klimafolgenforschung in der Geographie. - In: Forschungen in Köln 1997/1, S.87-94

Sauerborn, P.; Klein, A., Botschek, J. & Skowronek, A. (1999): Local rainfall erosivity derived from large-scale climate models - methods and regional scenarios. - In: Geoderma 12/99 (in Druck)

Scharpenseel, H.W.; Schomaker, M. & Ayoub, A. (Hrsg.) (1990): Soils on a warmer earth. - Proceedings of an International Workshop on Expected Climate Change on Soil Processes in the Tropics and Subtropics, 12-14 February 1990, Nairobi. - Nairobi

Scheffer, F. & Schachtschabel, P. (1992): Lehrbuch der Bodenkunde. - Stuttgart

Schichl, A. & Schuster, G. (1986): Die letzte Erde hält der Wind. Agrarwüste auf dem Vormarsch - das Beispiel USA. - In: Herm, U. (Hrsg.): Vernutzte Landschaften. - Frankfurt/Main, S.49-59

Schlesinger, W.H. (1991): Biogeochemstry - An analysis of Glogal Change. - San Diego

Scholten, T. (1998): Bodenschutz. - In: geographie heute 161, S.39

Schwertmann, U.; Vogl, W. & Kainz, M.: (1987): Bodenerosion durch Wasser. Vorhersagen des Abtrags und Bewertung von Gegenmaßnahmen. - Stuttgart

Szabolcs, I. (1990): Soil organic matter and biology in relation to climate change. - In: Scharpenseel, H.W.; Schomaker, M. & Ayoub, A. (Hrsg.): Soils on a warmer earth. Proceedings of an International Workshop on Expected Climate Change on Soil Processes in the Tropics and Subtropics, 12-14 February 1990, Nairobi. - Nairobi, S.61-70

WBGU [Wissenschaftlicher Beirat der Bundesregierung Globale Umweltveränderungen] (1993): Welt im Wandel: Grundstruktur globaler Mensch-Umwelt-Beziehungen. Jahresgutachten 1993. - Bonn

Wild, A. (1995): Umweltorientierte Bodenkunde. - Heidelberg, Berlin, Oxford

Wischmeier, W.H. & Smith, D.D. (1978): Predicting rainfall erosion losses - A guide to conservation planning. - U.S. Department of Agriculture, Agriculture Handbook 537. - Washington D.C.

Biologische Vielfalt zwischen Wandel und Veränderung

Wilhelm Barthlott (Bonn), Gerold Kier (Bonn) und Jens Mutke (Bonn)

Exposé

Der Mensch ist in hohem Maße von der Vielfalt an Pflanzen, Tieren und Mikroorganismen auf der Erde abhängig. Diese biologische Vielfalt, auch als Biodiversität bezeichnet, wird auf dem weltweiten Maßstab durch menschliche Aktivitäten erheblich reduziert. Einer Erforschung der gesamten Diversität stehen immer noch gravierende Wissensdefizite im Wege, so dass hierfür auf Indikatorgruppen zurückgegriffen werden muss. Die Gefäßpflanzen eignen sich für diese Funktion in besonderem Maße, da sie in terrestrischen Lebensräumen eine zentrale ökologische Rolle spielen, vergleichsweise gut erforscht sind und von großer ökonomischer, in vielerlei Hinsicht sogar von existentieller Bedeutung für den Menschen sind. Die biologische Vielfalt weist, gemessen am Artenreichtum der Gefäßpflanzen, in den feuchten Tropen und Subtropen die höchsten Werte auf. Insbesondere in den Gebirgsregionen ist die Biodiversität auf dem Maßstab von 10.000 km^2 besonders hoch, was mit der hohen Geodiversität dieser Gebiete, d.h. ihrer Vielfalt an abiotischen Faktoren, erklärt werden kann. In diesem Zusammenhang muss jedoch betont werden, dass Biodiversität sowohl vom Betrachtungsmaßstab als auch vom zugrundeliegenden Qualitätskriterium abhängig ist. Die Artenzahl ist hierbei nur eines - wenn auch aus guten Gründen das meistverwendete - von vielen Kriterien. Ein weiteres Kriterium ist z.B. der Anteil von durch den Menschen eingeschleppten Arten, die oftmals eine Bedrohung für die einheimische Biodiversität darstellen. Um den Erhalt der biologischen Vielfalt zu sichern, ist eine Reihe von Maßnahmen erforderlich. Neben dem Schutz in natürlichen Lebensräumen bietet auch der ex-situ-Schutz, z.B. in Botanischen Gärten, in Teilbereichen Chancen für eine Bewahrung unseres natürlichen Erbes.

1 Einleitung

Die Bedeutung der biologischen Vielfalt für den Menschen wird erst seit wenigen Jahren in nennenswertem Umfang von der Gesellschaft erkannt. Es wird zunehmend sichtbar, wie stark der Mensch von der Vielfalt der Organismen profitiert und in vielerlei Hinsicht sogar abhängig ist. In besonderem Maße zeigt sich dies im Bereich der Ernährung, d.h. vor allem der Züchtung von Nahrungspflanzen, sowie der auf Grundlage von sekundären Pflanzeninhaltsstoffen entwickelten Medikamente.

*Abb.1:   Viele Lebensräume in Europa sind bereits seit Jahrhunderten
            - teilweise sogar seit dem Ende der letzten Eiszeit - vom Menschen
            geprägt. Diese Landschaft im Mercantour-Nationalpark (Alpes-
            Maritimes) erscheint auf den ersten Blick als eine völlig intakte
            hochalpine Welt. Vor Einfluss des Menschen, in erster Linie durch
            Abholzung und Beweidung, befand sich an dieser Stelle jedoch ein
            geschlossener Lärchenwald (Foto: W. Barthlott).*

Mit der steigenden Anerkennung des Wertes der Biodiversität wuchs Anfang
der 1990er Jahre auch die Motivation, dem zunehmenden, in erster Linie durch den
Menschen verursachten Verlust von Tier- und Pflanzenarten Einhalt zu gebieten. So
wurde auf der Konferenz der Vereinten Nationen für Umwelt und Entwicklung
(UNCED) 1992 in Rio de Janeiro von der Völkergemeinschaft das Übereinkommen
über die biologische Vielfalt (**C**onvention on **B**iological **D**iversity, CBD) verabschiedet. Es trat im Dezember 1993 in Kraft und wurde bisher von 177 Staaten rati-
fiziert. Neben der nachhaltigen Nutzung biologischer Vielfalt und der gerechten
Aufteilung der hierdurch erzielten Gewinne - monetärer und nicht-monetärer Art -
soll das Übereinkommen auch den Erhalt der Biodiversität vorantreiben.

Um letzteres zu erreichen, bedarf es jedoch einer ausreichenden Kenntnis der
biologischen Vielfalt einschließlich der Mechanismen ihres Wandels, der sowohl
exogen, d.h. durch den Menschen, als auch endogen, d.h. durch die eigene Dynamik, bedingt sein kann (vgl. Abb.1). Der Umfang der hierauf gerichteten wissenschaftlichen Arbeiten nahm in den vergangenen Jahren so rapide zu, dass sich mittlerweile die Biodiversitätsforschung als eigener Zweig der Wissenschaft etablieren
konnte. Der detaillierten Erforschung der oben erwähnten Mechanismen stehen je-

doch immer noch gravierende und grundlegende Wissensdefizite über die Zusammensetzung und Verteilung der biologischen Vielfalt auf der Erde im Wege.

2 Die Erforschung der Biodiversität: Wissensdefizite und Wege zu ihrer Überbrückung

Noch Anfang der 1980er Jahre herrschte in Fachkreisen die Überzeugung, dass der größte Teil der Artenvielfalt bereits bekannt sei. Dass die 1,7 Mio. bislang wissenschaftlich erfassten Tier-, Pflanzen- und Mikroorganismenarten nur einen Bruchteil der auf dieser Erde lebenden Organismenvielfalt ausmachen, wurde erst damals im Zuge von Forschungen v.a. im Kronendach tropischer Regenwälder bekannt. Während große, auffällige und für den Menschen besonders attraktive Lebewesen wie z.B. Vögel, Säugetiere und Blütenpflanzen verhältnismäßig gut bekannt sind, ist hingegen unser Kenntnisstand bei den artenreichsten Organismengruppen noch relativ niedrig. So stellen Insekten schon heute etwa die Hälfte aller bekannten Organismenarten, doch Hochrechungen zeigen mittlerweile, dass vermutlich erst weniger als ein Zehntel ihrer Arten bekannt sind. Angesichts der Tatsache, dass viele Bakterienarten auf eine oder wenige Tier- oder Pflanzenarten spezialisiert sind, ist hier - gemessen an den wenigen tausend bisher wissenschaftlich erfassten Arten - vermutlich ein viel größerer Anteil noch unentdeckt (vgl. Abb.2).

Viel stärker noch als dieses taxonomische Wissensdefizit ist der Mangel an Daten über die räumliche Verteilung der Biodiversität auf dem Erdball. Nicht nur für den Erhalt der Artenvielfalt, sondern auch für ihre Nutzung werden solche Daten und insbesondere ihre synoptische Auswertung und Darstellung dringend benötigt.

Angesichts mehrerer Millionen voraussichtlich noch zu entdeckender Arten wird diese Aufgabe jedoch selbst mit einer erheblichen Steigerung des Forschungsaufwands in den kommenden Jahrzehnten kaum für die gesamte Biodiversität der Erde zu bewältigen sein. Um schon heute zu verlässlichen Aussagen zu gelangen, sind wir daher darauf angewiesen, die Artenvielfalt auf indirektem Wege über Indikatoren zu erforschen.

Einen solchen Ansatz stellt u.a. der sogenannte „higher taxon approach" dar, bei dem die Diversität auf einem höheren taxonomischen Niveau - z.B. auf der Ebene der Pflanzenfamilien - untersucht wird und die Ergebnisse als repräsentativ für das Artniveau angesehen werden (Gaston & Williams 1993). Ein weiterer Weg führt über die Untersuchung von Indikatorgruppen, deren räumliche Verteilung als repräsentativ für die Gesamtdiversität angesehen wird.

3 Gefäßpflanzen als Indikatorgruppe der Gesamtdiversität

Die großen Unterschiede zwischen Pflanzen, Tieren und Bakterien mögen es auf den ersten Blick als abwegig erscheinen lassen, dass die Gruppe der Gefäßpflanzen

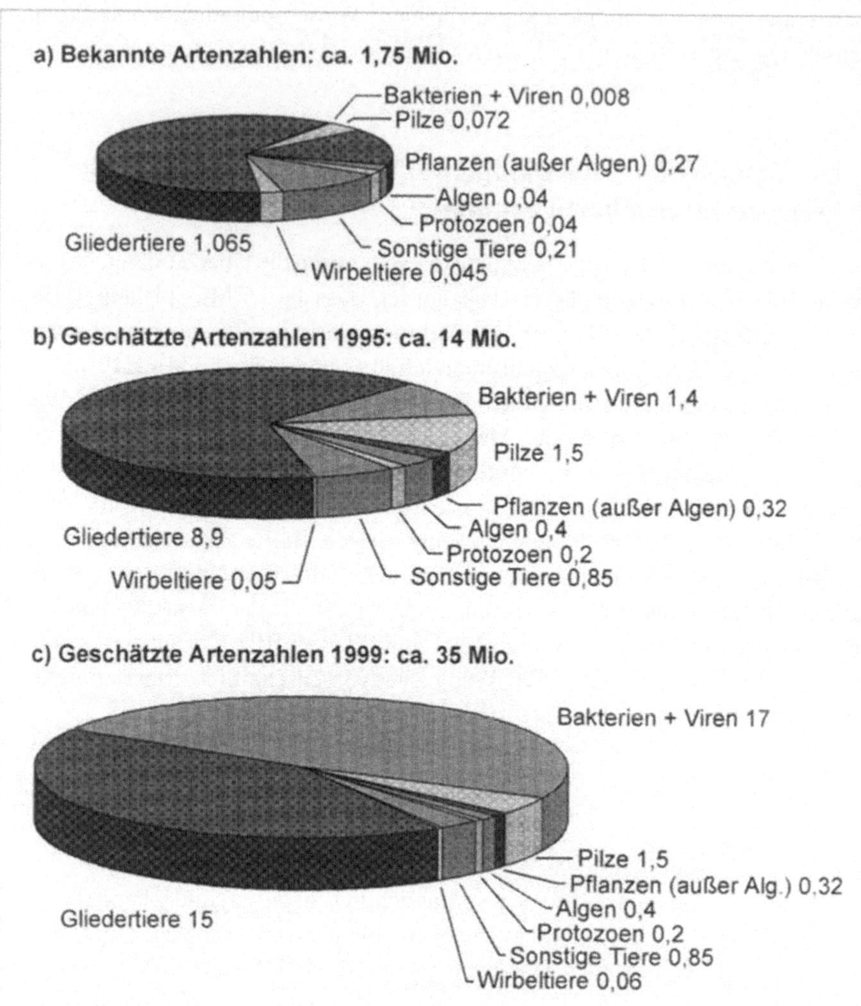

Abb.2:   *Der Wissenschaft bereits bekannte und geschätzte Zahlen von Organismenarten (in Mio.). a) Bekannte Arten (nach Hawksworth & Kalin-Arroyo 1995, S.118) und b) Artenzahlenschätzung einer Expertengruppe der UNEP (nach Hawksworth & Kalin-Arroyo 1995, S.118). Ausgehend von der Annahme, dass es pro Tierart vermutlich mindestens eine Bakterienart gibt, die auf diesen Wirt spezialisiert ist, könnte man die in c) dargestellte Verteilung vorhersagen. Dabei gehen wir zudem von einer etwas höheren Artenzahl der Insekten aus, als sie 1995 abgeschätzt wurde (leicht verändert nach Barthlott et al. 1999b).*

als Indikator für die Gesamtdiversität dienen kann. Es sprechen jedoch vor allem drei Gründe für ihre hervorragende Eignung als Indikatorgruppe: ihre zentrale ökologische Rolle in terrestrischen Lebensräumen, ihr guter Erforschungsgrad hinsichtlich Taxonomie und räumlicher Verteilung sowie - im Hinblick auf die Verwendbarkeit als Indikator für den Nutzwert von Biodiversität - ihre enorme ökonomische Bedeutung für den Menschen.

Während die Gefäßpflanzen im Lebensraum Meer aus verschiedenen Gründen nur eine untergeordnete Rolle spielen, nehmen sie in praktisch allen terrestrischen Ökosystemen in zweierlei Hinsicht eine zentrale Position ein. Zum einen sind sie hier - abgesehen von Extremlebensräumen wie z.B. arktischen Flechtentundren - die wichtigsten Primärproduzenten. Zum anderen stellen sie die wichtigsten Strukturbildner der jeweiligen Lebensräume dar. Die zahlreichen hieraus resultierenden, oft stark spezialisierten Pflanze-Tier-Interaktionen legen einen engen Zusammenhang zwischen tierischer und pflanzlicher Diversität nahe.

Eine der wichtigsten Anforderungen an eine Indikatorgruppe ist ihr guter Erforschungsgrad. Hier bieten die Gefäßpflanzen im Vergleich zu anderen Organismen-Großgruppen sowohl hinsichtlich der wissenschaftlichen Beschreibung der Arten als auch ihrer räumlichen Verteilung ausgezeichnete Voraussetzungen, die sich auf eine rund 250 Jahre alte wissenschaftliche Tradition gründen. Die Beschreibung mit den heute gültigen Grundprinzipien der Taxonomie begann mit der Veröffentlichung des Werkes "*Species plantarum*" von Carl von Linné (Linnaeus 1753), in dem 5.900 Pflanzenarten aufgeführt waren. Eine spätere Auflage der "Species plantarum" von Willdenow (1797-1810) enthielt bereits über 17.000 Arten. Wenige Jahrzehnte später war die Anzahl der beschriebenen Arten zwar nochmals erheblich gestiegen, entsprach aber immer noch - wie aus heutiger Sicht gesagt werden kann - nur einem Bruchteil der auf der Erde lebenden Arten. Doch schon damals konnte Alexander von Humboldt mit Hochrechnungen die Gesamtanzahl erstaunlich genau vorhersagen. Grundlage hierfür war seine Erkenntnis, dass man drei Fragen unterscheiden muss (von Humboldt 1849, S.118): „1) wie viel Pflanzenarten sind in gedruckten Werken beschrieben? 2) wie viel sind bereits entdeckt, d.h. in den Herbarien enthalten, ohne beschrieben zu sein? 3) wie viele existierten wahrscheinlich auf dem Erdboden?"

Der Überlegung seines Kollegen Kunth folgend, die Anzahl der Blütenpflanzenarten (d.h. Gefäßpflanzen ohne Farne) betrage weltweit etwa das Achtfache der in den botanischen Gärten Europas kultivierten Arten, kam er auf "213 000 Arten; und diese Schätzung ist noch eine sehr mäßige, da Heynhold's Nomenclator botanicus hortensis (1846) die cultivirten Phanerogamen gar auf schon 35 600 anschlägt." (von Humboldt 1849, S.142) Denkt man diesen Gedanken zu Ende, so ergibt sich eine Hochrechnung von 284.800 Arten, was sich verglichen mit den heutigen Zahlen als eine bemerkenswert präzise Angabe erweist: Hawksworth & Kalin-Arroyo (1995, S.118) schätzen die Gesamtzahl der Gefäßpflanzenarten auf 320.000, von denen rund 270.000 bereits wissenschaftlich beschrieben sind.

Neben der rein taxonomischen Kenntnis besitzen wir jedoch auch über die räumliche Verteilung der Gefäßpflanzen umfangreiche Daten. So listeten bereits Blake & Atwood (1961, 1963) rund 6.800 relevante Inventare wie Floren und Checklisten auf.

Während ihre zentrale ökologische Rolle und ihr guter Erforschungsgrad für eine Verwendung der Gefäßpflanzen als Indikatoren für die rein biologischen Aspekte der Gesamtdiversität terrestrischer Lebensräume sprechen, ist ihre Bedeutung für den Menschen ein entscheidendes Argument, sie darüber hinaus als Indikatoren für die ökonomische Bedeutung dieser Gesamtdiversität zu verwenden. Beispiele für die Inwertsetzung pflanzlicher Diversität ließen sich hier in großer Zahl aufführen, es sei hier stellvertretend auf die Nutzung sekundärer Pflanzeninhaltsstoffe für die Entwicklung von Medikamenten und die Verwendung von Wildsorten in der Nutzpflanzenzüchtung verwiesen. Dass wir im Hinblick auf letztere nicht nur die natürliche Diversität sondern auch die Vielfalt der Kulturpflanzen bewahren sollten, veranschaulicht folgendes Beispiel. In den 1970er Jahren bedrohte das Rice-grassy-stunt-Virus die Reisproduktion von Indien bis nach Indonesien. Man prüfte insgesamt 6.273 Reissorten auf eine Resistenz gegen diese Krankheit und wurde nur bei einer einzigen, erst 1966 entdeckten Reissorte fündig (Wilson 1992, S.301).

4 Räumliche Verteilung von Gefäßpflanzendiversität

Obwohl die Datenlage für Gefäßpflanzen verhältnismäßig gut ist, existieren bislang nur wenige synoptische Darstellungen ihrer Diversität auf globalem Maßstab. Als ein Grund hierfür kommt sicherlich ein methodisches Hindernis in Frage. Denn die naheliegende und daher am weitesten verbreitete Methodik der Diversitätskartierung ist der sogenannte taxonbasierte Ansatz (Barthlott et al. 1999c). Wollte man mit diesem Ansatz z.B. eine Weltkarte des Artenreichtums der Gefäßpflanzen erstellen, dann benötigte man Verbreitungskarten für alle rund 270.000 Arten, die zudem nach einheitlichen Kriterien angefertigt sein müssten. Die Verbreitungskarten könnten dann zu einer Artenreichtumskarte überlagert, d.h. addiert, werden.

Wir sind jedoch noch weit davon entfernt, eine derartige Datenbasis zur Verfügung zu haben. Selbst für einen so gut untersuchten Kontinent wie Europa liegen bisher erst für 20% der Gefäßpflanzen entsprechend aufbereitete Verbreitungskarten vor (Lahti & Lampinen 1999).

Für die Erstellung der in Abb.3 dargestellten Weltkarte des Artenreichtums der Gefäßpflanzen musste daher eine andere Methodik gewählt werden. Bei diesem inventarbasierten Ansatz werden die Artenzahlen unterschiedlicher Gebiete zugrunde gelegt (Barthlott et al. 1999c). Hierbei kann es sich sowohl um naturräumliche Einheiten wie z.B. Gebirge, Wüsten oder biogeographische Regionen, als auch um politische oder administrative Einheiten wie Länder, Provinzen oder Schutzgebiete handeln. Diese Artenzahlen werden mit Hilfe von Arten-Fläche-Modellen auf eine Standardfläche - bei der vorliegenden Karte 10.000 km^2 - umgerechnet. Die Füllung räumlicher Datenlücken sowie die Differenzierung innerhalb größerer Gebiete erfolgt unter Zuhilfenahme u.a. von Klima-, Höhen- und Vegetationskarten.

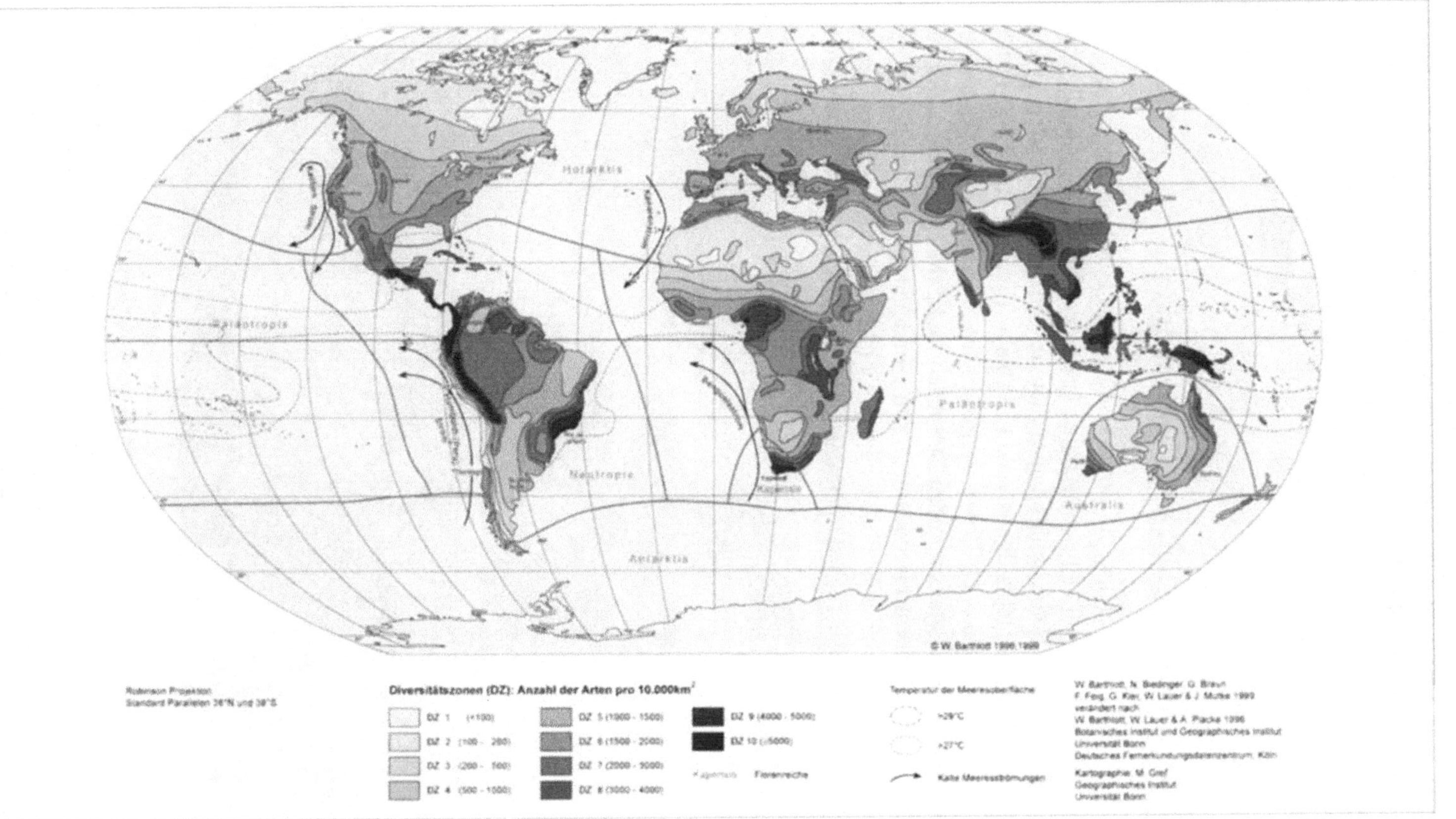

Abb.3:	Karte der globalen Verteilung des Artenreichtums von Gefäßpflanzen (nach Barthlott et al. 1999a).

Abb.3 zeigt, dass die globalen Zentren der Gefäßpflanzenvielfalt in den feuchten Tropen und Subtropen lokalisiert sind. Hier sind es insbesondere die Gebirgsregionen, bei denen die Anzahl der Arten pro 10.000 km^2 besonders hoch ist. Dies kann vor allem mit ihrer hohen Geodiversität - d.h. ihrer Vielfalt an abiotischen Faktoren wie Höhenstufen, Klima etc. - erklärt werden (Barthlott et al. 1996).

5 Maßstabsabhängigkeit von Biodiversität

Besonders bei der Betrachtung der Biodiversität von sehr heterogenen Lebensräumen, wie z.B. Gebirgen mit ihrer meist hohen Geodiversität, wird die Abhängigkeit der Biodiversität vom Betrachtungsmaßstab deutlich. So finden sich beispielsweise auf einem Hektar im Tieflandregenwald Cuyabenos (Ecuador) über 800 Gefäßpflanzenarten (Valencia et al. 1994), während wir mit unseren ecuadorianischen Kollegen in einem 420mal so großen Bergregenwald-Schutzgebiet nur etwa 600 Gefäßpflanzenarten nachweisen konnten. Auf großräumigem Maßstab fällt dieser Vergleich - bedingt durch die hohe Geodiversität im Gebirge (vgl. Abb.4) - hingegen umgekehrt aus: in den ecuadorianischen Anden oberhalb 1.000 m üNN wurden

Abb.4:   *Blick auf den Cayambe (Ecuador). Viele Gebirge beherbergen auf kleinstem Raum unterschiedlichste Lebensräume aufgrund ihrer hohen Geodiversität, d.h. der Vielfalt an abiotischen Faktoren wie z.B. Boden, Klima und Relief. Dies führt, vor allem in den Tropen, zu einer hohen Biodiversität auf großräumigem Maßstab (Foto: E. Patzelt).*

auf einer Fläche von ca. 94.000 km^2 bisher 9.865 Gefäßpflanzenarten gefunden - mehr als doppelt so viele wie für das mit 71.100 km^2 nur etwas kleinere ecuadorianische Amazonastiefland (Oriente) nachgewiesen wurden (Jørgensen & León-Yánez 1999).

6 Qualitätskriterien von Biodiversität

Biodiversität kann nach unterschiedlichen Kriterien gemessen und bewertet werden. Hierzu zählen neben den oben bereits ausführlich behandelten Artenzahlen auch Individuenzahlen, verwandtschaftliche Vielfalt, Seltenheit, ökologische Bedeutung, Anteil nichtheimischer Arten und - aus Sicht des Menschen - aktueller und potentieller ökonomischer Nutzwert (Barthlott et al. 1999b). Weitere, weitaus schwerer quantifizierbare Kriterien sind der Eigenwert sowie der ästhetische Wert von Biodiversität. Das meistverwendete Kriterium ist sicherlich die Artenzahl, da sie zum einen ein relativ anschauliches Maß darstellt und zum anderen hierfür die umfangreichsten Daten vorliegen.

Aufgrund der Vielzahl von Qualitätskriterien und ihrer z.T. sehr unterschiedlichen Natur sind sowohl quantitative als auch qualitative Aussagen über Biodiversität vom zugrundeliegenden Kriterium abhängig. Viele Kriterien stehen jedoch in einer engen Verbindung zueinander. Wenn beispielsweise einheimische, seltene, durch eingeschleppte, weitverbreitete Arten verdrängt werden, entsteht ein direkter Zusammenhang zwischen dem Anteil nichtheimischer Arten und der Seltenheit.

7 Exogene Eingriffe: die biologische Globalisierung

Schon vor geraumer Zeit hat der Mensch erkannt, dass er durch die Zerstörung natürlicher Lebensräume das Aussterben vieler Arten verursacht. Erst seit wenigen Jahren wird uns hingegen bewusst, dass die Einschleppung gebietsfremder Arten weltweit gesehen beinahe ebenso schwerwiegende Konsequenzen hat, in manchen Gebieten sogar die Hauptursache für das Artensterben ist. In den meisten Fällen haben diese Neuankömmlinge zwar keine negativen Auswirkungen, einige von ihnen entpuppen sich hingegen als "Invasoren", die heimische Tier- oder Pflanzenarten verdrängen können. So zeigte eine südafrikanische Studie an 200 bedrohten oder bereits ausgestorbenen Pflanzenarten der Kapheide, dass in 54% der Fälle eingeschleppte Pflanzen die Bedrohung bzw. das Aussterben verursacht hatten (zit. nach Kidd 1996). Rund 40% der Aussterbeereignisse von Tierarten, deren Ursache bekannt ist, gehen auf vom Menschen eingeschleppte Tiere zurück (Groombridge 1992, S.199).

Das Phänomen der gebietsfremden Arten zeigt in besonderem Maße, wie stark exogene, d.h. durch den Menschen verursachte, Eingriffe in die Biodiversität abhängig vom Untersuchungsmaßstab sind. Beispielsweise hat die Gesamtdiversität der Gefäßpflanzen der Bundesrepublik Deutschland durch Einschleppungen sogar um rund 10% - gemessen am Sippenreichtum - zugenommen (Korneck et al. 1996). Dass einige Arten ausgerottet worden sind, ändert an diesem lokalen Nettozuwachs der Artenzahlen wenig. Erst auf globalem Maßstab zeigt sich, dass diese scheinbare Bereicherung als Verlust zu werten ist: der weltweite Artenreichtum kann durch die Verschleppung von Arten nicht steigen, sondern sinkt vielmehr aufgrund der Verdrängung heimischer durch eingeschleppte Arten. In der Biologie zeigt sich damit eines der homogenisierenden Globalisierungsphänomene, wie sie im Bereich der menschlichen Kultur schon vor einiger Zeit erkannt und thematisiert wurden.

8 Ausblick

Um Wandel und Veränderung biologischer Vielfalt besser verstehen zu können, wird es sowohl hinsichtlich der Erhebung von Daten als auch der synoptischen Auswertung des bereits vorhandenen Wissens noch umfangreicher Forschung bedürfen. Aus den schon jetzt vorhandenen Erkenntnissen lassen sich jedoch bereits umfangreiche Handlungsempfehlungen zum Erhalt der Biodiversität ableiten.

Hierbei kann der ex-situ-Schutz, d.h. Maßnahmen zum Erhalt von Arten außerhalb ihrer natürlichen Lebensräume, in vielen Teilbereichen eine wichtige Rolle spielen. Beispielsweise beherbergen Botanische Gärten schon jetzt weltweit rund ein Drittel der bekannten Gefäßpflanzenarten - etwa ein Fünftel befindet sich vermutlich allein in den Botanischen Gärten Deutschlands (Barthlott et al. 1999d).

Einen großen Teil der Arten wird der Mensch jedoch in absehbarer Zeit nicht kultivieren können. Auch das meist nur am natürlichen Standort vorhandene, reichhaltige Beziehungsgeflecht der Arten untereinander wie auch die unschätzbaren Qualitäten vieler Ökosysteme wird der Mensch nur durch den Schutz natürlicher Lebensräume selbst erhalten können. An fundierten Strategien, wie ein möglichst großer Teil der Biodiversität mit verhältnismäßig geringem Aufwand bewahrt werden kann, mangelt es nicht (vgl. z.B. Myers et al. 2000; Olson & Dinerstein 1998). Offen bleibt hingegen, ob der Mensch diese Chance früh genug ergreifen wird.

9 Literatur

Barthlott, W.; Biedinger, N.; Braun, G.; Feig, F.; Kier, G. & Mutke, J. (1999a): Terminological and methodological aspects of the mapping and analysis of global biodiversity. - In: Acta Botanica Fennica 162, S.103-110

Barthlott, W.; Kier, G. & Mutke, J. (1999b): Biodiversität - Globale Dimension und Verteilung genetischer Vielfalt. - In: Niemitz, C. & Niemitz, S. (Hrsg.): Genforschung und Gentechnik - Ängste und Hoffnungen. - Berlin, Heidelberg u.a., S.55-71

Barthlott, W.; Kier, G. & Mutke, J. (1999c): Biodiversity - The Uneven Distribution of a Treasure. - In: NNA-Berichte 12, S.18-31

Barthlott, W.; Lauer, W. & Placke, A. (1996): Global Distribution of Species Diversity in vascular Plants: Towards a World Map of Phytodiversity. - In: Erdkunde 50, S.317-328

Barthlott, W.; Rauer, G.; Ibisch, P.L.; von den Driesch, M. & Lobin, W. (1999d): Biodiversität und Botanische Gärten. - In: Bundesamt für Naturschutz (Hrsg.): Botanische Gärten und Biodiversität. Erhaltung Biologischer Vielfalt durch Botanische Gärten und die Rolle des Übereinkommens über die Biologische Vielfalt (Rio de Janeiro, 1992). - Münster, S.1-24

Blake, S.F. & Atwood, A.C. (1961): Geographical guide to floras of the world. Part II. - Washington D.C.

Blake, S.F. & Atwood, A.C. (1963): Geographical guide to floras of the world. Part I. - New York, London

Gaston, K.J. & Williams, P.H. (1993): Mapping the world's species - the higher taxon approach. - In: Biodiversity Letters 1, S.2-8

Groombridge, B. (Hrsg.) (1992): Global Biodiversity. Status of the earth's living resources. - London

Hawksworth, D.L. & Kalin-Arroyo, M.T. (1995): Magnitude and distribution of biodiversity. - In: Heywood, V.H. (Hrsg.): Global Biodiversity Assessment. - Cambridge, S.107-191

Humboldt, A. von (1849): Ansichten der Natur, mit wissenschaftlichen Erläuterungen. Zweiter Band. - Stuttgart, Tübingen (3. verb. und verm. Ausg.)

Jorgensen, P.M. & Leon-Yanez, S. (Hrsg.) (1999): Catalogue of the Vascular Plants of Ecuador. - Monographs in Systematic Botany from the Missouri Botanical Garden 75

Kidd, M.M. (1996): Cape Peninsula. South African Wild Flower Guide 3. - Kirstenbosch

Korneck, D.; Schnittler, M. & Vollmer, I. (1996): Rote Liste der Farn- und Blütenpflanzen (Pteridophyta et Spermatophyta) Deutschlands. - In: Bundesamt für Naturschutz (Hrsg.): Rote Liste gefährdeter Pflanzen Deutschlands. - Bonn, S.21-187

Lahti, T. & Lampinen, R. (1999): From dot maps to bitmaps: Atlas Flora Europaeae goes digital. - In: Acta Botanica Fennica 162, S.5-9

Linnaeus, C. (1753): Species plantarum, exhibentes plantas rite cognitas, ad genera relatas, cum differentiis specificis, nominibus trivialibus, synonymis selectis, locis natalibus, secundum systema sexuale digestas. - Stockholm

Myers, N.; Mittermeier, R.A.; Mittermeier, C.G.; da Fonseca, G.A.B. & Kent, J. (2000): Biodiversity hotspots for conservation priorities. - In: Nature 403, S.853-858

Olson, D.M. & Dinerstein, E. (1998): The Global 200: A representative Approach to Conserving the Earth`s Most Biologically Valuable Ecoregions. - In: Conservation Biology 12, S.502-515

Valencia, R.; Balslev, H. & Paz y Mino C, G. (1994): High tree alpha-diversity in Amazonian Ecuador. - In: Biodiversity and Conservation 3, S.21-28

Willdenow (1797-1810): Caroli a Linné species plantarum. Ed. 4, 1-5. - Berlin

Wilson, E.O. (1992): The diversity of life. - Cambridge

Zur Ausweitung der biologischen Vielfalt in Kulturlandschaften

Ingo Kowarik (Berlin) und Herbert Sukopp (Berlin)

Exposé

Biodiversität bezieht sich nach dem Verständnis des internationalen Übereinkommens über die biologische Vielfalt auf die "Variabilität unter lebenden Organismen jeglicher Herkunft" (BMU 1992, S.28). Anstrengungen zur Erfassung und zum Schutz der genetischen Vielfalt müssen daher über die traditionellen Objekte des Artenschutzes (seltene bzw. gefährdete indigene Sippen) hinaus erweitert werden: zum einen auf Kulturpflanzen (z.B. Kleinschmit et al. 1995) und zum anderen auf Sippen, deren Vorkommen oder sogar Existenz eng mit anthropogenen Aktivitäten verbunden ist. In diesem Zusammenhang ist auf drei Prozesse hinzuweisen, die mit der Entstehung der Kulturlandschaft einsetzten und zu einer erheblichen Erweiterung der biologischen Vielfalt geführt haben:

- die Apophytie, die das Phänomen des Übergangs indigener Arten auf anthropogene Standorte bezeichnet,
- die Hemerochorie, die mit der Einführung bzw. Einschleppung von Pflanzen zu einer anthropogenen Erweiterung ihres Areals führt, und
- die Anökophytie, die das Phänomen der spontanen, auch rezenten anthropogenen Sippendifferenzierung bezeichnet.

Insbesondere die Hemerochorie und Anökophytie erfordern eine differenzierte Beurteilung, da sie die biologische Vielfalt ebenso erweitern wie gefährden können.

1 Apophytie

Apophytie beschreibt das Phänomen des Übergangs indigener Sippen von Standorten der ursprünglichen Naturlandschaft auf anthropogene Standorte (Differenzierung von Ahemerophyten gegen Apophyten). Der Begriff Apophyt geht auf Rikli (1903) zurück und bezeichnet nach Thellung (1918/19, S.38) "einheimische Arten, die ... in einem Teile ihrer Individuen ihre natürlichen Standorte verlassen haben und spontan (d.h. unter Benützung ihrer natürlichen Verbreitungsmittel) auf die vom Menschen geschaffenen Kunstbestände (Öd- oder Kulturland) übergegangen sind". Umfangreiche Studien zum Ausmaß der Apophytie liegen für nur wenige Gebiete vor (z.B. Linkola 1916/21; Zoller 1954; Trzcinska-Tacik & Wasylikowa 1982). Eine Untersuchung zur Berliner Flora lässt die Reichweite des Phänomens erkennen (Kowarik 1988, S.170ff.): Etwa zwei Drittel der 839 indigenen Arten kommen als Apophyten auf anthropogenen Standorten vor, davon 261 als Holoapophyten auf stark gestörten Standorten (Hemerobiestufe 7-9) und 269 als Hemiapophyten auf mittel gestörten Standorten (Hemerobiestufe 4-6). Lohmeyer (in Schneider et al. 1994) gibt am Beispiel segetaler Apophyten eine Übersicht der natürlichen Vorkommen von Apophyten in der Vegetation Mitteleuropas.

1.1   Bedeutung der Apophytie für die biologische Vielfalt

Apophytie ist eine wesentliche Voraussetzung biologischer Vielfalt auf Kulturlandschaftsstandorten (Acker-, Grünland- und urban-industrielle Standorte). Zoller (1954) und Zoller & Bischof (1984) haben gezeigt, dass dies in landwirtschaftlich geprägten Kulturlandschaften zu einer erheblichen Erhöhung der Artenvielfalt im Vergleich zu naturnaher Vegetation führt. Die erhöhten Artenzahlen in Siedlungen sind zu einem Teil Ergebnis von Apophytie, zum anderen von Hemerochorie.

Die Artenvielfalt innerhalb des Gebietes der Bundesrepublik Deutschland wird durch Apophytie nicht gesteigert. Allerdings bedeutet das Angebot von Sekundärstandorten für viele Apophyten eine quantitative und qualitative Erweiterung ihrer Wuchsorte. Hiervon profitieren neben vielen weitverbreiteten Arten auch seltenere und gefährdete, die auf anthropogenen Standorten Rückzugs- und potentielle Wiederausbreitungsmöglichkeiten finden (z.B. *Corrigiola litoralis, Illecebrum verticillatum* auf Industrieflächen des Ruhrgebietes; Hamann & Koslowski 1988; Dettmar 1992). Eine Bilanzierung des Vorkommens gefährdeter Pflanzenarten ergab für Berlin, dass die Hälfte der noch vorkommenden 328 gefährdeten Arten ausschließlich an naturnahe ursprüngliche Standorte gebunden ist (50,3%). Ein gutes Viertel der Arten (26,2%) konnte sich auf wenig gestörten Sekundärstandorten etablieren, 80 Arten (24,4%) haben dauerhafte Vorkommen auf gestörten, 10 (3,0%) sogar auf stark gestörten Standorten (Kowarik 1992a).

1.2   Offene Fragen im Zusammenhang mit der Apophytie

Um die Rolle der Apophytie für die Bewahrung der biologischen Vielfalt umfassend einschätzen zu können, sollten künftig vor allem die folgenden zwei Fragenkomplexe bearbeitet werden:

- In welchem Ausmaß führen apophytische Vorkommen zur dauerhaften Begründung von Populationen indigener, insbesondere seltener und gefährdeter Arten?
- Sind mit der Isolation apophytischer von ursprünglichen Vorkommen sowie mit der Fragmentierung vieler apophytischer Vorkommen populationsgenetische Risiken ("genetische Erosion") verbunden?

2 Anthropogene Arealerweiterung (Hemerochorie)

Hemerochorie (sensu; Jalas 1955) bezeichnet das Phänomen der Einführung bzw. Einschleppung von Pflanzen unter dem Einfluss des Menschen. Es führt zur anthropogenen Arealerweiterung. Bei einem Teil der Hemerochoren erfolgt unter den Bedingungen des synanthropen Areals eine genetische Anpassung, so dass Hemerochorie eng mit dem Prozess der anthropogenen Sippendifferenzierung (Anökophytie, vgl. Kap.3) verbunden sein kann.

Abb.1 veranschaulicht die Gliederung der Flora eines Gebietes in indigene und hemerochore Arten und die weitere Unterteilung dieser Gruppen nach den Schwerpunkten ihres standörtlichen Vorkommens. Für Hemerochoren besteht eine Vielzahl weiterer Differenzierungsmöglichkeiten (Übersichten bei Zizka 1985; Sudnik-Wojcikowska & Kozniewska 1988; Lambelet-Haueter 1990, 1991). Weitgehend akzeptiert ist die Unterteilung der Hemerochoren nach der Zeit ihrer Einführung bzw. Einschleppung in Archäo- und Neophyten sowie nach dem Grad ihrer Einbürgerung in Ephemero-, Epöko- und Agriophyten (Schroeder 1969). Beide Einteilungen können auch auf die Anökophyten als Teilgruppe der Hemerochoren angewendet werden (vgl. auch Tab.3).

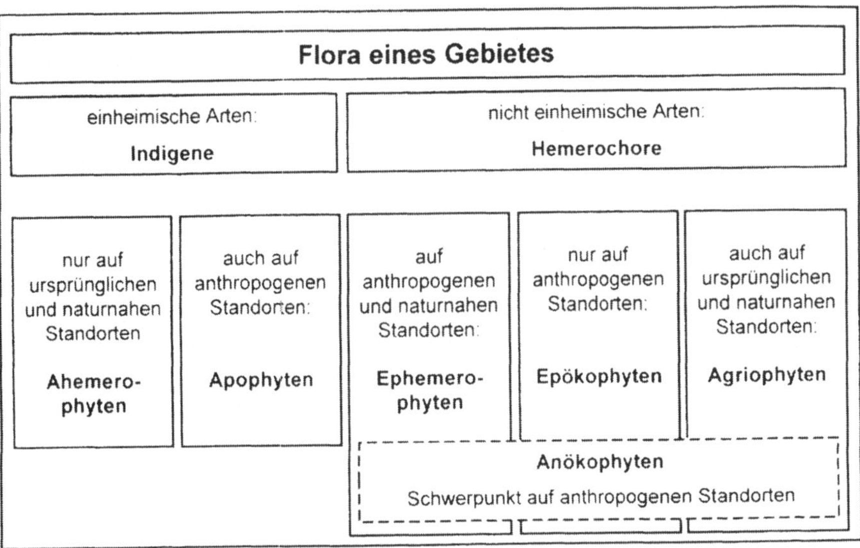

Abb.1:   *Gliederung der Flora eines Gebietes in einheimische (indigene) und nichteinheimische (hemerochore) Arten und weitere Unterteilungen nach den Schwerpunkten ihrer standörtlichen Vorkommen sowie nach dem Einbürgerungsgrad der Hemerochoren. Nach der Zeit ihrer Einführung bzw. Einschleppung bzw. Entstehung können die hemerochoren Gruppen auch in Archäo- und Neophyten unterteilt werden.*

2.1   Einführung und Ausbreitung von Hemerochoren

Die Einführung bzw. Einschleppung und nachfolgende Ausbreitung von Sippen, die bislang noch nicht Teil der Flora Deutschlands waren, führt direkt zu einer Erhöhung der Sippenzahl und damit auch der biologischen Vielfalt in Deutschland. Indirekt ist jedoch auch das Gegenteil möglich, wenn Hemerochoren zum Rückgang anderer Sippen beitragen. Beide Konsequenzen der Hemerochorie müssen in ihrer Bedeutung für die biologische Vielfalt differenziert beurteilt werden.

2.1.1 Steigerung der biologischen Vielfalt

Mit der Differenzierung der Kulturlandschaft vollzieht sich spätestens seit dem Neolithikum ein bis heute andauernder Prozess der anthropogenen Florenerweiterung, deren Ausmaß Fukarek (1988) am Beispiel Mecklenburgs belegt hat: Der Zugang an Hemerochoren (Gruppen N2-N4 in Abb.2) begann hier mit der Kultur der Trichterbecherleute um 3200 v. Chr., und damit später als in vielen anderen Gebieten Mitteleuropas. Heute stehen in Mecklenburg 978 indigenen 1.237 hemerochore Sippen gegenüber, von denen 510 dauerhaft etabliert sind (N2, N3). Ausgestorben sind dagegen nur 41 Sippen. Bezogen auf das gesamte Gebiet Mecklenburgs hat Hemerochorie daher zu einer erheblichen Erweiterung der Flora geführt. Der Hemerochorenanteil an der Flora beträgt hier 56% bzw. 34%, wenn nur die etablierten Arten berücksichtigt werden. Für Zürich als Beispiel eines urbanen Ballungsraumes hat Landolt (1991) die Erweiterung der Flora um Hemerochoren bilanziert.

Der Zugang hemerochorer Arten erfolgte in verschiedenen Epochen mit unterschiedlicher Intensität. Sie war zur Römischen Kaiserzeit z.B. stärker als zur Völkerwanderungszeit (Willerding 1986). Maximale Einführungs- bzw. Einschleppungszahlen werden für das 19. Jahrhundert angenommen (vgl. Scholz 1960; Jäger 1988 zu eingebürgerten Neophyten; Kowarik 1992b zu Gehölzen). Seitdem werden weniger Arten neu eingeführt. Die Hemerochorenzahlen werden jedoch auch weiterhin aus zwei Gründen zunehmen: Erstens ist mit erheblichen Zeitverzögerungen zwischen Ersteinführung und Ausbreitungsbeginn neuer Arten zu rechnen (vgl. Kowarik 1995 zu Gehölzen), zweitens werden sich bereits vorhandene Hemerochoren in neue Teilgebiete Deutschlands ausbreiten bzw. hierhin mit menschlicher Hilfe gelangen. Bereits heute sind 318 Neophyten in Deutschland eingebürgert. Dem stehen 47 ausgestorbene oder verschollene und 118 vom Aussterben bedrohte indigene oder archäophytische Sippen gegenüber (Korneck et al. 1996). 240 Agriophyten sind in ursprünglicher bzw. naturnaher Vegetation etabliert (Lohmeyer & Sukopp 1992).

2.1.2 Gefährdung der biologischen Vielfalt

Parallel zur Ergänzung der Flora um Hemerochoren vollzieht sich der Artenrückgang. Er trifft alle Artengruppen - Indigene und Archäophyten jedoch stärker als Neophyten. Artenrückgang und Ausbreitung von Hemerochoren erfahren seit Mitte des 19. Jahrhunderts eine starke Beschleunigung. Dies ist zunächst eine Koinzidenz, die jedoch häufig kausal interpretiert wird. Vor allem Neophyten gelten als Gefährdungsfaktor für die biologische Vielfalt. Sukopp hat bereits 1962 darauf hingewiesen, dass neben der Verdrängung anderer Sippen auch eine Einfügung von

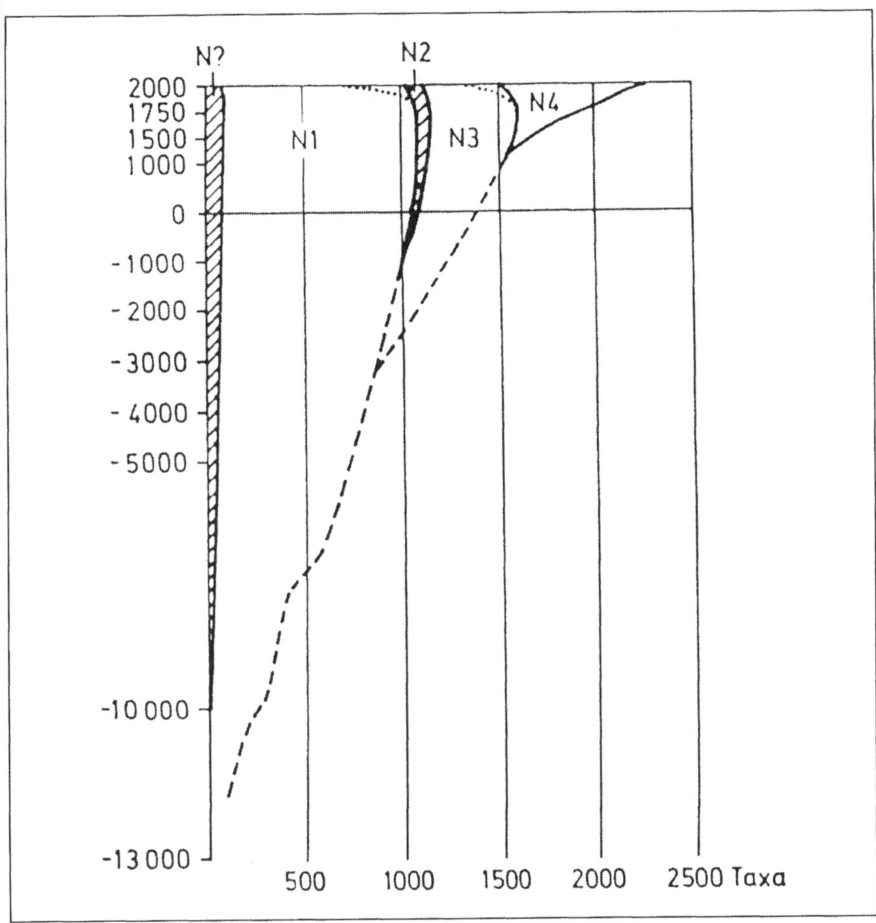

*Abb.2:   Natürliche und anthropogene Erweiterung der Flora Mecklenburgs
           (nach Fukarek 1988; N1: 978 einheimische Sippen;
           N2-N4 = Hemerochoren, darunter N2: 69 Agriophyten,
           N3: 441 Epökophyten und N4: 727 Ephemerophyten).
           Die gepunkteten Linien deuten den Artenrückgang an.*

Neophyten in bestehende Lebensgemeinschaften möglich ist. Nach Korneck & Sukopp (1988) wirkt die "Einführung von Exoten" als Rückgangsfaktor für 43 Arten der Roten Liste. Hierbei kommen verschiedene Prozesse auf unterschiedlichen Ebenen zum Tragen:

- Verdrängung anderer Sippen durch Konkurrenz von Hemerochoren,
- Einschränkung der genetischen Vielfalt durch Hybridisierung und Introgression zwischen Hemerochoren und anderen Sippen,
- Homogenisierung von Flora und Vegetation in regionalem bis globalem Maßstab.

Um die Gefährdung der biologischen Vielfalt durch Hemerochore angemessen beurteilen und Gegenmaßnahmen zielführend einleiten zu können, muss die Auswirkung von Hemerochoren auf der Ebene von Populationen, Biozönosen und Ökosystemen bekannt sein. Hierbei besteht in Deutschland ein deutliches Missverhältnis zwischen Daten zum Vorkommen nichteinheimischer Arten und Informationen zu deren Auswirkungen auf die verschiedenen Dimensionen der biologischen Vielfalt. Eine niedersächsische Studie zur Wahrnehmung und Bekämpfung von Neophyten veranschaulicht indirekt den Stellenwert des Problems: Unerwünschte Auswirkungen von Hemerochoren aus Sicht betroffener Verwaltungen.

In Niedersachsen wurden 1995 flächendeckend Verwaltungen befragt, deren Aufgabenbereich von der Ausbreitung von Hemerochoren und deren Wirkungen betroffen sein können (Kowarik & Schepker 1997, 1998; vgl. Tab.1). Im Detail wurden nach Auftreten und Art konkreter Probleme im Zusammenhang mit Neophyten, nach den hierfür als verantwortlich gesehenen Arten sowie dem Umfang und Erfolg von Gegenmaßnahmen gefragt. Die Befragungsergebnisse veranschaulichen die Sicht der Betroffenen und lassen sich wie folgt zusammenfassen:

- 71% der verschiedenen Behördenvertreter sowie 81% der zusätzlich befragten Mitglieder von Bürgerinitiativen sind konkret in ihrem Verantwortungsbereich von Problemen mit Neophyten betroffen. Bei knapp der Hälfte der insgesamt

Befragte (Anzahl)	Rücklauf	Fragebögen	Problematische Neophyten-Vorkommen	
		(100 %)	Ja	Nein
Verwaltungen (414):				
Forstwirtschaft (135)	79 %	163	80 %	20 %
Wasserwirtschaft (190)	42 %	76	41 %	59 %
Naturschutz (55)	71 %	49	88 %	12 %
Grünflächenämter (28)	36 %	10	60 %	40 %
Küstenschutz (6)	83 %	5	80 %	20 %
Gesamte Verwaltungen	58 %	303	71 %	29 %
Mitglieder von Bürgerinitiativen (214)	19 %	47	81 %	19 %
Gesamt	45 %	350	72 %	28 %

Tab.1:   Problematische Neophyten-Vorkommen in Niedersachsen nach einer flächendeckenden Befragung verschiedener Verwaltungen und Bürgerinitiativen in Niedersachsen im Jahr 1995. Da z.T. mehr als ein Fragebogen zurückgeschickt wurde, weicht die Summe der ausgewerteten Fragebögen von der Rücklaufquote bzw. der Zahl der Adressaten ab (Kowarik & Schepker 1997).

593 benannten Konfliktfälle (46%) handelt es sich um Beeinträchtigungen ver-schiedener Landnutzungen. 54% betreffen Vegetationsveränderungen und da-mit direkt die biologische Vielfalt. In weniger als 10% der genannten Konflikt-fälle sind Rote Liste-Arten betroffen (z. B. Konkurrenz zwischen *Matteuccia struthiopteris* und *Reynoutria japonica* an einem Harz-Bach).

- In der überwiegenden Zahl der Konfliktfälle (ca. 2/3) sind die problematischen Neophyten direkt durch menschliches Handeln eingebracht worden (Anpflan-zungen, Ansaaten, Verfrachtung mit Bodenmaterial, Gartenabfällen). Dieses Ergebnis unterstreicht die Rolle anthropogener Ausbreitungsvektoren.

- Insgesamt wurden 31 problematische Neophyten genannt, aber mit 80% kon-zentrieren sich die Konfliktfälle auf 9 Sippen (mit abnehmender Bedeutung): *Prunus serotina, Heracleum mantegazzianum, Reynoutria, Impatiens glandu-lifera, Elodea, Vaccinium corymbosum x angustifolium, Solidago, Impatiens parviflora, Rosa rugosa.*

- Etwa jeder zweite Konfliktfall löst Bekämpfungen aus. Deren Erfolgsquote ist mit 23% jedoch erstaunlich niedrig. 76% der befragten Fachvertreter sprachen sich dennoch für weitere Maßnahmen aus.

Zusammenfassend läßt die Studie erkennen, dass in Niedersachsen eine erhebli-che Gefährdung der biologischen Vielfalt durch Neophyten angenommen wird. Un-tersuchungen aus Süddeutschland (Schuldes & Kübler 1990; Böcker et al. 1995; Hartmann et al. 1995) ergeben ein ähnliches Bild, obwohl dort z.T. andere Hemero-choren im Vordergrund stehen. Hier wie dort sind Ursache-Wirkungsbeziehungen jedoch oftmals unklar. In vielen Fällen dürften Faktoren, die zum Artenrückgang führen, zugleich Hemerochoren begünstigen, ohne dass diese ursächlich am Arten-rückgang beteiligt sind. Mit etwa 20-25 Neophyten wird nur ein geringer Teil der Hemerochoren in Deutschland gezielt bekämpft (Tab.2). Dies sind nur etwa 2 Pro-mille der wahrscheinlich insgesamt 12.000 nach Mitteleuropa eingeführten bzw. eingeschleppten Arten (Sukopp 1980) oder 6% der je nach Sippenauffassung 429-434 eingebürgerten Neophyten Deutschlands (nach Wisskirchen & Haeupler 1998; vgl. auch Tab.1 in Kowarik 1999). Da die Kenntnisse der ökologischen Aus-wirkungen von Hemerochoren lückenhaft sind, kann jedoch nicht davon ausgegan-gen werden, dass die übrigen Arten unproblematisch seien.

2.2   Hybridisierung und Introgression

Der Gentransfer zwischen Sippen ist ein natürliches Phänomen (Arnold 1995). Nach Stace (1975) sind z.B. 975 der ca. 2.000 Arten der Britischen Flora hybridoge-nen Ursprungs. Hemerochorie kann Ausmaß und Reichweite der hiermit verbunde-nen Prozesse steigern, indem sie die Isolation ursprünglich räumlich getrennter Po-pulationen aufhebt. Dies ist unter ausschließlicher Beteiligung von Wild- bzw. An-baupflanzen, aber auch unter Beteiligung von konventionell züchterisch oder gen-technisch veränderter Sippen möglich. Sofern diese Sippen unter Mitwirkung des Menschen entstehen, gehören sie zu den Anökophyten (siehe Kap.3). Hybridisie-

Neophyt	Lebens-form	Her-kunft	Betroffene Ökotoptype	Betroffene Landnutzung				
				N	L	F	W	G
Campylopus introflexus	M	SAfr	Dünen, Sandtrockenrasen	X				
Impatiens glandulifera	T	OAs	Fließgewässer, Ufer, Auen	X				
Heracleum montegazzia-num	H	WAs	Säume, Weg- und Gewässerränder, Brachen, Parkanlagen, Ruderalflächen	X				X
Spartina anglica	G	(NAm)[a]	Wattenmeer	X			X	
Spartina x townsendii	G	(NAm)[a]	Wattenmeer	X			X	
Cyperus esculentus	G	OAs	Mais- und Hackfruchtkulturen		X			
Helianthus tuberosus	G	NAm	Ufer, Auen	X			X	
Lupinus polyphyllus	G	NAm	Bergwiesen, Borstgrasrasen	X				
Reynoutria japonica	G	OAs	Ufer, Auen	X			X	
Reynoutria sachalinensis	G	OAs	Ufer, Auen	X			X	
Reynoutria x bohemica	G	(OAs)[b]	Ufer, Auen	X			X	
Solidago canadensis	G	NAm	Auen, Brachen	X	X	X		
Solidago gigantea	G	NAm	Ufer, Auen (auch feuchter)	X	X	X		
Elodea canadensis	Hy	NAm	Fließgewässer, Stillgewässer	X			X	
Elodea nuttallii	Hy	NAm	Fließgewässer, Stillgewässer	X			X	
Rosa rugosa	nP	OAs	Küstendünen	X				
Vaccinium corymbosum x angustifolium	nP	(NAm)[b]	Forsten, Feuchtgebiete	X		X		

Fortsetzung der Tab. 2 auf der nächsten Seite

Neophyt	Lebens-form	Her-kunft	Betroffene Ökotoptype	Betroffene Landnutzung				
				N	L	F	W	G
Pinus nigra	P	Eur	Magerrasen	X				
Pinus strobus	P	NAm	Felsstandorte, Moorränder	X				
Populus x euamericana	P	(NAm)[a]	Gehölzvegetation mit *Populus nigra*	X		X		
Prunus serotina	P	NAm	Forste, Waldinnen-/ Außenränder, Heiden, entwässerte Feucht-gebiete	X		X		
Quercus rubra	P	NAm	Felsstandorte	X				
Robinia pseudoacacia	P	NAm	Magerrasen, Waldgrenzstandorte	X	X			
Pseudotsuga menziesii	P	NAm	Waldgrenzstandorte, Laubwälder	X				

Tab.2:   *Übersicht zu Neophyten, die in Mitteleuropa als besonders proble-matisch gelten, mit Angaben zu betroffenen Ökotoptypen und Land-nutzungen (Kowarik 1999). Lebensform: M = Moos, T = Therophyt, H = Hemikryptophyt, G = Geophyt, Hy = Hydrophyt, nP = Nanopha-nerophyt, P = Phanerophyt; bei Hybriden: a = Herkunftsgebiet einer Elternart, b = Herkunftsgebiet beider Elternarten; Landnutzungen: N = Naturschutz, L = Landwirtschaft, F = Forstwirtschaft, W = Wasserwirtschaft und Küstenschutz, G = menschliche Gesundheit.*

rung und Introgression betrifft auch gefährdete Arten (Ellstrand 1992). Nach Ell-strand & Elam (1993) können 10% der gefährdeten Arten der Britischen Inseln mit verwandten und auch häufigeren Sippen hybridisieren. Etwa 7% von 1.264 nach Großbritannien eingeführten Arten können sich mit einheimischen bzw. anderen nichteinheimischen Sippen kreuzen (Stace 1991; Abbott 1992). Levin et al. (1996) schätzen Hybridisierungen als wichtigen Grund für den Rückgang seltener Pflan-zenarten ein. Für Deutschland sind die Konsequenzen anthropogen begünstigter Hybridisierung und Introgression für die biologische Vielfalt wenig erforscht (zu den zugrundliegenden Prozessen vgl. Anderson 1949; Heiser 1973; Sukopp & Sukopp 1994). Es sind jedoch nachhaltige Auswirkungen in folgenden Richtung zu erwarten:

- Eine Erweiterung der biologischen Vielfalt erfolgt, wenn die aus Hybridisie-rung und Introgression einheimischer oder nichteinheimischer Wild-, Anbau- oder Kulturpflanzen hervorgegangenen Sippen das vorhandene Sippeninven-tar ergänzen und zugleich auch ihre Ausgangssippen weiterbestehen (Beispiel: *Spartina anglica,* Gray et al. 1991; *Reynoutria* x *bohemica,* Albert-ernst 1998).

- Eine Verminderung der biologischen Vielfalt erfolgt dagegen, wenn vorhandene Sippen durch "genetische Assimilation" verloren gehen. Dies ist auf der Ebene von Arten und darunter möglich (Beispiele bei Levin et al. 1996). In Deutschland gelten z.B. Wildsippen von Obstbaumarten (*Malus sylvestris, Pyrus pyraster*) und *Populus nigra* durch den Genaustausch mit Kulturpflanzen (Kultursippen von Apfel und Birne bzw. Pappel-Hybriden, insbesondere *Populus* x *euamericana*) als gefährdet, so dass umfangereiche Erhaltungsmaßnahmen eingeleitet worden sind (Kleinschmit et al. 1995; Spethmann 1997, aktueller Überblick zu *Populus* bei Weissgerber & Janssen 1998).

- Weniger offensichtlich ist in vielen Fällen die Verminderung der intraspezifischen Vielfalt durch die überregionale Verbreitung von Sippen einheimischer Arten. Eine Einengung der biologischen Vielfalt kann hierbei auf zwei Wegen erfolgen: a) Genetisch einheitliches, z.B. aus vegetativer Vermehrung hervorgegangenes Material wird in großen Mengen verbreitet und führt zu einem weitgehend unbemerkten Ersatz "autochthoner Sippen" (im Sinne von alten gebietstypischen Sippen) der gleichen Art. Dies ist bei vielen Gehölzanpflanzungen, z.B. an Straßenrändern, anzunehmen, da ein beträchtlicher Teil der häufig verwendeten Gehölzarten klonal vermehrt wird (Spethmann 1995). b) Gebietsfremde Herkünfte von Wildpflanzen oder Kultursippen werden in großen Mengen ausgebracht (z.B. Heckenanpflanzungen, Ansaaten von Grünlandarten in Kultursorten) und führen über Konkurrenz, Hybridisierung und Introgression zur Homogenisierung von Gebietsfloren und zur Einengung der genetischen Vielfalt (untersucht z.B. bei *Dactylis glomerata* in Galizien: Kultursorten verdrängen auch außerhalb der Ausbringungsorte endemische *Dactylis*-Sippen, Lumaret 1990).

- Der Ersatz von Wild- durch Kultursippen der gleichen Art kann sich indirekt auf die Tierwelt auswirken. So eignen sich verschiedene *Dactylis*-Sorten in unterschiedlicher Weise als Habitat für endo- und ektophytische Insekten (Wesserling & Tscharntke 1993). Nach Hilbeck et al. (1998) bewirkt gentechnisch veränderter BT-Mais eine Erhöhung der Mortalität der Grünen Florfliege (*Chrysoperla carnea*).

3 Anökophytie

Eine beträchtliche Anzahl an Arten anthropogener Standorte fehlt auf ursprünglichen Naturstandorten (vgl. Tab.3 sowie Tab.2 bei Sukopp & Scholz 1997). Anzunehmen ist, dass diese Sippen Ergebnis eines evolutiven Prozesses sind, in dessen Verlauf eine Anpassung an anthropogene Bedingungen erfolgt ist. Anökophytie beschreibt das Phänomen der anthropogenen Sippendifferenzierung, die - im Gegensatz zur züchterischen Bearbeitung von Kulturpflanzen - spontan abläuft, dabei aber auch von der Entwicklung der Kulturpflanzen beeinflusst werden kann (Unkraut-Kulturpflanzen-Komplex). Aus verschiedener Perspektive sind Teilaspekte der Anökophytie

Wahrscheinlicher Entstehungszeitraum	Anökophyten mit kultigenen Merkmalen (convergenter Entwicklungstyp)	Anökophyten ohne kultigene Merkmale (divergenter Entwicklungstyp)
Vor 1500 entstandene Anökophyten ("archäophytische Anökophyten")	Unkraut-Kulturpflanzen-Komplex: *Bromus secalinus, Agrostemma githago, Lolium remotum, L. temulentum, Silene linicola, Fagopyrum tataricum* (?), *Avena fatua, Cannabis ruderalis* (*C. sativa* var. *spontanea*); *Setaria viridis* *Pyrus-, Malus-, Prunus*-Sippen	eurasiatische Ursprungsarten: *Papaver rhoeas, Rumex alpinus, R. crispus, Senecio vulgaris, S. vernalis, Elytrigia repens, Capsella bursa-pastoris, Diplotaxis muralis* mitteleuropäische Ursprungsarten: *Poa annua* (aus *P. supina* u. *P. infirma*), *Stellaria media* (aus *S. pallida* u. *S. neglecta*), *Urtica dioica* (?) (aus *U. galeopsifolia* u. *U. sondenii*) kosmopolitisch: *Portulaca oleracea* s.l.; *Cynodon dactylon* s.l. (in Mitteleuropa neophytisch)
Nach 1500 entstandene Anökophyten ("neophytische Anökophyten")	Unkraut-Kulturpflanzen-Komplex: *Panicum miliaceum* subsp. *agricolum; Panicum miliaceum* subsp. *ruderale* *Vaccinium corymbosum* x *angustifolium*, *Solidago-* (?), *Aster*-Sippen (?)	Ursprungsarten aus Amerika: *Oenothera-, Xanthium-, Epilobium*-Sippen, *Amaranthus bouchonii* Ursprungsarten aus Ostasien: *Reynoutria x bohemica* in anderen Teilen Europas entstanden, nach MiEur eingeführt: *Artemisia verlotiorum, Corispermum leptopterum*, einige *Xanthium-* und *Oenothera*-Sippen Apomikten: viele *Taraxacum-, Rubus-, Ranunculus auricomus*-Sippen u.a.

Tab. 3:   Differenzierung von Anökophyten nach ihrem Entstehungszeitraum und nach dem Vorhandensein kultigener Merkmale.

bislang als Entstehung "obligatorischer Unkräuter", "heimatloser" Sippen oder "neoindigener Endemiten" betrachtet worden (vgl. Scholz 1991; Scholz 1995a; Sukopp & Scholz 1997). Diese Segetalia können nicht älter sein als der Ackerbau (ca. 10.000 Jahre). Neben der Möglichkeit der evolutiven Herausbildung neuer Sippen bestehen seit langem weitere Hypothesen zum Vorkommen von Anökophyten:

- totaler Verlust natürlicher Standorte und Überleben nur auf anthropogenen Standorten (z.B. Candolle 1855; Hellwig 1886a, 1886b; Thellung 1915),
- ungenügende Kenntnis fremdländischer Floren und Vegetation (z.B. Schroeder 1972; Hügin & Hügin 1994),

- Ursprung auf natürlichen Störungsstandorten, wobei fraglich ist, ob die heutigen Vorkommen dort primär oder sekundär sind (Nordhagen 1939/40; Krause 1956; Lohmeyer 1954; Lohmeyer & Sukopp 1992).

Unter Würdigung des anthropogenen Anteils an ihrer Entstehung gehören die Anökophyten nach Zajac (1983) zu den Hemerochoren. Hemerochorie ist damit nicht notwendigerweise an die anthropogene Einführung oder Einschleppung von Sippen gebunden, sondern ist auch dann zu verzeichnen, wenn sich zuvor eingeführte bzw. eingeschleppte Sippen unter menschlichem Einfluss weiter differenzieren. In diesem Sinne ist das Vorliegen von Anökophytie nicht auf ein bestimmtes Gebiet bezogen, sondern gilt in weltweiter Perspektive. Scholz (1991, 1995a) sowie Sukopp & Scholz (1997) weisen darauf hin, dass Anökophyten nicht "heimatlos" seien, sondern dass ihre Heimat im Gebiet ihrer Entstehung läge. Insofern kann man die Gruppe auch zu den einheimischen Arten rechnen ("Indigenophyta anthropogena").

3.1   Differenzierung von Anökophyten

Die Anökophyten bilden eine heterogene Gruppe, die nach verschiedenen Gesichtspunkten weiter differenziert werden kann (Tab.3; darüber hinausreichende Differenzierungen, z.B. nach dem Etablierungsgrad, sind möglich):

- nach der zeitlichen Entstehung vor oder nach 1500 in archäo- und neophytische Anökophyten (entsprechend der rein zeitlich bestimmten Abgrenzung von Archäo- und Neophyten sensu vgl. Schroeder 1969),
- nach dem Vorhandensein oder Fehlen kultigener Merkmale (bei Ackerunkräutern bearbeitet, bei den übrigen Arten weniger),
- nach dem wahrscheinlichen Ursprung der Ausgangsarten (indigene, hemerochore Sippen).

3.2   Bedeutung für die biologische Vielfalt

Abgrenzung und Differenzierung von Anökophyten sind in vielen Fällen noch unklar. Die mit dieser Artengruppe verbundenen Konsequenzen für die biologische Vielfalt bestehen jedoch ungeachtet der Klärung ihrer Herkunft und Entstehungszeit im Einzelfall. Anökophytie führt zu einer erheblichen Erweiterung des Sippeninventars vor allem auf Kulturlandschaftsstandorten. Sie ist damit auch ein Ausdruck des evolutiven Anpassungsvermögens von Pflanzen an anthropogene Bedingungen. Einige Anökophyten sind auch auf naturnahe Standorte übergegangen, z.B. *Eragrostis albensis* an Elbe und Oder (Scholz 1995b). Im Saldo ergibt sich für das gesamte Bezugsgebiet eine erhebliche, wenngleich in ihrem Ausmaß noch nicht genau bekannte Erweiterung der Sippenzahl.

Anökophyten unterliegen den gleichen Gefährdungen wie andere Arten halbnatürlicher Standorte. Da sie keine andere "Heimat" als die Kulturstandorte haben, ist die Bewahrung des in ihnen zum Ausdruck kommenden evolutiven Anpassungsvermögens - von wenigen Ausnahmen abgesehen - auch nur auf Kulturlandschafts-standorten möglich. Dies ist eines von vielen Argumenten zur Offenhaltung von Kulturlandschaften für Zwecke des Artenschutzes (vgl. Schumacher 1995).

4 Schlussfolgerungen und offene Fragen

4.1 Gefährdung der biologischen Vielfalt durch Hemerochoren

Die Ausbreitung von Hemerochoren ("biological invasions") gilt in weltweiter Perspektive - nach der Veränderung von Landnutzungen - als zweitgrößter Gefährdungsfaktor für die biologische Vielfalt (OTA 1993; Sandlund et al. 1996; Vitousek et al. 1997; Wilcove et al. 1998). Wesentliche Wirkungspfade sind hierbei inter- und intraspezifische Konkurrenz sowie Hybridisierung und Introgression. Die niedersächsische Fallstudie zeigt, dass auch in Deutschland zuständige Fachverwaltungen die Ausbreitung von Hemerochoren und die hiermit verbundenen Folgen als drängendes Problem ansehen (vgl. Tab.1).

Deutschland ist mit der Ratifizierung des Übereinkommens über die biologische Vielfalt auch die Verpflichtung eingegangen, "soweit möglich und sofern angebracht, die Einbringung gebietsfremder Arten, welche Ökosysteme, Lebensräume oder Arten gefährden, zu verhindern, und diese Arten zu kontrollieren oder zu beseitigen" (Artikel 8 h; vgl. BMU 1992). Aus dieser Vereinbarung lassen sich drei Prinzipien ableiten (Kowarik 1999):
- das Vorsorgeprinzip: das Einbringen problematischer Arten soll vorausschauend verhindert werden (z.B. mit Quarantäne-Bestimmungen),
- das Nachsorgeprinzip: Arten, die sich als problematisch erwiesen haben, sollen kontrolliert bzw. wieder beseitigt werden,
- das Abwägungsprinzip: alle Maßnahmen sind auf der Basis von Bewertungen vorzunehmen. Hierbei ist zu beurteilen, ob nichteinheimische Arten zur Gefährdung von Ökosystemen, Lebensräumen oder anderer Arten führen und ob die Maßnahmen zweckmäßig sind.

Jedes einzelne der drei Prinzipien setzt eine art- und gebietsbezogene Bewertung voraus, bei der auch sozio-ökonomische Zusammenhänge berücksichtigt werden müssen. Programmatisch-methodische Ansätze zur Erfüllung der übernommenen Verpflichtungen liegen bislang jedoch weder auf Bundes- noch auf Landesebene vor.

4.2 Steuerungsmaßnahmen und deren Optimierung

Hemerochoren werden in Deutschland zwar bereits umfänglich, aber eher unsystematisch bekämpft (vgl. 3.1.2). Der ungenügende Erfolg der Maßnahmen belegt erhebliche Defizite bei Konzeption, Umsetzung und Erfolgskontrolle von Kontrollmaßnahmen bzw. bei der Abwägung möglicher Alternativen. Defizite bestehen darüber hinaus bei der Kenntnis von Ursache-Wirkungsbeziehungen als Voraussetzung für effiziente Steuerungsmaßnahmen und bei der Operationalisierung des vorhandenen, aber zumeist nicht verfügbaren Wissens über geeignete Techniken. Ergänzend zu populationsbezogenen Steuerungsmaßnahmen sollte vorbeugend auf diejenigen Faktoren eingewirkt werden, die Etablierung und Ausbreitung problematischer Hemerochoren begünstigen. Hier besteht einerseits Untersuchungsbedarf, andererseits Aufklärungsbedarf über bereits bekannte Mechanismen. Ein unmittelbarer Handlungsdruck besteht insofern, als sich Deutschland mit der Ratizifierung des Übereinkommens über die biologische Vielfalt zu entsprechenden Maßnahmen verpflichtet hat.

Ausmaß und Reichweite der von Hemerochoren ausgehenden Gefährdung der biologischen Vielfalt können nicht für Teilgruppen oder die Gesamtgruppe der Hemerochoren verallgemeinert werden. Sachgemäß sind Einzelfallbeurteilungen bestimmter, bereits als problematisch bekannter Sippen. Hierbei bestehen erhebliche Wissensdefizite hinsichtlich der Rolle und Funktion von Hemerochoren in Ökosystemen und der sie begünstigenden Faktoren. Da nicht alle Arten untersucht werden können, sollten die Forschungsaktivitäten auf die bereits als problematisch bekannten Sippen konzentriert werden (vgl. Tab.2). Dabei sollten Differenzierungen für bestimmte Standorte und Naturräume sowie innerhalb administrativer Grenzen vorgenommen werden (z.B. Bezugsgebiete regionalisierter Roter Listen, Länder, Deutschland).

4.3 Zur Rolle von intraspezifischer Konkurrenz, Hybridisierung und Introgression

Bei der Würdigung der von Hemerochoren ausgehenden Gefahren für die biologische Vielfalt steht zumeist die interspezifische Konkurrenz durch Neophyten im Vordergrund.

Die Auswirkungen von intraspezifischer Konkurrenz sowie von Hybridisierung und Introgression auf die biologische Vielfalt werden wahrscheinlich stark unterschätzt. Hierbei besteht ein deutliches Ungleichgewicht hinsichtlich der Risikobewertung gentechnisch veränderter Organismen sowie herkömmlicher Kulturpflanzen und gebietsfremder Herkünfte von Wildpflanzen (SRU 1998).

Die Forschung über Art und Reichweite ökosystemarer Auswirkungen sollte bei Sippen angesetzt werden, die massenhaft in naturnahem Umfeld ausgebracht werden (z.B. zertifizierte Sorten von Grünlandarten, Baumschulgehölze aus klonaler Vermehrung oder aus unbekannten Herkünften).

4.4 Erhaltung der biologischen Vielfalt auch von Hemerochoren

Auch Hemerochorie führt direkt zu einer Erweiterung des Sippeninventars und damit zu einer erheblichen Steigerung der biologischen Vielfalt, insbesondere auf

Kulturlandschaftsstandorten (Einführung von Archäophyten, Neophyten, Entstehung von Anökophyten).

Hinsichtlich der Notwendigkeit von in situ- und ex situ-Erhaltungsmaßnahmen sollten für diese Artengruppe die gleichen Grundsätze wie für die Erhaltung indigener Sippen gelten. Diese steht in Übereinstimmung mit den Zielen des Artenschutzes im Bundesnaturschutzgesetz, dessen Definition "heimischer" Arten etablierte Hemerochoren einschließt.

Ungeklärt ist bislang, inwieweit Hemerochorie für bestimmte Gebiete im Saldo zu einer Erweiterung oder Einschränkung der biologischen Vielfalt geführt hat.

5 Literatur

Abbott, R.J. (1992): Plant invasions, interspezific hybridization and evolution of new plant taxa. - In: Tree 7/12, S.401-404

Alberternst, B. (1998): Biologie, Ökologie, Verbreitung und Kontrolle von Reynoutria-Sippen in Baden-Württemberg. - Culterra 23

Anderson, E. (1949): Introgressive Hybridization. - New York

Arnold, M.L. (1997): Natural Hybridization and Evolution. - New York u.a.

BMU [Bundesministerium für Umwelt, Naturschutz und Reaktorsicherheit] (1992): Dokumente zur Konferenz der Vereinten Nationen für Umwelt und Entwicklung im Juni 1992 in Rio de Janeiro. - Bonn

Böcker, R.; Gebhardt, H.; Konold, W. & Schmidt-Fischer, S. (Hrsg.) (1995): Gebietsfremde Pflanzenarten. Auswirkungen auf einheimische Arten, Lebensgemeinschaften und Biotope. Kontrollmöglichkeiten und Management. - Landsberg/Lech

Candolle, A. de (1855): Géographie botanique raisonnée. - Paris

Dettmar, J. (1992): Industrietypische Flora und Vegetation im Ruhrgebiet. - Dissertationes Botanicae 191

Ellstrand, N.C. (1992): Gene flow by pollen: implications for plant conservation genetics. - In: Oikos 63, S.77-86

Ellstrand, N.C. & Elam, D.R. (1993): Population genetic consequences of small population size: implications for plant conservation. - In: Annual Review of Ecology and Systematics 24, S.217-224

Fukarek, F. (1988): Ein Beitrag zur Entwicklung und Veränderung der Gefäßpflanzenflora von Mecklenburg. - In: Gleditschia 16/1, S.69-74

Gray, A.J.; Marshall, D.F. & Raybould, A.F. (1991): A Century of Evolution in Spartina anglica. - In: Advances Ecological Research 21, S.1-62

Hamann, M. & Koslowski, I. (1988): Zur Verbreitung gefährdeter Pflanzenarten auf urban-industriellen Standorten. - In: Natur- und Landschaftskunde 24, S.13-16

Hartmann, E.; Schuldes, H.; Kübler, R. & Konold, W. (1995): Neophyten. Biologie, Verbreitung und Kontrolle ausgewählter Arten. - Landsberg/Lech

Heiser, C.B.J. (1973): Introgression re-examined. - In: Botanical Reviews 39, S.347-366

Hellwig, F. (1886a): Über den Ursprung der Ackerunkräuter und Ruderalflora Deutschlands I. - Breslau (Dissertation)

Hellwig, F. (1886b): Über den Ursprung der Ackerunkräuter und Ruderalflora Deutschlands II. - In: Botanische Jahrbücher für Systematik 7, S.343-434

Hilbeck, A.; Baumgartner, M.; Fried, P.M. & Bigler, F. (1998): Effects of transgenic Bacillus thuringiensis corn-fed prey on mortality and development time of immature Chrysoperla carnea (Neuroptera: Chrysopidae). - In: Environmental Entomology 27/2, S.480-487

Hügin, H. & Hügin, G. (1994): Veronica opaca in Mitteleuropa - Erkennungsmerkmale, Verbreitung und standörtliches Verhalten. - In: Flora 189, S.7-36

Jäger, E.J. (1988): Möglichkeiten der Prognose synanthroper Pflanzenausbreitungen. - In: Flora 180, S.101-131

Jalas, J. (1955): Hemerobie und hemerochore Pflanzenarten. Ein terminologischer Reformversuch. - In: Acta Societatis pro Fauna et Flora Fennicae 72/11, S.1-15

Kleinschmit, J.; Begemann, F. & Hammer, K. (Hrsg.) (1995): Erhaltung pflanzengenetischer Ressourcen in der Land- und Forstwirtschaft. - Schriften zu Genetischen Ressourcen 1

Korneck, D.; Schnittler, M. & Vollmer, I. (1996): Rote Liste der Farn- und Blütenpflanzen (Pteridophyta et Spermatophyta) Deutschlands. - In: Schriftenreihe für Vegetationskunde 28, S.21-187

Korneck, D. & Sukopp, H. (1988): Rote Liste der in der Bundesrepublik Deutschland ausgestorbenen, verschollenen und gefährdeten Farn- und Blütenpflanzen und ihre Auswertung für den Arten- und Biotopschutz. - In: Schriftenreihe für Vegetationskunde 19

Kowarik, I. (1988): Zum menschlichen Einfluß auf Flora und Vegetation. Theoretische Konzepte und ein Quantifizierungsansatz am Beispiel von Berlin (West). - Landschaftsentwicklung und Umweltforschung 56

Kowarik, I. (1992a): Berücksichtigung von nichteinheimischen Pflanzenarten, von "Kulturflüchtlingen" sowie von Vorkommen auf Sekundärstandorten bei der Aufstellung "Roter Listen". - In: Schriftenreihe für Vegetationskunde 23, S.175-190

Kowarik, I. (1992b): Einführung und Ausbreitung nichteinheimischer Gehölzarten in Berlin und Brandenburg. - Verhandlungen des Botanischen Vereins für Berlin und Brandenburg. Beihefte 3

Kowarik, I. (1995): Time-lags in biological invasions. - In: Pysek, P.; Prach, K.; Rejmánek, M. & Wade, M. (Hrsg.): Plant invasions. General aspects and special problems. - Amsterdam, S.15-38

Kowarik, I. (1999): Neophyten in Deutschland: quantitativer Überblick, Einführungs- und Verbreitungswege, ökologische Folgen und offene Fragen. - In: UBA [Umweltbundesamt] (Hrsg.): Gebietsfremde Organismen in Deutschland. Ergebnisse des Arbeitsgespräches am 5. und 6. März 1998. - Umweltbundesamt Texte 55/1999, S.17-43

Kowarik, I. & Schepker, H. (1997): Risiken der Ausbreitung neophytischer Pflanzenarten in Niedersachsen. - Hannover (Institut für Landschaftspflege und Naturschutz, Universität Hannover; unveröff. Forschungsbericht)

Kowarik, I. & Schepker, H (1998): Plant invasions in northern Germany: human perception and response. - In: Starfinger, U.; Edwards, K.; Kowarik, I. & Williamson, M. (Hrsg.): Plant invasions: Ecological mechanisms and human response. - Leiden, S.109-120

Krause, W. (1956): Über die Herkunft der Unkräuter. - In: Natur und Volk 86, S.109-119

Lambelet-Haueter, C. (1990): Mauvaises herbes et flore anthropogène. I. Définitions, concepts et caracteristiques écologiques. - In: Saussurea 21, S.47-73

Lambelet-Haueter, C. (1991): Mauvaises herbes et flore anthropogène: II. Classifications et catégories. - In: Saussurea 22, S.49-81

Landolt, E. (1991): Die Entstehung einer mitteleuropäischen Stadtflora am Beispiel der Stadt Zürich. - In: Annali di Botanica 49, S.109-147

Levin, D.A.; Francisco-Ortega, J. & Janzen, R.K. (1996): Hybridization and the extinction of rare plant species. - In: Conservation Biology 10, S.10-16

Linkola, K. (1916/21): Studien über den Einfluß der Kultur auf die Flora in den Gegenden nördlich vom Ladogasee. - Acta Societatis pro Fauna et Flora Fennicae 45 (1+2)

Lohmeyer, W. (1954): Über die Herkunft einiger nitrophiler Unkräuter Mitteleuropas. - In: Vegetatio 5/6, S.63-65

Lohmeyer, W. & Sukopp, H. (1992): Agriophyten in der Vegetation Mitteleuropas. - In: Schriftenreihe für Vegetationskunde 25, S.1-185

Lumaret, R. (1990): Invasion of natural pastures by a cultivated grass (Dactylis glomerata L.) in Galicia, Spain: process and consequence on plant-cattle interactions. - In: Castri, F. di; Hansen, A.J. & Debussche, M. (Hrsg.): Biological Invasions in Europe and the Mediterranean Basin. - Dordrecht, S.392-397

Nordhagen, R. (1940): Studien über die maritime Vegetation Norwegens. I. Die Pflanzengesellschaften der Tangwälle. - Bergens Museums Åarbok, Natur vitenskapelig rekke 1940/2

OTA [Office of Technology Assessment] (1993): Harmful non-indigenous species in the United States. - Washington D.C. (OTA-F 565)

Rikli, M. (1903): Die Anthropochoren und der Formenkreis des Nasturtium palustre (Leyss) DC. - In: Berichte der Schweizer Botanischen Gesellschaft 13, S.71-82

Sandlund, O.T.; Schei, P.J. & Viken, A. (Hrsg.) (1996): Proceedings of the Norway/UN conference on alien species. - Trondheim (Directorate for Nature Management & Norwegian Institute for Nature Research)

Schneider, C.; Sukopp, U. & Sukopp, H. (1994): Biologisch-ökologische Grundlagen des Schutzes gefährdeter Segetalpflanzen. - Schriftenreihe für Vegetationskunde 26

Scholz, H. (1960): Die Veränderungen in der Berliner Ruderalflora. Ein Beitrag zur jüngsten Florengeschichte. - In: Willdenowia 2/3, S.379-397

Scholz, H. (1991): Einheimische Unkräuter ohne Naturstandorte ("Heimatlose" oder obligatorische Unkräuter). - In: Flora et Vegetatio Mundi 9, S.105-112

Scholz, H. (1995a): Das Archäophytenproblem in neuerer Sicht. - In: Schriftenreihe für Vegetationskunde 27, S.431-439

Scholz, H. (1995b): Eragrostis albensis (Gramineae), das Elb-Liebesgras - ein Neo-Endemit Mitteleuropas. - In: Verhandlungen des Botanischen Vereins für Berlin und Brandenburg 128/2, S.73-82

Schroeder, F.G. (1969): Zur Klassifizierung der Anthropochoren. - In: Vegetatio 16, S.225-238

Schroeder, F.G. (1972): Amelanchier-Arten als Neophyten in Europa. Mit einem Beitrag zur Soziologie der Gebüschgesellschaften saurer Böden. - In: Abhandlungen des naturwissenschaftlichen Vereins Bremen 37/3, S.287-411

Schuldes, H. & Kübler, R. (1990): Ökologie und Vergesellschaftung von Solidago canadensis et gigantea Reynoutria japonica et sachalinense Impatiens glandulifera Helianthus tuberosus Heracleum mantegazzianum. Ihre Verbreitung in Baden-Württemberg sowie Notwendigkeit und Möglichkeiten ihrer Bekämpfung. - Stuttgart (Ministerium für Umwelt Baden-Württemberg; unveröff. Studie)

Schumacher, W. (1995): Offenhaltung der Kulturlandschaft? - In: LÖBF-Mitteilungen 1995/4, S.52-61

Spethmann, W. (1995): In-situ/ex-situ-Erhaltung von heimischen Straucharten. - In: Kleinschmit, J.; Begemann, F. & Hammer, K. (Hrsg.): Erhaltung pflanzengenetischer Ressourcen in der Land- und Forstwirtschaft. - In: Schriften zu Genetischen Ressourcen 1, S.68-87

Spethmann, W. (1997): Gefährdet Hybridisierung die Erhaltung von Baum- und Straucharten? - In: NNA-Berichte 10/2, S.26-31

SRU [Rat von Sachverständigen für Umweltfragen] (1998): Umweltgutachten 1998. - Stuttgart

Stace, C.A. (1975): Introductory. - In: Stace, C.A. (Hrsg.): Hybridization and the flora of the British Isles. - London, S.1-90

Stace, C.A. (1991): New flora of the British Isles. - Cambridge

Sudnik-Wojcikowaska, B. & Kozniewska, B. (1988): Slownik z zakresu synantropizacji szaty roslinnej. - Warszawa

Sukopp, H. (1962): Neophyten in natürlichen Pflanzengesellschaften Mitteleuropas. - In: Berichte der Deutschen Botanischen Gesellschaft 75/6, S.193-205

Sukopp, H. (1980): Zur Geschichte der Ausbreitung von Pflanzen in den letzten hundert Jahren. - In: Berichte der ANL 5, S.5-9

Sukopp, H. & Scholz, H. (1997): Herkunft der Unkräuter. - In: Osnabrücker Naturwissenschaftliche Mitteilungen 23, S.327-333

Sukopp, U. & Sukopp, H. (1994): Ökologische Lang-Zeiteffekte der Verwilderung von Kulturpflanzen. - In: Daele, W. van den; Pühler, A. & Sukopp, H. (Hrsg.): Verfahren zur Technikfolgenabschätzung des Anbaus von Kulturpflanzen mit gentechnisch erzeugter Herbizidresistenz. - Forschungsberichte des Wissenschaftszentrums Berlin (FS II 94-304) 4, S.1-91

Thellung, A. (1915): Pflanzenwanderungen unter dem Einfluß des Menschen. - In: Englers Botanische Jahrbücher 53/3/5, S.37-66

Thellung, A. (1918/19): Zur Terminologie der Adventiv- und Ruderalfloristik. - In: Allgemeine Botanische Zeitschrift 24/25 (9-12), S.36-42

Trzcinska-Tacik, H. & Wasylikowa, K. (1982): History of the synanthropic changes of flora and vegetation of Poland. - In: Memorabilia Zoolgica 37, S.47-69

Vitousek, P.M.; d'Antonio, C.M.; Loope, L.L.; Rejmanek, M. & Westbrooks, R. (1997): Introduced species: a significant component of human-caused global change. - In: New Zealand Journal of Ecology 21/1, S.1-16

Weissgerber, H. & Janssen, A. (Hrsg.) (1998): Die Schwarzpappel. Probleme und Möglichkeiten bei der Erhaltung einer gefährdeten heimischen Baumart. - Hessische Landesanstalt für Forsteinrichtung, Waldforschung und Waldökologie. Forschungsberichte 24

Wesserling, J. & Tscharntke, T. (1993): Insektengesellschaften an Knaulgras (Dactylis glomerata): Der Einfluß von Saatgut-Herkunft und Habitattyp. - In: Verhandlungen der Gesellschaft für Ökologie 22, S.351-354

Wilcove, D.S.; Rothstein, D.; Dubow, J.; Phillips, A. & Losos, E. (1998): Quantifying threats to imperiled species in the United States. - In: Bioscience 48, S.607-615

Willerding, U. (1986): Zur Geschichte der Unkräuter Mitteleuropas. - Göttinger Schriften zur Vor- und Frühgeschichte 22

Wisskirchen, R. & Haeupler, H. (1998): Standardliste der Farn- und Blütenpflanzen Deutschlands. - Stuttgart

Zajac, A. (1983): Studies on the origin of archaeophytes in Poland. Part I. Methodical considerations. - In: Zeszyty naukowe Universytetu Jagiellonskiego. Prace botaniczne 11, S.87-107

Zizka, G. (1985): Botanische Untersuchungen in Nordnorwegen I. Anthropochore Pflanzenarten der Varagerhalbinsel und Sör-Varagers. - In: Dissertationes Botanicae 85, S.4-102

Zoller, H. (1954): Die Typen der Bromus erectus-Wiesen des Schweizer Jura. - Beiträge zur Geobotanischen Landesaufnahme der Schweiz 33

Zoller, H. & Bischof, N. (1980): Stufen der Kulturintensität und ihr Einfluß auf Artenzahl und Artengefüge der Vegetation. - In: Phytocoenologia 7, S.35-51

Nachhaltige Landwirtschaft zwischen Wunsch und Wirklichkeit - Entwicklungen und Trends von 1800 bis heute

Wolfgang Schumacher (Düsseldorf) und Frank Klingenstein (Bonn)

Exposé

Seit geraumer Zeit gilt der Landwirtschaft im Hinblick auf eine stärker naturverträgliche Ausgestaltung gesellschaftlicher Handlungsfelder besondere Aufmerksamkeit. Wie Beispiele aus der Praxis in Vergangenheit und Gegenwart zeigen sind die Bedingungen für eine nachhaltige Landwirtschaft im umfassenden Sinne noch nicht erfüllt. Neue Strategien und Konzepte zur Förderung der Nachhaltigkeit in den heutigen landwirtschaftlichen Betriebsformen gilt es zu entwickeln und umzusetzen.

1 Einleitung

Es gibt wohl kaum einen Begriff, der seit der Konferenz der Vereinten Nationen für Umwelt und Entwicklung (UNCED) 1992 in Rio de Janeiro (Brasilien) und dem dort verabschiedeten Übereinkommen über die biologische Vielfalt in der Natur- und Umweltdiskussion der zurückliegenden Jahre eine derartige Bedeutung erlangt hat wie der Begriff der Nachhaltigkeit, im Englischen als "sustainable use" oder "sustainable development" bezeichnet.

Die Diskussion um den Schutz und die Erhaltung der biologischen Vielfalt an Arten und Lebensräumen und eine nachhaltige Wirtschaftsweise als globale ökologische Herausforderungen hat damit eine neue Dimension bekommen. Mit diesem bisher von ca. 180 Staaten, darunter auch Deutschland, ratifizierten und damit völkerrechtlich verbindlichen Übereinkommen (vgl. auch Glowka et al. 1994) verpflichten sich diese

- zur Erhaltung der biologischen Vielfalt,
- zur nachhaltigen Nutzung der biologischen Vielfalt,
- sowie zur gerechten Aufteilung der sich daraus ergebenden monetären und nichtmonetären Vorteile (Benefit Sharing).

Inzwischen hat man den Eindruck, dass Nachhaltigkeit - wie so mancher andere Begriff aus Ökologie, Natur- und Umweltschutz - zu einem Schlagwort geworden ist. Denn nahezu alles ist heute offenbar nachhaltig oder wird es angeblich in Kürze werden. Manche Zeitgenossen scheinen sogar zu glauben, dass bereits der regelmäßige Gebrauch des Begriffes zur Lösung von Natur- und Umweltproblemen beitragen könnte.

Bekanntlich wurde der Begriff der Nachhaltigkeit schon frühzeitig in der Forstwirtschaft geprägt. Er bedeutete, dass in einem bestimmten Zeitraum nur so viel geerntet werden darf, wie auch nachwachsen kann. Weitere ökologische, ökonomische oder soziale Komponenten waren damit zunächst nicht gemeint. Spätestens aber seit der Rio-Konferenz versteht man unter Nachhaltigkeit, dass alle Wirtschaftsformen und damit auch alle Landnutzungen nur dann als nachhaltig anzusehen sind, wenn sie neben ökologischen auch ökonomischen und sozialen Kriterien genügen.

Das Problem ist, dass diese drei Parameter in der aktuellen Diskussion oftmals als gleichrangig angesehen werden. Denn wenn entgegen der Forderung von Rio de Janeiro - bei ökologischen Planungen und Maßnahmen seien auch ökonomische und soziale Aspekte zu berücksichtigen - von vornherein eine Gleichrangigkeit unterstellt wird, führt dies in der praktischen Umsetzung zu großen Konflikten. Denn was nützt die beste sozioökonomische Verträglichkeit, wenn die Lebensgrundlagen des Menschen - Boden, Wasser, Luft, Pflanzen- und Tierwelt - zerstört oder stark beeinträchtigt sind? Nachhaltigkeit in dem o.g. Sinne ist dann oftmals nicht mehr erreichbar und wird zur Utopie.

Im Folgenden wird daher der Frage nachgegangen, ob und in welchem Umfang die heutigen landwirtschaftlichen Nutzungsformen wie auch die der beiden letzten Jahrhunderte im Hinblick auf die genannten Kriterien nachhaltig sind bzw. waren. Dies wird schwerpunktmäßig am Beispiel von Mittelgebirgsregionen dargestellt, doch dürften viele Aussagen auch auf andere Agrarlandschaften übertragbar sein.

2 Zur Nachhaltigkeit historischer Landnutzungssysteme

Im Zusammenhang mit der Diskussion um steigende Belastungen von Natur und Umwelt durch die moderne Landwirtschaft während der letzten Jahrzehnte wurde und wird immer wieder auf die natur- und umweltverträglichere, extensive und damit nachhaltige Landwirtschaft in der ersten Hälfte des 20. Jahrhunderts und auch in den vorhergehenden Jahrhunderten hingewiesen. Im Hinblick auf den Natur- und Landschaftsschutz wurden und werden die genannten Zeiträume im Vergleich zu heute nicht selten sogar fast als "heile Welt" glorifiziert. Die o.g. Einschätzung mag auf die Mehrzahl der Naturräume Deutschlands zwar für die erste Hälfte des 20. Jahrhunderts zutreffen, für das 19. und 18. Jahrhundert jedoch nur sehr begrenzt (Hampicke 1991), jedenfalls im Hinblick auf die Ressource Boden sowie die sozioökonomische Situation. Denn wie sonst lassen sich die großen Auswanderungswellen der ländlichen Bevölkerung nach Amerika erklären. Bekanntlich waren diese durch die immer wiederkehrenden Hungersnöte vor allem aufgrund der nachlassenden Ertragsfähigkeit der Böden, durch die gebietsweise vorherrschende Realteilung und die insgesamt schwierigen sozialen Verhältnisse bedingt.

Rottwirtschaft (Wald-Feld-Wechselwirtschaft), Heide- und Schiffelwirtschaft (Heide-Feld-Wechselwirtschaft) hatten vielerorts die Böden ausgelaugt. Aufgrund zu geringer oder fehlender Düngung hatte die Ertragsfähigkeit der Böden generell stark abgenommen. Obwohl immer mehr Wälder gerodet worden waren und um 1800 in vielen Mittelgebirgen der Waldanteil bereits auf 10-15% gesunken war (u.a. in der Eifel und im Bergischen Land), reichten die vorhandenen Ackerflächen nicht aus, die wachsende Bevölkerung zu ernähren.

Besonders eindrucksvoll lässt sich der Landschaftswandel am Beispiel des Wildenburger Ländchens in der Gemeinde Hellenthal/Westeifel belegen, einer Bergregion mit Höhenlagen zwischen 500 und 600 m ü.NN und jährlichen Niederschlägen von rd. 900 mm (Hentschel 2001). Heute nahezu eine reine Grünlandregion mit relativ hohem Anteil bunter, artenreicher Bergwiesen, herrschten dort zwischen 1810 und 1900 ganz überwiegend Acker- und Ödland (überwiegend Heiden) vor (Abb.1 und Abb.2). Grünland fand sich im Wesentlichen nur in schmalen Bändern entlang der Bäche, ebenso gering war der Waldanteil. Nachdem der Reichsarbeitsdienst ab Mitte der 1930er Jahre die Ackernutzung auf Kosten des Ödlandes weiter ausgedehnt hatte (vgl. Abb.3), hielt sich deren Flächenanteil überwiegend noch bis Anfang 1960 (vgl. Abb.4), ehe dann die in dieser Höhenlage und bei den gegebenen Niederschlägen weit umweltverträglichere Grünlandnutzung sich mehr und mehr durchsetzte und parallel dazu der Waldanteil zunahm (vgl. Abb.5).

Beispiele dieser oder ähnlicher Art, welche die Dynamik des Landschaftswandels aufgrund der jeweiligen sozioökonomischen Verhältnisse und der agrarpolitischen Rahmenbedingungen augenfällig zeigen, lassen sich anhand historischer Quellen aus vielen Regionen Deutschlands nachweisen.

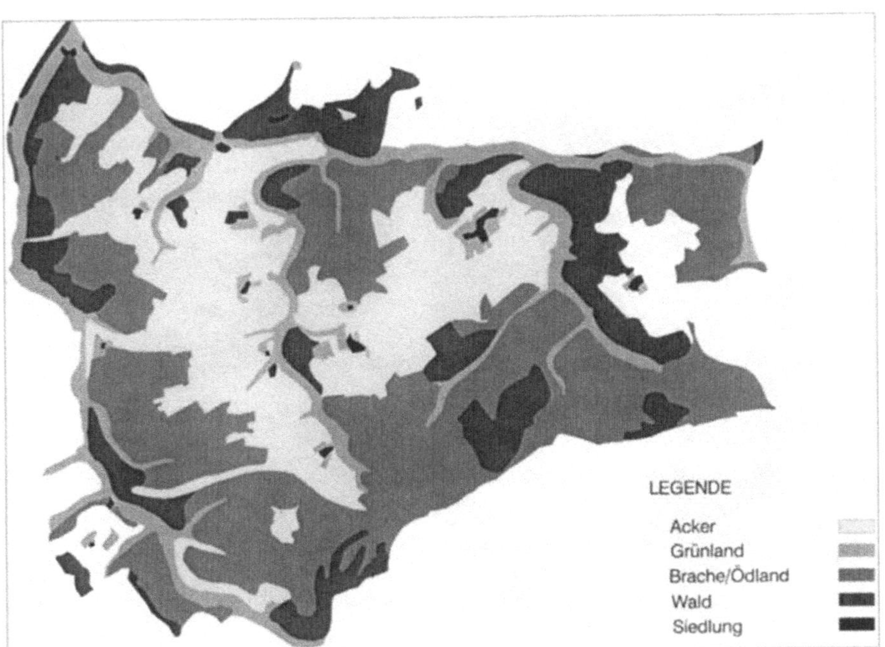

Abb.1:   Landnutzungsverteilung im Wildenburger Ländchen um 1810 (Tranchot-Aufnahme 1810; aus Hentschel 2001).

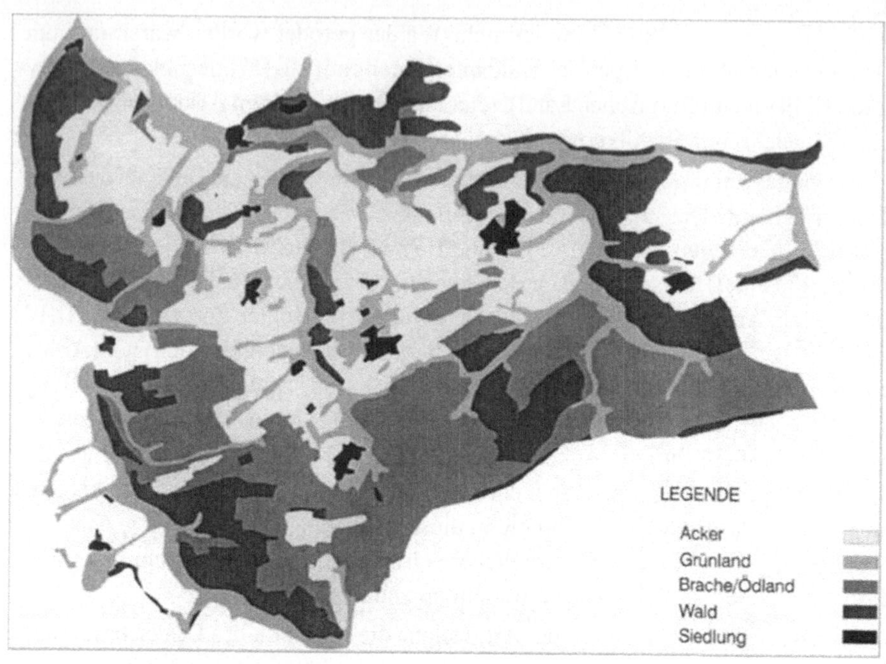

Abb.2: Landnutzungsverteilung im Wildenburger Ländchen um 1893 (Preußische Neuaufnahme 1893; aus Hentschel 2001).

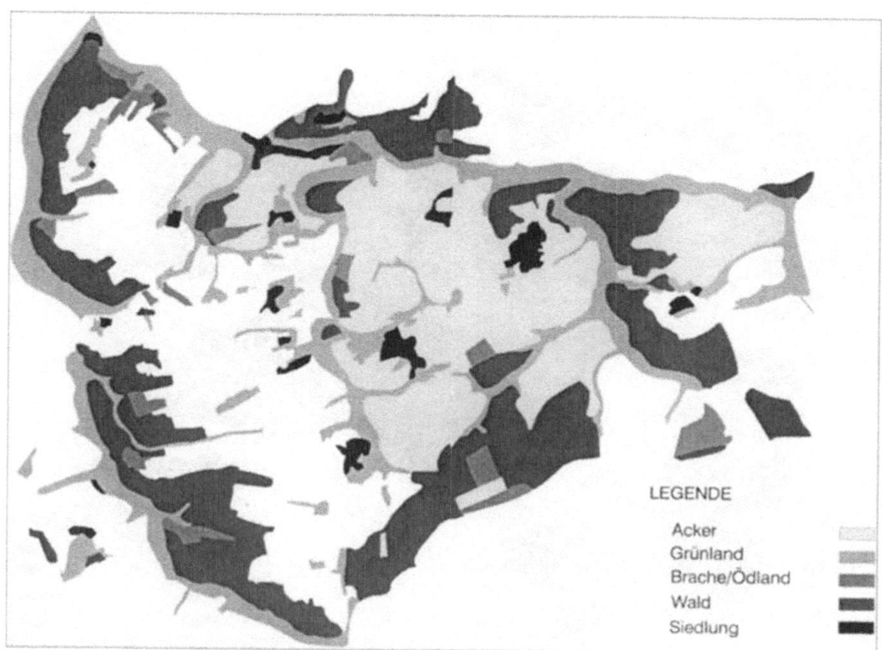

Abb.3: Landnutzungsverteilung im Wildenburger Ländchen um 1937 (Topographische Karte 1937; aus Hentschel 2001).

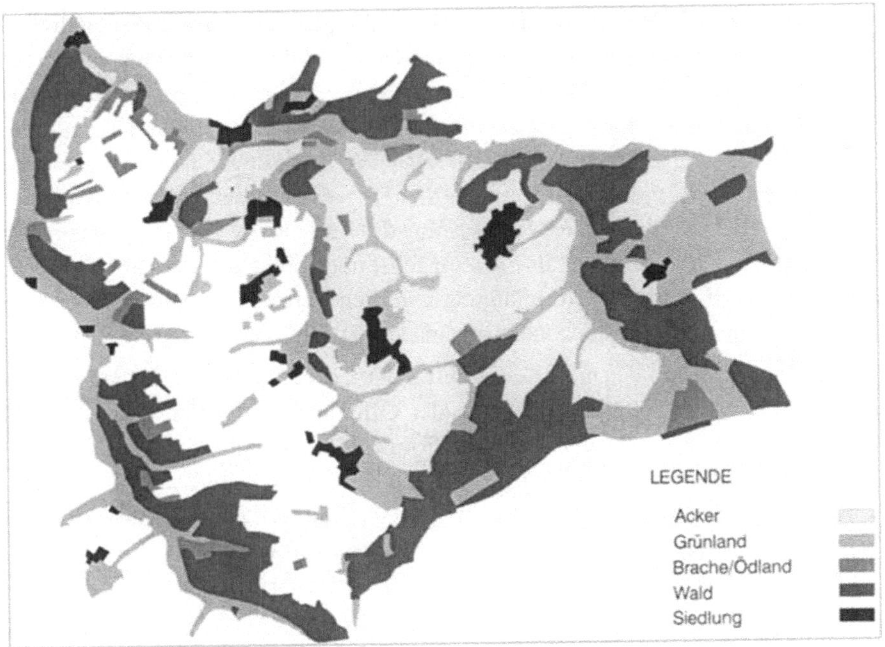

Abb.4:   Landnutzungsverteilung im Wildenburger Ländchen um 1960 (Topographische Karte 1960; aus Hentschel 2001).

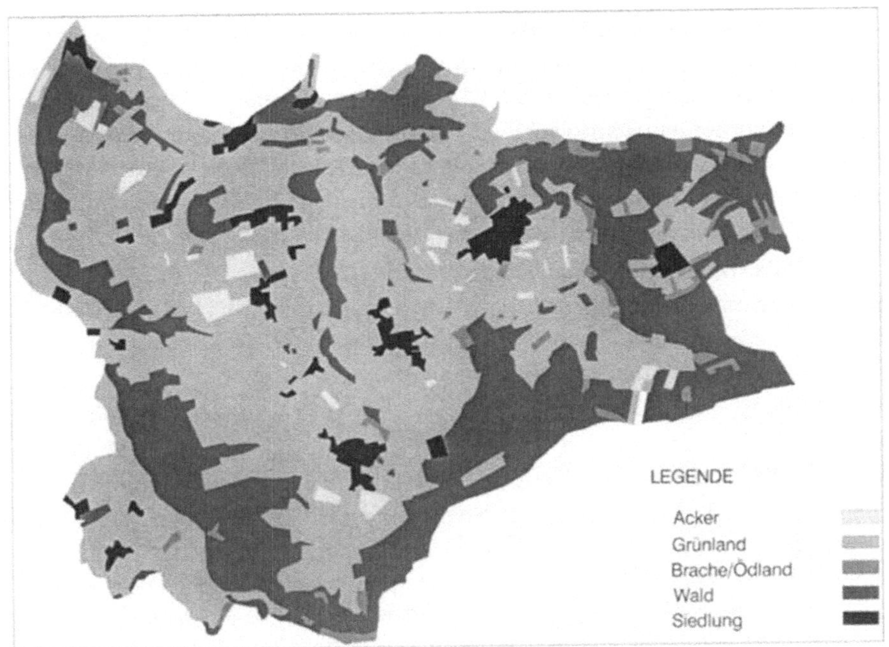

Abb.5:   Landnutzungsverteilung im Wildenburger Ländchen um 1993 (Kartierungen durch Hentschel 1993; aus Hentschel 2001).

Insgesamt ist festzustellen, dass die Nachhaltigkeit der historischen Landwirt-schaft, die insbesondere in den Mittelgebirgen eng mit der Waldnutzung verknüpft war, den Kriterien der Nachhaltigkeit im Sinne der Rio-Konferenz vielerorts nur bedingt, zum Teil auch gar nicht entsprach. Dies trifft schwerpunktmäßig auf die Acker-, Heide- und Waldnutzung zu (z.B. Bodendevastierung, Versauerung, Erosi-on), während Grünland und Magerrasen offenbar hiervon nicht oder nur gering be-troffen waren. Eine allmähliche Verbesserung des Zustandes wurde erst gegen Ende des 19. Jahrhunderts erreicht, als die - zunächst noch recht geringe - mineralische Phosphor-, Kali- und Stickstoffdüngung merkliche Ertragssteigerungen mit sich brachte und in der Folge auch mehr organischer Dünger zur Verfügung stand.

Im Unterschied zu den mehr oder weniger stark beeinträchtigten Bodenressour-cen war die Artenvielfalt - zumindest der Offenlandökosysteme - im 18. und 19. Jahrhundert im Vergleich zu heute noch auf einem erstaunlich hohen Level. Das belegen jedenfalls die historischen Floren- und Faunenverzeichnisse (vgl. auch Fu-karek 1979). Dieser Zustand blieb bis etwa 1950/1960 weitgehend erhalten, ehe in der Folge die Intensivierung der Landwirtschaft - verbunden mit großflächigen Flurbereinigungsmaßnahmen - mehr und mehr voranschritt.

3 Zur Nachhaltigkeit heutiger landwirtschaftlicher Nutzungen

Unter dem Druck der schwierigen wirtschaftlichen Verhältnisse der Nachkriegszeit und begünstigt durch die Fortschritte in Wissenschaft und Technik, Verkehr und Handel nahm zwischen 1950 und 1960 in den meisten Regionen Deutschlands die Intensivierung der Landwirtschaft mehr und mehr zu. Die negativen Einflüsse die-ser Entwicklung, welche durch die EG-Agrarpolitik noch forciert wurden, began-nen sich seit etwa 1970 immer deutlicher abzuzeichnen. Spätestens seit Mitte der 1980er Jahre wurden sie auch der breiten Öffentlichkeit bekannt.

Die Auswirkungen auf Natur, Landschaft und Umwelt waren lokal und regional teilweise erheblich. Die beherrschenden Themen in der gesellschaftlichen Diskus-sion um Landwirtschaft, Natur- und Umweltschutz waren Verlust ökologisch be-deutsamer Kulturlandschaften, Entstehung monotoner Produktionslandschaften, Nitrat- und Biozidbelastungen in Böden, Gewässern und Grundwasser, großflächi-ge Eutrophierung der Landschaft und starke Zunahme gefährdeter Pflanzen- und Tierarten der sogenannten Roten Liste. In nicht wenigen Regionen und von man-chen gesellschaftlichen Gruppen werden die genannten Probleme auch heute noch so gesehen, obwohl sich die ökologischen Verhältnisse aufgrund neuer Gesetze und Verordnungen sowie der geänderten EU-Agrarpolitik während der letzten 10 Jahre teilweise deutlich verbessert haben. Hinsichtlich der sozioökonomischen Situation der Landwirtschaft trifft dies jedoch nur bedingt zu, wie der nach wie vor starke Strukturwandel belegt. Eine größere Nachhaltigkeit im abiotischen und biotischen Ressourcenschutz, auf die im Folgenden näher eingegangen wird, führt also nicht zwangsläufig zu einer Steigerung der Nachhaltigkeit im sozioökonomischen Bereich. Dazu sind zweifellos weitere Rahmenbedingungen, wie z.B. Handelsvereinbarungen mit der Setzung von Standards zur Sicherung der Wettbewerbsverhältnisse erforderlich, vor allem aber auch ein deutlich geändertes Verbraucherverhalten in den sogenannten hoch entwickelten Zivilisationen der westlichen Welt.

3.1   Abiotischer Ressourcenschutz

Die Erfolge im "klassischen Umweltschutz", der sich vornehmlich als abiotischer Ressourcenschutz versteht, sind in den letzten Jahrzehnten in mehreren Bereichen deutlich geworden, so z.B. in der Luftreinhaltung durch Katalysatoren und Filterungstechniken sowie in der Verbesserung der Fließgewässergüte. Auch im Bereich der Landwirtschaft kann der abiotische Ressourcenschutz inzwischen vielerorts als weitgehend gewährleistet betrachtet werden, da eine standortangepasste umweltschonende Landbewirtschaftung (in diesem Sinne als ordnungsgemäße Landwirtschaft bzw. Gute fachliche Praxis zu verstehen), die nur unvermeidbare Stoffeinträge in Boden, Wasser und Luft verursacht, heute den gesetzlichen Standard darstellt (vgl. Buchner 1997). Dies gilt nicht nur für den ökologischen Landbau (vgl. Vogtmann & Ries 1997), sondern größtenteils auch für den integrierten/konventionellen Landbau, wie sich anhand der Nährstoffbilanzen, der produktbezogenen Emissionen und Energiebilanzen sowie am Rückgang des Biozidverbrauchs durch zahlreiche Publikationen der letzten Jahre belegen lässt. Eine Ausnahme von dieser insgesamt positiven Entwicklung stellen allerdings veredlungsstarke Regionen und Gebiete mit hohem Anteil von Gemüseanbau oder anderen Sonderkulturen dar, in denen die genannten Standards noch nicht oder nur teilweise realisiert sind.

Da eine nachhaltige Wirtschaftsweise im Hinblick auf den abiotischen Ressourcenschutz in der Regel auch im wirtschaftlichen Interesse der Landwirte selbst liegt, wird eine Honorierung hierfür folglich als ökonomisch nicht notwendig angesehen. Hier liegt der grundlegende Unterschied zum biotischen (und auch zum ästhetischen) Ressourcenschutz, der in der Regel bei allen heutigen Landbauformen nicht im wirtschaftlichen Interesse des Landwirts liegt und daher, wenn man der Landwirtschaft den allgemein gesellschaftlich akzeptierten Grundsatz der wirtschaftlichen Vorteilsoptimierung nicht absprechen will, finanziell ausgeglichen werden muss (vgl. Kap.4).

3.2   Biotischer Ressourcenschutz

Wesentlich größere Defizite bestehen derzeit im Bereich des biotischen Ressourcenschutzes. Dies gilt in abgestufter Weise für den integrierten/konventionellen wie auch für den ökologischen Landbau, wobei jedoch zwischen Acker- und

Grünlandnutzung sowie der Bewirtschaftung von Sonderstandorten zu differenzieren ist.

Ackerbau

Der Beitrag zur Erhaltung der spezifischen Flora und Fauna der Äcker ist durch den ökologischen Landbau systemimmanent wesentlich höher als beim konventionellen und integrierten Ackerbau, der hier erwartungsgemäß nur von marginaler Bedeutung ist (z.B. Frieben 1995 und 2000; Schumacher 2000). Dabei ist jedoch zu berücksichtigen, dass auch der Beitrag des ökologischen Landbaus im Vergleich zum extensiven Ackerbau der Vergangenheit oft nur auf einem mittleren Niveau gewährleistet ist und mit zunehmend verfeinerten Techniken der mechanischen Unkrautbekämpfung, ausschattenden Sorten etc. auch sehr gering sein kann. Bei Teilnahme am Ackerrandstreifenprogramm dagegen können auch auf konventionell und integriert bewirtschafteten Flächen gleiche oder höhere Erfolge erzielt werden, wie u.a. die langjährige Erfahrung in Nordrhein-Westfalen und Rheinland-Pfalz zeigen (vgl. u.a. Schumacher 1984 und 2000; Elsen 1989; Jörg 1994; Frieben 1995). Der deutliche Rückgang der Beteiligung am Ackerrandstreifenprogramm zwischen 1994 und 1998 zeigt aber auch den erheblichen Einfluss bürokratischer Hemmnisse, nicht fachgerechter Auflagen sowie einer unzureichenden Honorierung.

Grünland

In Hinblick auf die biologische Vielfalt haben Wiesen und Weiden bei einer extensiven bis halbintensiven Nutzung (Intensitätsstufen; vgl. Schumacher 1995) eine deutlich höhere Bedeutung für die biologische Vielfalt als Ackerland. Doch eine derartige Grünlandnutzung ist weder für konventionell noch für ökologisch wirtschaftende Betriebe auf der gesamten Betriebsfläche möglich. Auch bei der EU-Grundextensivierung mit 1,4 GV/ha (ca. 110 kg N/ha), die inzwischen von ökologisch und konventionell wirtschaftenden Betrieben bei ausreichender Betriebsfläche (insbesondere in Mittelgebirgen) gleichermaßen praktiziert wird, werden nur geringe Erfolge im Artenschutz erzielt, weil erst nach einer längeren Extensivierung mit einer Düngung von unter 100 kg N/ha die Artenvielfalt in Wiesen und Weiden signifikant zunimmt (Schiefer 1984; Bischof 1992; Kapfer 1996). Noch vorhandenes extensives und artenreiches Grünland sollte daher grundsätzlich vorrangig gefördert werden, weil sich hier eine besonders hohe Effizienz nachweisen lässt (vgl. Schumacher et al. 2000). So sind in manchen Mittelgebirgen (z.B. Eifel und Siegerland) erhebliche Flächenanteile in diese Programme einbezogen und obwohl hier das Flächenpotential wie auch in anderen Regionen Deutschlands bei weitem nicht ausgeschöpft ist, gibt es inzwischen hinreichende Belege für die Erhaltung und Förderung der Artenvielfalt auf durchaus hohem Niveau.

Sonderbiotope

Die größte Bedeutung für die biologische Vielfalt in Mitteleuropa haben Sonderbiotope wie Magerrasen oder Heiden mit ihren sehr hohen Artenzahlen, darunter
ein besonders hoher Anteil von Rote-Liste-Arten (vgl. z.B. Korneck et al. 1998).
Auch ihre Erhaltung ist bis auf wenige Ausnahmen von der landwirtschaftlichen
Nutzung abhängig. Bei diesen Lebensräumen steht allerdings außer Frage, dass
systemimmanent weder der konventionelle noch der ökologische Landbau entscheidend zu ihrer Erhaltung beitragen können. Vielmehr wird hier sogar oft die
Frage aufgeworfen, ob solche Flächen überhaupt in die landwirtschaftliche Produktion integriert werden können. Erfahrungen auch mit größeren milchviehhal-
tenden Betrieben über mehr als zehn Jahre zeigen aber, dass dies unter bestimmten
Voraussetzungen (z.B. der Aufwuchs von Kalkmagerrasen und Bergwiesen bei
der Jungviehaufzucht oder zu einem Anteil von 10-15% in der Milchviehhaltung;
Rodehutscord 1994) durchaus möglich ist und zugleich die Populationen vieler
seltener und gefährdeter Arten im Vergleich zu den 1970er Jahren oft stark ange-
stiegen sind.

4 Strategien und Konzepte zur Förderung der Nachhaltigkeit in den heutigen landwirtschaftlichen Betriebsformen

Unter den gegenwärtigen wirtschaftlichen und gesellschaftlichen Rahmenbedingungen lässt sich eine nachhaltige Landbewirtschaftung dauerhaft und langfristig
nur praktizieren, wenn sie im Einklang mit diesen Rahmenbedingungen steht und
auch nach diesen Regeln wirtschaftet: Es war eine Illusion von Politik, Verwaltung und Naturschutz - z.T. besteht sie offenbar immer noch - zu glauben, dass in
unserem Wirtschaftssystem, in dem nahezu alles nach ökonomischen Prinzipen
"funktioniert", ausgerechnet die Natur bzw. die biologische Vielfalt vorrangig mit
Appellen, Verordnungen und Gesetzen erhalten werden kann. Ökologische Leistungen im biotischen Ressourcenschutz sind daher vom Nutznießer dieser Leistungen zu honorieren, so wie es in jedem anderen Wirtschaftszweig selbstverständlich wäre. Da die Allgemeinheit Nutznießer dieser Leistungen ist, müssen
die erforderlichen Mittel zwangsläufig in erster Linie aus dem Steueraufkommen
gedeckt werden, zumindest so lange, bis es für den Naturschutz geeignete Märkte
gibt (was bisher nicht oder nur in begrenztem Umfang der Fall ist). Dies setzt wiederum eine breite gesellschaftliche Wertschätzung der Erhaltung unseres Natur-
erbes voraus, etwa vergleichbar derjenigen, die unserem Kulturerbe beigemessen
wird (vgl. Schumacher 1995 und 2000). So ist es weitestgehend akzeptiert, dass
fast 90% der Kulturförderung in Deutschland in Höhe von 14 Mrd. DM pro Jahr
(in 1995) aus Steuermitteln bestritten werden, während nur rund 10% aus Ein-
trittsgeldern und Sponsoring stammen.

Lösungsansätze bestehen in der monetären Honorierung ökologischer Leistungen einer nachhaltigen Landwirtschaft, worunter allgemein nachvollziehbare, messbare Tätigkeiten bei der Erhaltung der biologischen Vielfalt verstanden werden. Wie bereits oben erwähnt, kann dabei für den abiotischen Ressourcenschutz davon ausgegangen werden, dass die ordnungsgemäße, d.h. standortangepasste und umweltschonende Landwirtschaft bzw. "Gute fachliche Praxis" von Ausnahmefällen abgesehen keiner Vergütung bedarf. Das schließt natürlich vorübergehende finanzielle Anreize (z.B. Beihilfen, Steuervorteile) nicht aus, um die Ziele des abiotischen Ressourcenschutzes schneller zu erreichen oder Wettbewerbsnachteile zu vermeiden. Es muss aber noch einmal betont werden, dass heutige integrierte und ökologische Landnutzungen hinsichtlich des abiotischen Ressourcenschutzes vielfach nachhaltig sind, während sie zur Erhaltung der biologischen Vielfalt nur wenig beitragen.

Leistungen für den biotischen Ressourcenschutz sind dagegen generell als honorierungsbedürftig angesehen. Je nach Höhe bzw. Umfang des Beitrags zur Erhaltung und Förderung der biologischen Vielfalt bzw. des Arbeitsaufwandes und/oder Einkommensverzichtes sollte eine differenzierte Vergütung erfolgen, und zwar nicht nur handlungs- sondern auch ergebnisorientiert (Hampicke 1991; Schumacher 1995).

5 Ausblick

Die Landwirtschaft als bedeutendster Flächennutzer in Deutschland könnte eine wesentliche Rolle bei der Erhaltung der biologischen Vielfalt übernehmen, wenn es gelingt, die o.g. gesellschaftlichen und politischen Voraussetzungen zu schaffen. Die Grundlage dazu bieten einerseits das Übereinkommen über die biologische Vielfalt sowie die Agenda 21, in der die Erhaltung der Biodiversität und deren nachhaltige Nutzung als politische Ziele der internationalen Staatengemeinschaft festgeschrieben sind. Auch die vielerorts entstehenden lokalen Agenden sollten hierbei mit berücksichtigt werden, z.B. in Hinblick auf Möglichkeiten der regionalen Vermarktung. Andererseits bestehen im Strukturwandel der Landwirtschaft (vgl. auch Succow 1997; zur Extensivierung im Ackerbau Hilbig 1997) und in der Agrarumweltpolitik des Bundes und der Länder durchaus Chancen für eine nachhaltige Landbewirtschaftung, wenn die agrarstrukturelle und einzelbetriebliche Förderung gezielt im Hinblick auf Nachhaltigkeit im umfassenden Sinne weiterentwickelt wird. Damit würde sich für landwirtschaftliche Betriebe eine zusätzliche ökonomische Perspektive eröffnen, da neben die Erzeugung von Nahrungsmitteln (was auch weiterhin die Haupteinnahmequelle bleiben wird) die Erhaltung der regionaltypischen biologischen Vielfalt nach Standort und Betriebsform differenziert als integrales Produktziel treten könnte. Das gilt in besonderem Maße für die sogenannten benachteiligten Regionen, die meist noch eine höhere Biodiversität besitzen und oftmals beliebte Erholungslandschaften sind. Untersuchungen zur Akzeptanz von Naturschutzmaßnahmen im Rahmen von Agrarumweltprogrammen (z.B. Weis et al. 2000 für das Eifelprojekt des Deutschen Bauernverbandes) zeigen deutlich, dass Landwirte dazu in viel stärkerem Maße bereit sind, als manchmal behauptet wird. Diese Bereitschaft, die mit der Verjüngung der Altersstruktur der Betriebsleiter in Zukunft vermutlich weiter zunehmen wird, gilt es rechtzeitig zu nutzen und zu fördern, und zwar bei allen Landbauformen.

6 Literatur

Bischof, N. (1992): Ausmagerung ehemals gedüngter Wiesen in den ersten fünfzehn Jahren nach Aufgeben der Düngung. - In: Bauhinia 10, S.191-208

Buchner, W. (1997): Ziele des Naturschutzes für agrarisch genutzte Flächen - abiotischer Ressourcenschutz. - In: Bundesministerium für Umwelt, Naturschutz und Reaktorsicherheit (Hrsg.): Ziele des Naturschutzes und einer nachhaltigen Naturnutzung in Deutschland. - Bonn, S.117-123

Elsen, T. van (1989): Ackerwildkraut-Gesellschaften herbizidfreier Ackerränder und des herbizidbehandelten Bestandes im Vergleich. - In: Tuexenia 9, S.75-105

Frieben, B. (1995): Effizienz des Schutzprogramms für Ackerwildkräuter. - In: LÖBF-Mitteilungen 20/4, S.14-19

Frieben, B. (2000): Bewertung biotischer Leistungen landwirtschaftlicher Betriebe. - In: Schriftenreihe des Deutschen Rates für Landespflege 71, S.29-35

Fukarek, F. (1979): Pflanzenwelt der Erde. - Leipzig, Jena, Berlin

Glowka, L.; Burhenne-Guilmin, F. & Synge, H. (1994): A guide to the Convention on Biological Diversity. - Environmental Policy Law Paper 30

Hampicke, U. (1991): Naturschutz-Ökonomie. - Stuttgart

Hentschel, A. (2001): Zur Integration von Landwirtschaft und Naturschutz in Grünlandregionen der Westeifel (NRW). - Dissertation Bonn

Hilbig, W. (1997): Auswirkungen von Extensivierungsprogrammen im Ackerbau auf die Segetalvegetation. - In: Tuexenia 17, S.295-325

Jörg, E. (Hrsg.) (1994): Field margin-strip programmes. - Proceedings of a technical seminar organised by the Landesanstalt für Pflanzenbau und Pflanzenschutz, Mainz. - Mainz

Kapfer, A. (1996): Regeneration artenreichen Feuchtgrünlandes im baden-württembergischen Alpenvorland - eine Bilanz nach 12 Versuchsjahren. - In: Veröffentlichungen Projekt Angewandte Ökologie 16, S.247-254

Korneck, D.; Schnittler, M. & Vollmer, I. (1996): Rote Liste der Farn- und Blütenpflanzen (Pteridophyta et Spermatophyta) Deutschlands. - In: Schriftenreihe für Vegetationskunde 28, S.21-187

Rodehutscord, M. (1994): Verwertung der Aufwüchse langfristig extensiv genutzter Grünlandflächen im Milchviehbetrieb. - In: Forschungsberichte des Lehr- und Forschungsschwerpunktes "Umweltverträgliche und standortangepasste Landwirtschaft" 15, S.36-42

Schiefer, J. (1984): Möglichkeiten der Aushagerung von nährstoffreichen Grünlandflächen. - In: Veröffentlichungen für Naturschutz und Landschaftspflege in Baden-Württemberg 57/58, S.32-62

Schumacher, W. (1984): Gefährdete Ackerunkräuter können auf ungespritzten Feldrändern erhalten werden. - In: LÖLF-Mitteilungen 9/1, S.14-20

Schumacher, W. (1995): Offenhaltung der Kulturlandschaft? - In: LÖBF-Mitteilungen 20/4, S.52-61

Schumacher, W. (2000): Was will der Naturschutz und was sind Leistungen der Landwirtschaft für Naturschutz und Landschaftspflege? - In: Schriftenreihe des Deutschen Rates für Landespflege 71, S.19-23

Succow, M. (1997): Zur Situation der Landnutzung: Chancen für mehr Umweltverträglichkeit? - In: Erdmann, K.-H. & Spandau, L. (Hrsg.): Naturschutz in Deutschland. - Stuttgart, S.87-94

Vogtmann, H. & Ries, M. (1997): Ziele des Naturschutzes unter dem Gesichtspunkt des Ökologischen Landbaus. - In: Bundesministerium für Umwelt, Naturschutz und Reaktorsicherheit (Hrsg.): Ziele des Naturschutzes und einer nachhaltigen Naturnutzung in Deutschland. - Bonn, S.125-132

Weis, J.; Muchow, T. & Schumacher, W. (2000): Akzeptanz von Programmen zur Honorierung ökologischer Leistungen der Landwirtschaft. - In: Angewandte Landschaftsökologie 34, S.107-120

Sahel - Grenzraum zwischen Wüste und Savanne

Dieter Anhuf (Sao Paulo)

Exposé

Der Begriff Sahel weist auf ein Problem hin, das erstmals zum Ende der 1960er und Beginn der 1970er Jahre in das Bewusstsein der Weltbevölkerung gelangte. Die Rede ist von der großen Saheldürre, die damals nahezu flächendeckend von der Westküste bis an die Ufer des Roten Meeres auf der anderen Seite den afrikanischen Kontinent in Mitleidenschaft gezogen hat. Unzählige Menschen und Tiere wurden Opfer eines Naturdramas. Weil Niederschläge ausgeblieben oder nur in solch geringen Mengen niedergegangen waren, konnte kein Getreide geerntet und kein Viehfutter produziert werden. Bei den betroffenen Gebieten des Sahel handelt es sich um eine Erdzone, die aufgrund ihres natürlichen Potentials zum Teil an der Grenze einer agrarischen Nutzungsmöglichkeit liegt.

Ziel des Beitrages soll es sein, ein weitgehend umfassendes Bild der ökologischen Situation der Sahelzone zu vermitteln. Am Anfang steht die Beschreibung des Natur- und Lebensraumes Sahelzone. Im Anschluss daran wird der Versuch unternommen, die Ursachen näher zu erläutern, die die Sahelzone in den vergangenen 30 Jahren in eine anhaltende Krisensituation geführt haben. In einem dritten Teil wird auf die Entwicklungen in den 1990er Jahren eingegangen, die nach Ansicht des Autors Anlass zu vorsichtigem Optimismus geben.

1 Einleitung

Das Wort "Sahel" stammt aus dem arabischen Sprachbereich und bedeutet Küste, Rand. Gemeint ist damit der südliche Rand der Sahara. Für die Menschen, die die große afrikanische Wüste durchquerten, repräsentierte der Sahel das lebensrettende Ufer mit ausgedehnten Weidearealen für die Tiere.

Kulturhistorisch ist der Sahel - vergleichbar den natürlichen Eigenschaften - die Übergangszone zwischen hellhäutiger, arabo-berberischer und negrider Bevölkerung. Gleichzeitig wird der Raum durch den Übergang von der nomadischen Viehzucht des Nordens zum ortsfesten Ackerbau des Südens geprägt, der sein Zentrum in der südlich anschließenden Sudanzone, im Bilad-es-Sudan - im Land der Schwarzen - hat. Folglich entwickelte sich die Sahelzone schon früh zu einem Zentrum großer und überregional bedeutender Märkte mit den dazugehörigen mächtigen und einflussreichen Städten wie Agadez, Gao und Timbuktu. Gegründet wurden diese Marktzentren an den Endpunkten transsaharischer Handelswege. Die Handelsgüter der afrikanischen Savannenzone und der Waldgebiete, Gold, Elfenbein und Sklaven traten von hier aus ihren langen und teilweise verlustreichen Weg nach Europa an.

2 Der Naturraum Sahel

In klimatologischer Hinsicht wird unter dem Sahel der Bereich verstanden, der Niederschlagssummen von 200 bis 600/700 mm jährlich erhält. Allerdings war und ist die Variabilität, also die Veränderlichkeit des Niederschlags im Sahel, stets sehr groß. Eine Variabilität von 40% ist nichts Außergewöhnliches, weniger als 10% beträgt die mittlere Veränderlichkeit der Niederschläge dagegen in Deutschland (Abb.1). Je nach den berücksichtigten Aspekten können sehr verschiedene Grenzziehungen für den Sahel vorgenommen werden. Dennoch kann man von einem Kernraum der Sahelzone sprechen, der an seinem Nordrand jährlich 200 mm und an seinem Südrand 600 bis 700 mm Regen erhält (vgl. Adams et al. 1996).

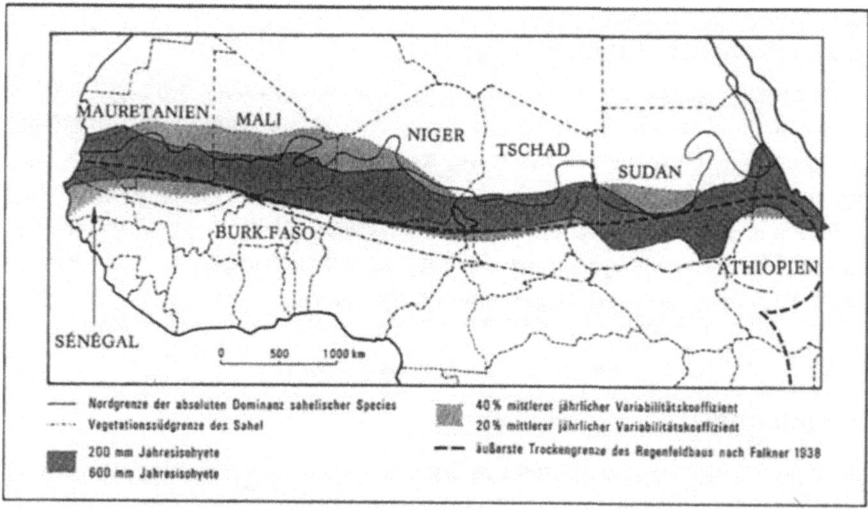

Abb.1:   Floristische, vegetationsgeographische und klimatische Grenzen der Sahelzone (verändert nach Frankenberg 1985, Tetzlaff et al. 1985).

Die ergiebigsten Niederschläge werden in den Monaten Juli, August und September registriert. Die restlichen Monate des Jahres sind in klimatologischer Hinsicht als arid zu bezeichnen. In der kurzen Regenzeit muss soviel Regen fallen, dass Ackerbau betrieben werden kann bzw. die natürliche Vegetation in die Lage versetzt wird, Samen zu produzieren, um den Fortbestand der einzelnen Arten zu garantieren. Zur Verdeutlichung dieser Situation sei auf Abb.2 verwiesen. An der Station Niaméy, der Hauptstadt der Republik Niger, fallen in wenigen Monate 584 mm Regen, fast ebensoviel wie in Neustadt a.d. Weinstraße in einem ganzen Jahr (614 mm).

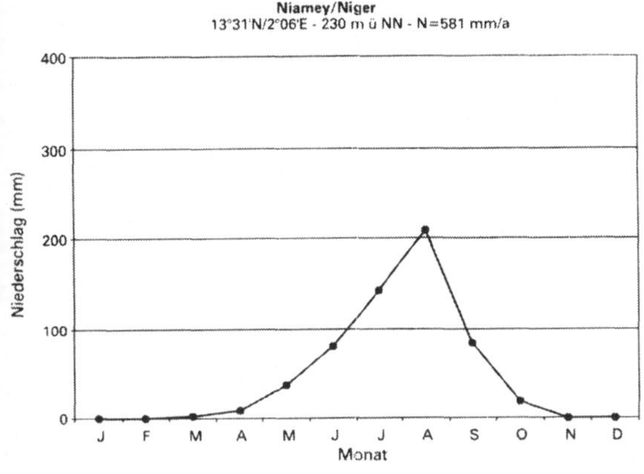

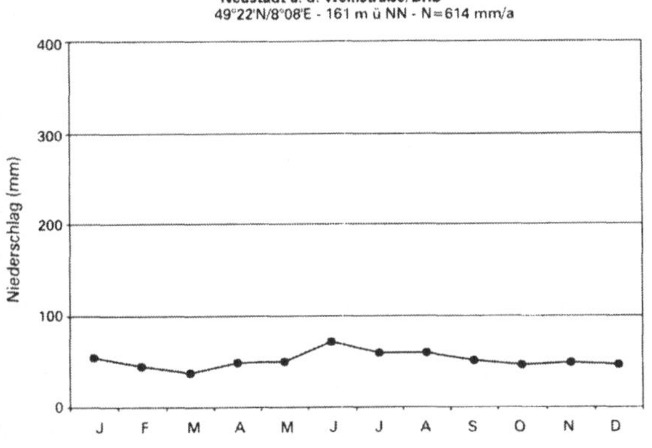

*Abb.2:   Jahresniederschlagsgang der Stationen
Niamey und Neustadt a.d. Weinstraße.*

Dieser mittlere alljährlich sich wiederholende Witterungsablauf während der Sommermonate unterliegt größeren Schwankungen mit der Folge, dass Jahre sich häufen, in denen die Niederschläge als gut und ausreichend bezeichnet werden und in anderen Jahren weniger Regen fällt als im langjährigen Durchschnitt.

Mehrere aufeinanderfolgende Jahre mit defizitären Niederschlagsereignissen werden als Dürre bezeichnet. Es stellt sich jedoch als äußerst schwierig heraus, eine Dürre zu definieren, weil es sich um ein schleichendes Phänomen handelt. Anfang und Ende einer Dürre lassen sich nicht von gewöhnlichen, vereinzelt auftretenden Trockenjahren unterscheiden. Zudem wechselt die Bedeutung des Begriffes, je nachdem, wie nötig Menschen den Regen haben. So führt eine Niederschlagsreduktion um den Betrag einer Standardabweichung vom Mittelwert evtl. zu keinen erheblichen Ertragseinbußen, so dass man eher geneigt ist, eine solche Dürre als ein meteorologisches Phänomen zu betrachten, als Verringerung des Niederschlags gegenüber dem langjährigen Mittelwert. Eine landwirtschaftliche Dürre ist dann gegeben, wenn nicht genug Wasser zum rechten Zeitpunkt für das Wachstum und die Reife der Kulturpflanzen zur Verfügung steht. Für die Pflanzen ist neben der absoluten Regenmenge vor allen Dingen deren Verteilung während der Wachstumsphase der Pflanzen mindestens genauso bedeutend, wenn nicht sogar entscheidender, weil die Pflanzen während ihrer Entwicklung unterschiedliche Ansprüche an den Wasserhaushalt stellen.

Die große Bedeutung der von Jahr zu Jahr zu beobachtenden Niederschlagsschwankungen veranschaulicht Abb.3, sie zeigt den Verlauf der sogenannten Trockengrenze in unterschiedlichen Jahren. Im Bereich der Trockengrenze ist die Ver-

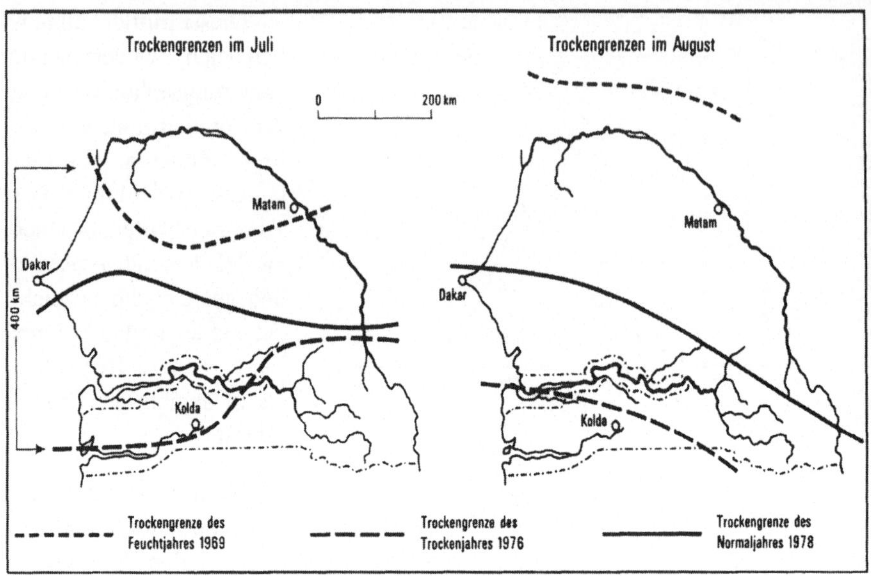

Abb.3:   *Niederschlagsschwankungen und Verschiebung der Trockengrenze*
             (Anbaugrenze) am Beispiel des Senegal (verändert nach Frankenberg
             1985).

dunstungsmenge gleich dem Niederschlag, d.h. dem Boden verbleibt keine für den
Ackerbau nutzbare Feuchtigkeit. Abb.3 zeigt die Situation im Aussaatmonat Juli
für ein normales Jahr (mittlere Linie), für ein feuchtes Jahr (obere Linie) und für ein
trockenes Jahr (untere Linie). Zwischen den beiden Extremen liegt eine Distanz von
ca. 450 km. Was die Karte für den Senegal zeigt, gilt in ähnlicher Weise auch für die
übrigen Staaten der Sahelzone, jedoch mit der wichtigen Einschränkung, dass die
Trockengrenze nicht im selben Jahr in allen Staaten gleich weit nach Norden oder
Süden ausgelenkt wird.

Als erstes Zwischenergebnis ist festzuhalten, dass das Klima in der Sahelzone
insgesamt keineswegs als konstant zu bezeichnen ist (vgl. IPCC 1996). Vielmehr
sind die Klimaschwankungen dort der Regelfall. Auch wenn diese Region des
Kontinents seit 1967/68 über fast 25 Jahre durch anhaltend negative Nieder-
schlagsanomalien gekennzeichnet war, muss daran erinnert werden, dass solche
Niederschlagsreduktionen in Einzeljahren auch in dem Zeitraum seit Beginn des
20. Jahrhunderts bis 1960 immer wieder auftraten (1863, 1872, 1913/14, 1930,
1941). Andererseits erlebte diese Region zu Beginn der 1920er Jahre, in den
1930er und in den 1950er Jahren überaus günstige feuchte Perioden (Abb.4). Der
Ende der 1960er Jahre einsetzende Negativtrend der jährlichen Niederschlags-
mengen hielt ununterbrochen bis 1983 an, bevor sich eine allmähliche Abschwä-
chung dieser Entwicklung abzeichnete (vgl. Tucker et al. 1991). Zum Ende dieses
Jahrhunderts können wir feststellen, dass diese lang anhaltende "Durststrecke" einem Ende zuzustreben scheint.

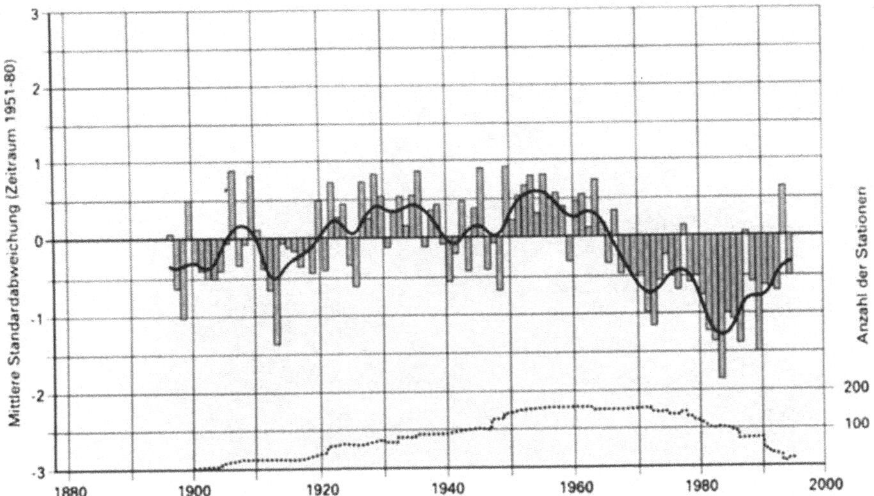

Abb.4:   *Jahresniederschlag im Sahel, 1896-1995*
             (1951-1980 Mittel = 524 mm) (Quelle: UNEP 1997).

3 Der Lebensraum Sahelzone

Der Bereich der Sahelzone umfasst im engeren Sinne einen z.T. über 6.000 km breiten Streifen von der senegalesischen Westküste des Kontinents bis an die Ufer des
Roten Meeres in Äthiopien im Osten. Sie nimmt eine Fläche von knapp 2,5-3 Mio.
km^2 ein, ca. 10% der Gesamtfläche des afrikanischen Kontinents. Bewohnt wird
dieser Raum gegenwärtig von ca. 60 Mio. Einwohnern, ca. 8% der gesamtafrikani-
schen Bevölkerung (728 Mio. Einwohner - Stand 1995). Daraus errechnet sich eine
mittlere Bevölkerungsdichte von 20 Einwohnern pro km^2 (in Deutschland leben
z.Zt. ca. 229 E/km^2). In fünf der betroffenen Staaten liegt der Anteil der Bevölkerung, der in der Sahelzone lebt über 50%, in vier der 5 Staaten sogar über 60% und in
zwei dieser Staaten sogar über 70% (Tab.1).

Die Zahlen verdeutlichen, dass sich der größte Teil des wirtschaftlichen Lebens
dieser Staaten in dieser klimatisch sehr variablen Zone abspielt.

In allen Sahel-Staaten hat der Agrarsektor eine überragende Bedeutung. Auch
heute noch ist die Mehrheit der Sahelbewohner (70-86%) in der Landwirtschaft tätig. Die bedeutendsten landwirtschaftlichen Produkte der Sahelzone sind kleine
Hirsen (Millet = Pennisetum sp.), große Hirsen (Sorghum sp.), Erdnüsse (Arachis
hypogaea) und Baumwolle (Gossypium sp.).

Kleine Millet-Hirsen werden auch als Rohrkolbenhirsen bezeichnet. Sie sind
unter den Getreiden die trockenresistentesten und gedeihen noch - bei günstiger Re-
genverteilung - in Gebieten bis 200 mm Jahresniederschlag. Sorghum-Hirsen sind
für Gesamt-Afrika das bedeutendste Grundnahrungsmittel. Je nach Sorte bestehen
große Unterschiede im Wasserbedarf. Gute Bedingungen finden sich bereits bei

	Bevölkerung gesamt 1995 in 1.000	Bevölkerungs-wachstum 1985/1995 in %	Fläche gesamt in km²	Sahel-Anteil in km²	% der Fläche des Landes	Wüstenanteile in %	Anteil an feuchten Gebieten in %	Bevölkerung des Landes, die 1988 i.d. Sahelzone lebte in %	Beschäftigte in der Landwirtschaft
Äthiopien	56.404	2,6	1.133.380	180.000	14,7	15,6	69,7	9,4	73% (93)
Burkina Faso	10.377	2,8	274.200	113.467	41,4	–	58,6	40,0	84% (93)
Mali	9.788	2,8	1.240.192	200.000	16,1	76,8	7,1	61,8	84% (5)
Mauritanien	2.274	2,5	1.030.700	80.000	7,8	92,2	–	54,9	–
Niger	9.028	3,2	1.267.000	552.000	43,6	56,4	–	97,6	86% (93)
Senegal	8.468	2,8	196.722	95.825	48,8	–	51,2	71,3	74% (95)
Sudan	26.707	2,2	2.505.813	743.000	29,6	33,3	37,1	65,7	68% (95)
Tschad	6.448	2,5	1.284.000	358.000	27,9	63,9	8,2	43,7	70% (95)
Summe	**129.494**		**8.932.007**	**2.322.292**					
Afrika gesamt	728.000	2,8							
West-Afrika	211.000	3,0							
Welt		1,6							

Tab.1:   *Anteile der Bevölkerung und der Flächen der einzelnen Staaten der Sahelzone.*

450-500 mm Niederschlag auf lockeren, sandigen Böden. Viele Sorghum-Arten sind extrem dürreresistent und können auch längere Trockenperioden während der Vegetationszeit gut überstehen.

Die Erdnuss besitzt einen sehr hohen Nährwert in Bezug auf Eiweiß und Fettgehalt. Auch wegen ihres Wohlgeschmacks zählt sie zu den bedeutendsten Nahrungsmitteln der Bevölkerung in den Tropen. Sie bedarf hoher Temperaturen und etwa 500 mm Niederschlag. Leichte Böden werden bevorzugt als Anbaugebiete genutzt. Daraus begründet sich die enorme Ausdehnung des Erdnussanbaus schon zu Kolonialzeiten in diesen Räumen, die zum überwiegenden Teil aus sandigen Böden bestehen. Auf diesen Böden können die Wurzeln sehr schnell in die Tiefe dringen, während der Erntezeit muss lediglich die gesamte Pflanze aus dem Boden herausgezogen werden, bevor die Nüsse geerntet werden können. Neben der Eigenversorgung stellt die Erdnuss für die meisten Sahelstaaten mit Ausnahme Äthiopiens, Burkina Fasos und Mauretaniens eines der wichtigsten landwirtschaftlichen Exportprodukte dar.

Die Baumwolle, ursprünglich aus der Neuen Welt nach Afrika gebracht, ist eine ausgesprochen hitzeverträgliche Pflanze. Ihrem Anbau genügen bereits Niederschläge ab 600 mm. Sie stellt neben den Erdnüssen das zweitwichtigste Exportprodukt der Sahelzone dar, besonders im Tschad und Sudan.

Insgesamt weist die landwirtschaftliche Tätigkeit der Sahelzone jedoch einen einförmigen Charakter auf. Die geringen Niederschläge und deren Variabilität lassen nur wenige Kulturpflanzen in der sehr kurzen Vegetationsperiode von 100-120 Tagen zur Reife kommen.

4 Die Viehzucht

Die Viehzüchter der Sahelzone zerfallen traditionell in zwei große Gruppen. In den nördlichen Regionen ist das Kamel das wichtigste Weidetier, es werden aber auch Ziegen gehalten. In den mittleren und südlicheren Regionen dominiert jedoch die Rinderhaltung, begleitet von Schafzucht. Die klimatische Ausprägung der Sahelzone, der scharfe Gegensatz von Trocken- und Regenzeit bildet die eigentliche Ursache für die traditionell über große Distanzen durchgeführten Wanderungen der Tierhalter. Der Mangel an Weideland und Wasser während der Trockenzeit zwingt die Viehbesitzer nach relativ kurzer Aufenthaltsdauer, die Weidegründe wieder zu verlassen und neue Areale aufzusuchen. Dadurch wurde eine ökologische optimal angepasste, gleichmäßige Beweidung der Sahelzone gewährleistet. Das Wanderungsverhalten der Viehzüchter ist demnach eine Anpassung an die von Süd nach Nord sich verlagernden Niederschlagsgürtel in der Sahelzone. Während der Trockenzeit verlassen die Tierhalter ihre Wohngebiete in Richtung Süden, um in den feuchteren Regionen ihre Tiere weiden zu lassen. So halten sich heutzutage große Tierherden in Gebieten weit südlich der Sahelzone in den winterlichen Trockenmonaten auf, um dort die ungünstige Jahreszeit zu überstehen bzw. die Tiere in den kapitalkräftigeren Staaten, wie z.B. der Côte d'Ivoire, mit größerem Gewinn zu verkaufen.

5 Desertifikation im Sahel

Anlässlich der 1. Konferenz der Vereinten Nationen zur Desertifikation (United Nations Conference on Desertification; UNCOD) vom 29.08. bis 09.09.1977 in Nairobi (Kenia) wurde die Desertifikation als die Degradierung von Landressourcen in ariden, semi-ariden und trockeneren sub-humiden Zonen bezeichnet, hauptsächlich ausgelöst durch menschliche Eingriffe (UNEP 1991). Seit der Konferenz der Vereinten Nationen für Umwelt und Entwicklung (UNCED) vom 03. bis 14.06.1992 in Rio de Janeiro (Brasilien) liegt nun eine in wesentlichen Teilen veränderte Definition von Desertifikation vor: "Desertification is land-degradation in arid, semi-arid and dry sub-humid areas, resulting from varios factors, including climatic variations and human activities."

Diese Neuformulierung der Desertifikation stellt die bis dahin gültige Ansicht über die Ursache der Desertifikation nahezu auf den Kopf. Wichtigstes Argens der Desertifikation sind seit der Rio-Konferenz die Klimaveränderungen und erst an zweiter Stelle ist der Mensch mit seinem Handeln verantwortlich für die Reduktion des Naturpotentials in den genannten Regionen des tropischen Afrika. Charakterisiert wird dieser Prozess durch eine schleichende Ausbreitung wüstenähnlicher ökologischer Bedingungen. Im nachfolgenden ist zunächst einmal zu klären, welche Ursachen zu den genannten Desertifikationserscheinungen führen.

Die Zahl der in Afrika lebenden Bevölkerung hat sich von 1970 bis 1990 verdoppelt. Dieser Bevölkerungszuwachs führte zu einem ständig wachsenden Nahrungsmittelbedarf. Die Beibehaltung der flächenextensiven Subsistenzwirtschaft ist mangels technologischer Verbesserung zu einem belastenden ökologischen Faktor geworden. Der wachsende Bedarf an Boden führte zu einer Verkürzung der Brachezeiten und damit zu einer Degenerierung der Ackerflächen mit der Folge zum Teil sinkender Erträge. Unter Beibehaltung der traditionellen Anbausysteme konnte der steigende Nahrungsmittelbedarf nur durch eine Ausdehnung der Kulturflächen in ökologisch ungünstigere Regionen erzielt werden. Legt man einmal den Flächenbedarf einer "sahelischen Durchschnittsfamilie" (6 Personen) von ca. 5,5 ha zugrunde (Anhuf 1990), so ist der Bedarf an Ackerflächen zwischen 1970 und 1990 auf das 2,3fache angewachsen.

Zusätzlich sind nahezu sämtliche Sahelstaaten auf landwirtschaftliche Produkte als Hauptdeviseneinnahmequelle angewiesen. Der Preisverfall bei diesen Erzeugnissen im Verhältnis zu den dringend notwendigen Importprodukten zwang damit auch zu einer Ausweitung der Anbauflächen weltmarktfähiger Produkte (cash crops). Dies konnte häufig nur dadurch gewährleistet werden, dass die traditionelle Nahrungsmittelproduktion auf maginale Flächen oder gar aus ihren angestammten Gebieten in klimatisch ungünstigere Regionen verdrängt wurde.

Das exponentielle Bevölkerungswachstum der letzten Jahrzehnte hat auch vor der nomadischen Bevölkerung nicht Halt gemacht, so dass ein entsprechendes Wachstum der Tierzahlen ebenfalls beobachtet werden kann. Die flächenhafte Ausdehnung des Ackerbaus schränkt die Weideflächen immer stärker ein. Dürreperioden führen zusätzlich zu einer Reduktion der Weideareale. Die verbleibenden Weiden wurden daher immer intensiver genutzt, was zu einer erheblichen Verschlechterung und teilweisen Zerstörung geführt hat. Vielfach blieb den Tierbesitzern nichts anderes übrig, als ihre Herden weit nach Süden in die benachbarten Staaten der Oberguineaküste und Zentralafrikas zu treiben, wo sie mittlerweile zum alltäglichen Bild der winterlichen Trockenzeit gehören.

Ein weiterer wesentlicher Faktor ist das Problem der Energieversorgung in den Sahelstaaten. Dort ist Holz die wichtigste Energiequelle und stellt gleichzeitig das bedeutendste Baumaterial dar. Andere Energiequellen wie Petroleum und Gas fehlen zumeist in den ländlichen Gebieten bzw. sind für den Großteil der Bevölkerung unerschwinglich. Eine Ortschaft mit 100 Einwohnern verbraucht pro Woche etwa 100 Bäume, im Jahr also etwa 5.000, die vorwiegend in der näheren Umgebung geschlagen werden. Ausgehend von der Annahme, dass auf einem Hektar zwischen 50 und 100 Sträucher und Bäume wachsen, so wird jedes Jahr eine baumbestandene Fläche von 50-100 Hektar im Umkreis einer Siedlung geschlagen. Im Zusammenhang mit dem starken Bevölkerungswachstum und der daraus resultierenden Ausweitung der landwirtschaftlichen Nutzflächen ist in der Umgebung größerer Ansiedlungen eine nahezu entwaldete Kulturlandschaft in den letzten Jahrzehnten entstanden (vgl. Anhuf et al. 1990). Folge davon ist, dass die Brennholzbeschaffung immer schwieriger und zeitaufwendiger wird. Der Energie- und damit Holzbedarf der großen Städte, insbesondere der Hauptstädte der Staaten ist seit Jahren nur noch dadurch zu gewährleisten, dass Holz und Holzkohle über weite Distanzen mit LKW's in die Zentren transportiert werden (Anhuf 1990).

6 Folgen der Desertifikation und jüngere Entwicklungen

Landflucht ist eine unmittelbare Folge von Missernten und der dadurch stark gestiegenen Preise für Getreide (vgl. Mensching 1990). Dürren und Missernten wirken sich immer zuerst und am verheerendsten auf dem Lande aus, nicht in den Städten. Die Bauern verfügen oft nur über geringe Getreidereserven, so dass sie häufig schon nach einer einjährigen Dürre Getreide hinzukaufen müssen. Dieses benötigte Getreide ist jedoch erheblich teurer, weil die Getreidepreise vom Zeitpunkt der Ernte bis zur kommenden Regenzeit kontinuierlich ansteigen, d.h. zum Zeitpunkt des größten Bedarfs ist das Getreide am teuersten. Hinzu kommt, dass die infrastrukturelle Versorgung in vielen Sahelstaaten derart schlecht entwickelt ist, daß zusätzlich hohe Transportkosten das ohnehin schon teure Getreide weiter verteuern. Die Folge ist eine schnelle und hohe Verschuldung der Bauern, denen bei anhaltender Dürre kaum eine andere Wahl blieb, als ihre Äcker aufzugeben und in die Städte zu ziehen.

Die offiziellen Zahlen belegen eine deutliche Tendenz zur Abwanderung der ländlichen Bevölkerung in die Städte. Seit 1960 hat die Sahelzone eine bisher nie dagewesene Entwicklung, teilweise sogar Explosion städtischer Zentren erlebt. So wuchs beispielsweise Nouakchott, die Hauptstadt Mauretaniens, von einem kleinen Dorf mit 2.000 Einwohnern (1957) zu einer Großstadt mit über 480.000 Einwohnern (1995). Ähnliches gilt für Niamey, der Hauptstadt des Niger. Die im 19.Jahrhundert als Verwaltungszentrum neu gegründete Kolonialstadt (Ville blanche) zählte 1970 gerade 72.000 Einwohner, 1995 waren es bereits 550.000 Einwohner.

Auch in Dakar, der Hauptstadt des Senegal, hat sich die Bevölkerung seit 1970 mehr als verdreifacht. Seit 1999 ist Dakar mit 1.729.800 Einwohnern die größte Hauptstadt der Sahelstaaten. Mauretanien und der Senegal weisen die mit Abstand höchsten Verstädterungsraten in der gesamten Sahelzone mit 54% resp. 42% auf. Einen etwas geringeren Verstädterungsgrad verzeichnen Burkina Faso und Mali mit heute 27% (Tab.2).

Land	Städte	1.000 Einwohner						Prozentanteil der städt. Bevölkerung a.d. Gesamtbevölkerung	
Äthiopien	Addis Abeba	1974 1.046	1975 1.121	1976 1.047	1977 1.105	1978 1.125	1995 2.209	1985 15%	1995 13%
	Asmara	286	302	329	353	374	–		
Burkina Faso	Ouagadougou	1970 110	1975 169	1979 236	1980 2428	1983 300	1995 634	7%	27%
	Bobo-Dioul.	78	113	140	149	150	229		
Mali	Bamako	1970 197	1971 216	1972 337	1976 404	1980 600	1995 746	17,6%	27%
	Mopti	35	39	43	54	63	78		
Mauretanien	Nuakschott	1972 55	1974 80	1975 103	1976 135	1982 150	1995 480	24,0%	54%
Niger	Niamey	1970 72	1977 225	1980 300	1983 399		1995 550	16,2%	23%
	Zinder	38	58	70	83		121		
Senegal	Dakar	1970 581	1976 790	1977 855	1978 915	1979 979	1995 1.730	34,3%	42%
	Thies	90	117	120	123	127	201		
Sudan	Khartum	1970 256	1971 280	1973 334	1983 557		1995 925	20,2%	24%
	Omdurman	252	273	299	613		229		
	Port Sudan	110	116	133	204		305		
Tschad	N'Djamena	1972 179	1976 242	1979 303			1995 559	18,4%	21%

Tab.2:   Entwicklungs- und Wachstumsraten ausgewählter Städte in der Sahelzone.

Wenn Dürreperioden zu einer weitreichenden Entvölkerung ländlicher Gebiete führen, sind die Menschen in den Städten - zumindest zeitweise - auf Nahrungsmittelhilfe angewiesen. Die internationalen Hilfslieferungen erreichen die betroffenen Staaten am ehesten vom Meer her (Senegal, Mauretanien, Sudan und Äthiopien) oder aus der Luft, bevor sie weiterverteilt werden.

Gerade an diesem Punkt manifestiert sich das Elend der Sahelstaaten. Mit Ausnahme des Senegal und Niger verfügt keiner der betroffenen Staaten über ein einigermaßen ausgebautes Straßennetz und die für solche Aktionen notwendigen LKWs.

Generell konnte in allen Sahelstaaten beobachtet werden, dass es hauptsächlich die Bevölkerung der Städte war, die zuerst von den Hilfssendungen profitierte. Die ländliche Bevölkerung erreichte diese Hilfe, wenn überhaupt, zuletzt. So blieb den Menschen in Dürrejahren nur die Alternative, in die größeren Städte, am besten in die Hauptstädte, zu fliehen, wo sie am "Segen" der internationalen Nahrungsmittelhilfe teilhaben konnten.

Gegenwärtig dürften noch die Bilder und Nachrichten der letzten großen Dürre- und Hungerkatastrophe aus dem Sahel in Erinnerung sein. Im Oktober/November 1984 erreichten dramatische Bilder aus Äthiopien die Weltöffentlichkeit. "Tausende ausgemergelte Gestalten in Lumpen und Stoffreste gehüllt, Kinder und Säuglinge, die nur noch Knochengeripppe waren, warteten in äthiopischen Lagern auf ihren bevorstehenden Hungertod..." (Michler 1991, S.13). Aber es zeigte sich auch, dass Dürre nicht direkt Hungersnot bedeutet und automatisch Massensterben nach sich zieht. Die Dürre von 1983/84 war zwar in allen Sahelstaaten zu verfolgen, aber Bilder wie aus Äthiopien erreichten den Norden ansonsten nur noch aus dem Sudan und vereinzelt aus dem Tschad. Auch bei näherer Untersuchung lagen aus den übrigen Sahelstaaten keine Hinweise auf Hungersnöte und Hungerstote vor. Das Problem war auf einzelne Regionen innerhalb der jeweiligen Staaten begrenzt. Die Horror- und Schreckensbilder wurden nur aus jenen Staaten übermittelt, in denen zwar auch Dürre und Mangel herrschte, in denen sich die Katastrophen jedoch erst durch die dort tobenden Bürgerkriege einstellten. Von einer einzigen Hungerregion Sahel konnte überhaupt nicht die Rede sein (vgl. Anhuf 1995).

Dieses belegen beispielsweise auch Zahlen der Produktionsziffern für Getreide in den 8 Sahelstaaten (Abb.5).

Betrachtet man die Entwicklung der Getreideproduktion in den Jahren zwischen 1987 und 1996, so ist festzustellen, dass sich insgesamt in allen Sahelstaaten bei der Getreide- und damit Grundnahrungsmittelproduktion ein positiver Entwicklungstrend abzeichnet. Rückschläge gab es allerdings auch, so u.a. 1987 im Sudan und im Tschad sowie in Mali und Niger. 1988 verzeichneten die Erträge im Senegal einen Tiefstand, wohingegen im Sudan eine Rekordernte eingebracht werden konnte. Ein erneuter Rückschlag erfolgte dann 1990 in zahlreichen Staaten (Sudan, Tschad, Mauretanien, Niger, Senegal und auch in Burkina Faso). Danach stabilisierte sich die Ertragsentwicklung wieder, 1993 kam es im Osten der Sahelzone (Sudan und Tschad) noch einmal zu deutlichen Rückschlägen in der Getreideproduktion, 1994 auch im Senegal.

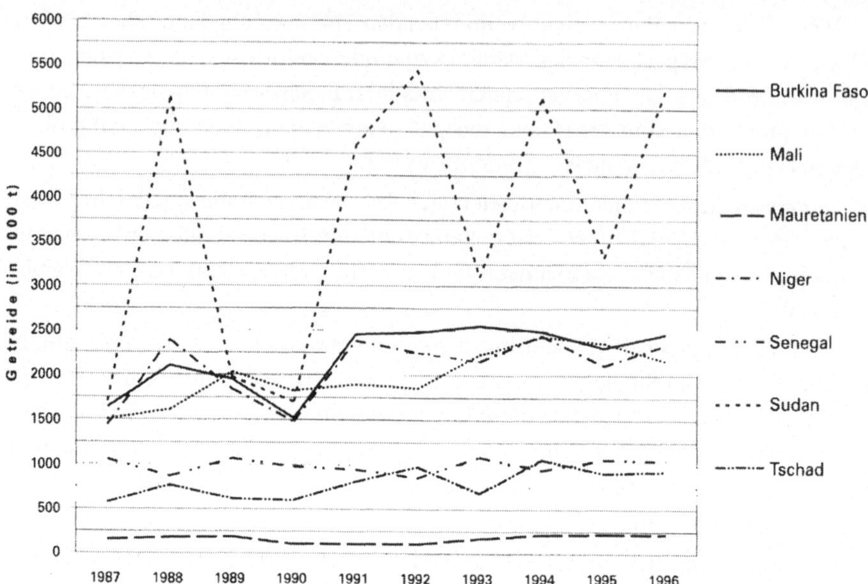

Abb.5:   *Getreideproduktion der Sahelstaaten 1987-1996 (Quelle: UN 1997).*

Das zuvor angesprochene Problem der Landflucht ist einerseits ein Indikator kurz- odcr längerfristiger Verschlechterung der Natur- und Umweltbedingungen. Andererseits handelt es sich dabei um einen vielschichtigen wirtschafts- und sozial-politischen Komplex, der auch in "normalen" Zeiten ein wesentliches Merkmal der sich im Umbruch befindlichen Gesellschaften der Sahel-Staaten darstellt. Unter den wirtschaftlichen Faktoren sind es vor allem die besseren Verdienstmöglichkeiten in den Städten, die das Phänomen der Landflucht maßgeblich beeinflussen. Trotz unregelmäßiger Arbeitsmöglichkeiten und daher ungewisser Einkommen sind die Verdienstmöglichkeiten in Städten höher als auf dem Land. Der erwirt-schaftete Geldüberschuss fließt regelmäßig den auf dem Lande verbliebenen Fami-lien zu, wodurch der Erhalt der traditionellen Wirtschaftsformen vielfach erst er-möglicht wird (eigene Erhebung im Senegal und Sudan). Ein wesentlicher Auslöser der Landflucht sind sozio-kulturelle Faktoren. Vor allem verbesserte Ausbildungs-chancen sind ein wesentlicher Motor, der die Jugend vom Lande in die Städte zieht. Nach einer abgeschlossenen Berufsausbildung kehren die jungen Leute meist nicht auf das Land zurück, weil es dort praktisch keine entsprechenden Arbeitsplätze gibt bzw. sie keinen Zugang zu landwirtschaftlichen Produktionsflächen haben. Dem ländlichen Raum geht dadurch die Bevölkerungsschicht mit dem höchsten Arbeits-kräftepotential aber auch mit dem höchsten Innovationspotential verloren, was in den Indexzahlen der Nahrungsmittelproduktion pro Kopf ebenfalls zum Ausdruck kommt (Tab.3).

Das durch Landflucht verursachte rasche Bevölkerungswachstum sahelischer Städte, dem keine adäquaten Zuwachsraten bei den Arbeitsplätzen gegenüberste-hen, verursacht in den Städten Verelendungsprozesse und damit potentielle politi-

	1990	1991	1992	1993	1994	1995	1996	1997	1998	1999
Äthiopien	99,7	101,8	91,5	90,0	87,4	94,1	105,6	103,8	97,3	96,0
Burkina Faso	91,6	105,9	107,9	110,2	106,4	104,0	108,3	101,4	109,0	106,0
Mali	99,7	·97,2	107,9	93,6	94,5	103,4	97,6	96,2	95,8	93,5
Mauretanien	100,2	99,0	90,0	86,2	86,4	87,9	90,5	87,5	82,2	82,6
Niger	89,4	111,0	107,9	92,8	109,7	95,0	108,6	98,0	97,7	95,0
Senegal	95,1	97,1	87,8	95,7	94,3	102,0	89,4	81,9	80,2	78,1
Sudan	91,7	110,3	121,8	109,6	128,8	127,8	137,4	136,1	132,9	141,8
Tschad	91,4	109,1	107,0	90,0	104,9	102,9	105,0	109,6	124,0	120,8
Afrika	**98,0**	**102,4**	**97,8**	**98,9**	**99,3**	**97,9**	**105,2**	**100,1**	**100,8**	**99,2**

Tab.3:   *Nahrungsmittelproduktion pro Kopf in den Sahelstaaten 1990-1999 (Index 1989-1991 = 100).*

sche Unruheherde. Es bedeutet aber auch, dass ein immer kleinerer Teil der Bevölkerung Landwirtschaft betreibt und die Pro-Kopf-Produktion von Nahrungsmitteln beschleunigt abnimmt (z.B. im Senegal und in Mauretanien). Daraus resultierten gerade in Zeiten von Dürren ständig steigende Nahrungsmittelimporte in die einzelnen Staaten. Das bedeutet andererseits auch, dass die Nahrungsmittelimporte fast ausschließlich für die städtische Bevölkerung bestimmt sind. Auch in diesem Zusammenhang zeigen die aktuellen Zahlen der gewährten Nahrungsmittelhilfen für die Sahelstaaten eine deutliche Trendwende. In allen Staaten ist ein starker Rückgang der notwendigen Nahrungsmittelhilfen zu verzeichnen. Einzige Ausnahme ist der Sudan, wo die Nahrungsmittelhilfen nahezu ausschließlich für die südsudanesische Bevölkerung zu veranschlagen sind, was jedoch aus den Zahlen der FAO-Datenbank nicht hervorgeht.

Darüber hinaus sind die Regierungen der Sahelstaaten bemüht, das soziale Unruhepotential der städtischen Bevölkerung nach Möglichkeit zu neutralisieren. Die politische Ruhe der städtischen Bevölkerung wird durch kontrollierte Grundnahrungsmittelpreise erkauft, die jedoch eine notwendige und mögliche Mehrproduktion im ländlichen Raum völlig unterdrücken. Gleichzeitig fördert diese Situation die Landflucht und damit ein weiteres Anwachsen der städtischen Zentren. Eine Erhöhung der Erzeugerpreise hätte neben einer erheblichen Mehrproduktion auch eine Verbesserung der wirtschaftlichen Situation der Bevölkerung auf dem Lande zur Folge.

Dass die traditionelle Landwirtschaft durchaus in der Lage ist, mehr als das für den Eigenbedarf notwendige zu produzieren, hat ein Experiment in der Republik Niger gezeigt. Mit Geldern aus dem Uranexport hat der Staat zu Beginn der 1980er Jahre die Anbauflächen für Erdnüsse reduziert und eine Ausweitung der Anbauflächen für Hirse durchgesetzt. Diese Veränderung machte die Republik Niger für eine kurze Zeit von Getreideimporten nahezu unabhängig. Gleichzeitig wurden die Ankaufpreise für das Getreide drastisch erhöht, so dass der Anbau von Hirse im Vergleich zum Anbau von Erdnüssen wirtschaftlich attraktiv wurde.

Derartige Maßnahmen allein können das Gesamtproblem sicherlich nicht lösen, es ist aber ein Beispiel für einen möglichen Ansatz zur Verbesserung der Lebensbedingungen der im Sahel lebenden Menschen. Die traditionelle Landwirtschaft und ihre Intensivierungsmöglichkeiten waren bis vor kurzem noch ein Stiefkind der internationalen Entwicklungshilfe. Anstatt auf prestigeträchtige Großprojekte zu setzen, zielen die derzeit verfolgten Strategien auf eine langfristig gesicherte Nahrungsmittelproduktion und -steigerung (durch Intensivierung und nicht durch Flächenextensivierung). Die niedrige Bevölkerungsdichte in den ländlichen Gebieten der Sahel-Staaten behindert geradezu die Entwicklung der Landwirtschaft, weil es häufig sowohl schwierig als auch unrentabel ist, landwirtschaftliche Erzeugnisse zu vermarkten. "Ebenso schwierig und kostspielig ist es, landwirtschaftliche Geräte, Dünger und Pestizide weitflächig zu verteilen, ganz zu schweigen von einer weitflächigen Versorgung dieser Bevölkerung mit Ausbildung und Gesundheitsfürsorge." (Timberlake 1990)

7 Resümee und Ausblick

Die Sahelzonc ist ökologisch bei weitem noch nicht tot. Sie kann zu neuem Leben erwachen und sich wieder zu einer blühenden Savannenlandschaft entwickeln. Dieses haben zahlreiche wissenschaftliche Experimente gezeigt. Eng damit verknüpft ist auch das Problem der Migration. Entscheidender Aspekt ist die Partizipation der lokalen Bevölkerung und die Stärkung dezentraler regionaler respektive lokaler Strukturen. Erfolge auf diesem Weg werden nachhaltig nur dann möglich sein, wenn die betroffene Bevölkerung nicht nur bei der Konzipierung der strukturverbessernden Maßnahmen mit einbezogen wird, sondern auch bei der Durchführung der Maßnahmen, der Finanzierung dieser Maßnahmen, bei der Entscheidung sowie der Evaluierung und Beurteilung von zu treffenden Maßnahmen. Nur wenn Selbsthilfe und Eigeninitiative einen erheblichen Eigenanteil aufweisen sind nachhaltige Verbesserungen zu erzielen. Dieses bedeutet, dass die handelnden Gruppen im ländlichen Raum selbst über ihre Produktions- und Vermarktungsziele bestimmen können.

Eine breite positive Entwicklung in der Zukunft ist an die Klärung boden- und nutzungsrechtlicher Fragen gebunden. Diese haben entscheidenden Einfluss auf mittelfristige Planungen und Partizipationen der lokalen Bevölkerung an solchen Maßnahmen, wie z.B. einer Wiederaufforstung bzw. der Investition von Bewässerungskanälen oder der Finanzierung von Pumpen. Denn das Nichtvorhandensein einer mittelfristigen Planungssicherheit verhindert das Zustandekommen eigenständiger Initiativen. Daran gebunden sind beispielsweise auch Möglichkeiten der Aktivierung lokaler oder regionaler Spar- und Finanzierungsmodelle. Wie Fallbeispiele aus dem Senegal, aus Mali und Burkina Faso gezeigt haben, existiert hier ein großes Potential eigenverantwortlicher Mitfinanzierung solcher Maßnahmen, die letzten Endes auch nachweislich der Förderung der Infrastruktur auf lokaler Ebene gedient haben. So konnten aus Kreditzinsen z.T. Schulen oder medizinische Versorgungsstationen in Eigenleistung erstellt werden. Von zentraler Bedeutung für die weitere Entwicklung der Sahel-Staaten wird die Förderung von Bildung und Ausbildung sein, insbesondere auch die der Frauen, damit die zaghaften Ansätze eines langsam sich abzeichnenden Rückgangs der Geburtenrate nachhaltig verstärkt werden können.

Die positiven Beispiele, die Hammer (1997) in seinen Fallstudien über die ländliche Entwicklung in verschiedenen Sahelstaaten herausarbeitete, geben Anlass zu vorsichtigem Optimismus. Unterstützung finden diese positiven Ansätze auch in einer sich regenerierenden natürlichen Welt. Die Niederschlagsentwicklung der letzten Jahren hat gezeigt, daß sich die Prognosen und Horrorszenarien einer irreversiblen Wüstenausbreitung offensichtlich nicht bestätigen lassen. Dieses bestätigen auch Satellitendaten. Im Hinblick auf die Biodiversität des Ökosystems Sahelzone sind unter Annahme einer einsetzenden Wiederbegrünung ebenfalls positive Entwicklungen zu erwarten (Richter 1998). Aber es ist noch ein langer Weg, bis sich die positiven Einzelansätze in den verschiedenen Regionen sich flächendeckend durchsetzen. Es gibt keine Einzelmaßnahme, die die Gesamtproblematik lösen kann, sondern nur eine Verflechtung von Maßnahmen, die individuell angepasst an den betreffenden Raum, seinen Naturhaushalt sowie seine dort lebende und wirtschaftende Bevölkerung in ihrer ethnischen Vielfalt.

8 Literatur

Adams, W.M.; Goudie, A.S. & Orme, A.R. (1996): The Physical Geography of Africa. - Oxford

Anhuf, D. (1990): Niederschlagsschwankungen und Anbauunsicherheit in der Sahelzone. - In: Geographische Rundschau 42, S.152-158

Anhuf, D. (1995): Umweltzerstörung, Krieg und Chaos. Der Mythos vom Öko-Konflikt in den Tropen Afrikas. - In: Ökozidjournal 9/1, S.2-10

Anhuf, D.; Grunert, J. & Koch, E. (1990): Veränderungen der realen Bodenbedeckung im Sahel der Republik Niger zwischen 1955 und 1975. - In: Erdkunde 44, S.195-209

FAO [Food and Agriculture Organization of the United Nations] (1999): http//www.fao.org/ (Faostat-Agricultural Data)

Frankenberg, P. (1985): Vegetationskundliche Grundlagen der Sahelproblematik. - In: Die Erde 116, S.121-135

Hammer, Th. (1997): Aufbruch im Sahel. - Hamburg

IPCC [Intergovernmental Panel on Climate Change] (1996): Climate Change 1995 - Impacts, Adaptions and Mitigation of climate change. - Cambridge

Mensching, H. (1990): Desertifikation. Ein weitverbreitetes Problem der ökologischen Verwüstung in den Trockengebieten der Erde. - Darmstadt

Michler, W. (1991): Weißbuch Afrika. - Bonn

Richter, M. (1998): Zonal features of phytodiversity under natural conditions and under human impact - a comparative survey. - In: Barthlott, W. & Winiger, M. (Hrsg.): Biodiversity. - Berlin, Heidelberg u.a., S.83-109

Tetzlaff, G.; Peters, M. & Adams, L.J. (1985): Meteorologische Aspekte der Sahelproblematik. - In: Die Erde 116, S.109-120

Timberlake, L. (1990): Krisenkontinent Afrika. - Wuppertal

Tucker, C.J.; Dregne, H.E. & Newcomb, W.W. (1991): Expansion and Contraction of the Sahara Desert from 1980 to 1990. - In: Science 253, S.299-301

UN [United Nations] (1997): Statistical Yearbook 1995. - New York

UNEP [United Nations Environment Programme] (1991): Status of Desertification and Implementation of the United Nations Plan of Action to Combat Desertification. - Nairobi

UNEP [United Nations Environment Programme] (1997): World Atlas of Desertification. - London, New York

Kommunikation und Naturschutz. Überlegungen zur Akzeptanzsteigerung des Naturschutzes

Uwe Brendle (Bonn)

Exposé

Um Einstellungen und Verhalten bei Menschen zu verändern, ist es notwendig, eine möglichst wirksame Kommunikationsstrategie im Naturschutz zu wählen. Dabei sind im wesentlichen drei Faktoren entscheidend:

1. Die **Wahrnehmungs- und Verarbeitungsstruktur** bei den Adressaten der Information. Wer diese nicht kennt, läuft Gefahr, im wahrsten Sinne des Wortes an den Menschen vorbei zu reden.

2. Die **Person**, die kommuniziert: Verfügen die Vertreter von Naturschutzinteressen über Prominenz, Prestige, Glaubwürdigkeit und Vertrauen, so steigt die Wahrscheinlichkeit, dass die Botschaft bei den Menschen, an die sie gerichtet ist, Veränderungen bewirkt.

3. Der **Kommunikationsstil**: die Art und Weise, wie kommuniziert wird, entscheidet über den Erfolg. Der Kommunikationsstil sollte sich einerseits an den Adressaten orientieren, andererseits darauf abzielen, Kompetenz und Glaubwürdigkeit zu vermitteln.

1 Einführung

Im Naturschutz vollzieht sich seit einigen Jahren ein Wandel, der einem Paradigmenwechsel gleichkommt. Dieser besteht darin, dass die gesellschaftspolitischen Bedingungen, unter denen sich die Umsetzung naturschutzfachlich begründeter Maßnahmen vollzieht, immer mehr ins Zentrum naturschützerischen Handelns rücken. Die Erkenntnis, dass naturschutzfachlich formulierte Ziele nicht aus sich selbst heraus "wirksam" werden, sondern sich durch das "Nadelöhr" eines gesellschaftspolitischen Umsetzungsprozesses zwängen müssen, gewinnt Raum. Strategische Elemente - mit dem Ziel, die Wirksamkeit naturschützerischen Handelns zu erweitern - halten verstärkt Einzug ins Handeln behördlicher wie auch verbandlicher Naturschützer. Jänicke (1997) spricht im Zusammenhang mit Umweltpolitik von einem Wechsel vom instrumentellen zum strategischen Ansatz. Ruhte die erfolgreiche gesellschaftlich-politische Durchsetzung naturschützerischer Ziele bisher auf "Polittalenten" - um nicht zu sagen: "Natur-Talenten" - und war damit gleichermaßen personenabhängig wie auch zufällig, so gibt es seit Jahren deutlich sichtbare Bestrebungen, die strategische Handlungsfähigkeit strukturell zu verbessern, indem die gesellschaftlich-politische Handlungskompetenz im Naturschutz ausgebaut wird (vgl. Krott 1999, S.679).

Der Paradigmenwechsel wurde vor allem durch drei Entwicklungen ausgelöst:

1. In einer Zeit, in der dem ökologischen Thema insgesamt - dem Umweltschutz ebenso wie dem Naturschutz - der Wind ins Gesicht bläst, geraten das bisherige Handeln wie auch die verschiedenen Instrumente, die zur Erreichung der Ziele eingesetzt werden, ins Blickfeld. Im Rahmen einer kritischen Bestandsaufnahme werden die Erfolge und Misserfolge der bisherigen Strategien bilanziert und Optimierungsvorschläge unterbreitet. Im Naturschutz wird hier nahezu unisono betont, dass Naturschutz nur mit der Gesellschaft und nicht gegen die Gesellschaft gemacht werden könne. Es wird ein interessenübergreifendes "Bündnis für Natur" gefordert und verlangt, dass der Naturschutz "politikfähig" werden solle (Uppenbrink 1999).

2. Konnten in den 1970er und 1980er Jahren mit dem hierarchischen Ansatz im Naturschutz; also beispielsweise der Ausweisung von Schutzgebieten - zumindest partielle - Erfolge erzielt werden, so sah man sich im Naturschutz zu Beginn der 1990er Jahre mit einem wachsenden gesellschaftlichen und politischen Widerstand gegen diese Form der Nutzungseinschränkungen konfrontiert. Die überaus heftigen Auseinandersetzungen um das Großschutzgebiet "Elbtalaue" oder die Zuspitzung der Ereignisse im Zusammenhang mit der Meldung von FFH-Gebieten stehen exemplarisch für einen wachsenden Widerstand gegen diese Form von Nutzungseinschränkungen und deuten auf einen Akzeptanzverlust des Naturschutzes hin.

3. Mit der Verabschiedung der Agenda 21 und der Zielsetzung der "Nachhaltigen Entwicklung" erhielt der integrative Ansatz im Umwelt- und Naturschutz starken Rückenwind. Der neue strategische Ansatz macht die Verknüpfung von sozialen, ökologischen und ökonomischen Aspekten zur Grundlage umwelt- und naturschutzpolitischen Handelns.

In Bestandsaufnahmen bisherigen naturschutzpolitischen Handelns wie auch in der Formulierung zukünftiger Strategien nimmt die fehlende bzw. die erforderliche Akzeptanz von Naturschutzmaßnahmen eine zentrale Rolle ein (vgl. Der Beirat für Naturschutz und Landschaftspflege 1994). Es ist mittlerweile breiter Konsens im Naturschutz, dass eine höhere Akzeptanz für Naturschutz ein zentrales Ziel naturschutzpolitischen Handelns sein sollte. Es stellt sich allerdings die Frage, wie die Akzeptanz gesteigert werden könne. Ein Blick auf die Möglichkeiten, wie die Akzeptanz erhöht werden könnte, zeigt die große Bandbreite von Instrumenten. Sie reicht von Ausgleichszahlungen für Naturschutzmaßnahmen über die Bildung von Gewinnerkoalitionen in kooperativen Naturschutzprojekten bis hin zu Informationskampagnen und Maßnahmen zur Bewusstseinsbildung.

Aus diesem Set ist in letzter Zeit der **Kommunikation** als Instrument zur Akzeptanzsteigerung in immer stärkerem Maße Aufmerksamkeit geschenkt worden. Einige der Funktionen von Kommunikation stehen auch im Mittelpunkt der folgenden Ausführungen.

2 Kommunikation und Politik (-wissenschaft)

Was hat Kommunikation im Naturschutz mit Politikwissenschaft zu tun? Die Politikwissenschaft beschäftigt sich mit Politik und zwar in dreifacher Hinsicht (vgl. Schmidt 1995, S.735):

1. mit der **Form des Politischen** (”Polity”),

2. mit Abläufen und **Prozessen der Politik** (”Politics”) und

3. mit **Entscheidungsinhalten** (”Policy”).

Aus Sicht des Naturschutzes sind insbesondere die Entscheidungsinhalte, also die politischen Entscheidungsergebnisse von Bedeutung. Man denke nur an die Festlegungen in den Naturschutzgesetzen von Bund und Ländern oder an die Ausweisung von Schutzgebieten.

Was hat dies mit Kommunikation zu tun? Kommunikation, insbesondere die über die Massenmedien vermittelte, kann die politischen Entscheidungsprozesse und damit auch die Politikergebnisse beeinflussen. Kommunikation ist damit auch im Politikfeld Naturschutz von Bedeutung, zumindest dann, wenn die Akteure des Naturschutzes an der Beeinflussung von Politikabläufen und -inhalten interessiert sind. Der Wirkungszusammenhang zwischen Kommunikation und Politik soll ein wesentlicher Schwerpunkt dieser Ausführungen werden.

3 Kommunikation und Akzeptanz

Kommunikation generell und insbesondere die Kommunikation im Naturschutz hat neben der politikbeeinflussenden Wirkung eine zweite wichtige Dimension: die Kommunikation, die sich an die Individuen der Gesellschaft richtet. Wie zu Anfang ausgeführt wurde, sind wesentliche Maßnahmen des Naturschutzes auf die Akzeptanz in der Öffentlichkeit - zumindest in Teilen der Öffentlichkeit - angewiesen. Kommunikation ist hier ein zentrales Instrument, um die Akzeptanz des Naturschutzes bei den Menschen zu erhöhen (vgl. Abb.1). Die Wirkungszusammenhänge zwischen Kommunikation und Akzeptanzveränderung in der Gesellschaft sind ein weiterer inhaltlicher Schwerpunkt der folgenden Ausführungen.

4 Kommunikation - ein Stiefkind des Naturschutzes?

In den letzten Jahren stieg die Zahl von Artikeln bzw. Publikationen zum Thema “Naturschutz und Kommunikation” stetig an. Ebenso hat man bei einem Blick in die Programme der Bildungseinrichtungen des Naturschutzes den Eindruck, dass sich das Thema immer größer werdender Aufmerksamkeit erfreut. Die immer wiederkehrende Forderung, der Kommunikation eine größere Aufmerksamkeit in der Naturschutzarbeit zu schenken und die Kommunikation zu professionalisieren, legt

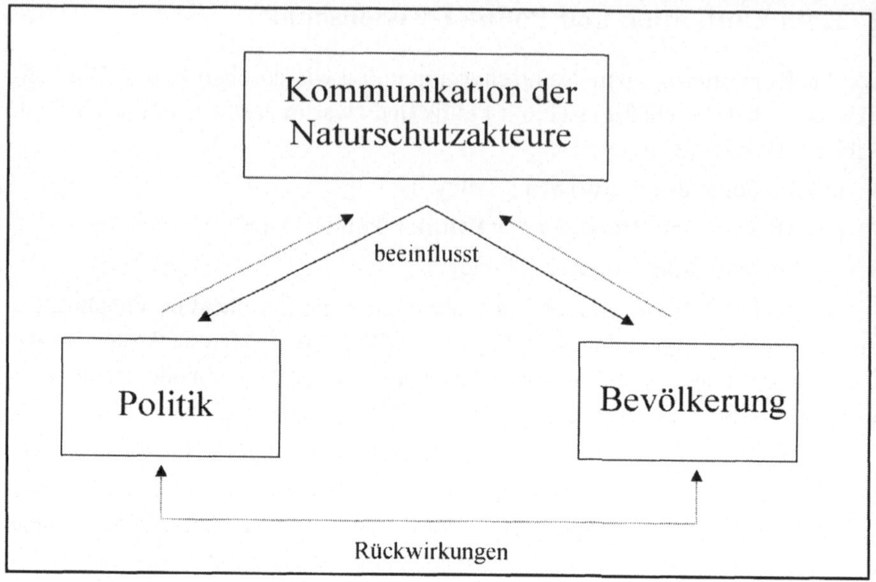

Abb.1:   Funktionen von Kommunikation.

den Schluss nahe, dass dieser Bereich bisher vernachlässigt wurde, ein Stiefkind des Naturschutzes also.

Dies soll sich in Zukunft ändern, so die Empfehlungen (vgl. z.B. Feige et al. in Wiersbinski et al. 1998, S.11ff.). Die Kommunikation soll sich in zweierlei Hinsicht verändern; sie soll:

1. einen höheren Stellenwert in der Alltagsarbeit bekommen und
2. qualitativ "besser" werden.

5 Kommunikation: Ziele und Strategien

Beschäftigt man sich etwas intensiver mit dem Thema Naturschutz und Kommunikation, so stellt man sehr schnell fest, dass dieses Thema und die daraus ableitbaren Schlussfolgerungen viele Facetten hat. Der Wunsch nach einfachen und gleichzeitig allgemeingültigen Rezepten, wie Naturschutz erfolgreich ins öffentliche Bewusstsein gebracht werden sollte, ist verständlich. Will man möglichst große Wirkung mit der Kommunikation erzielen, so sollte sich die Kommunikationsstrategie jedoch ganz eng an den Zielen ausrichten.

Versucht man sich einen Überblick zu verschaffen, welches die möglichen Ziele sind, die die Akteure des Naturschutzes mit Kommunikation verbinden, so zeigt sich schnell, wie unterschiedlich die Ziele sein können (siehe Tab.1). Dies hat (zwangsläufig) zur Konsequenz, dass je nach Zielformulierung die Strategieoptionen und die Instrumente, die eingesetzt werden können, andere sind. Wer Empfehlungen in bezug

auf die "richtige" Kommunikationsstrategie im Naturschutz abgibt, sollte deshalb
auch die dazugehörigen Ziele, die damit erreicht werden sollen, benennen. Damit
kann verhindert werden, dass mit der richtigen Strategie das falsche Ziel oder mit der
falschen Strategie das richtige Ziel angepeilt wird. Beides wäre den Wirkungschan-
cen, also dem Erfolg des Naturschutzes abträglich. In Tab.1 wird versucht, verschie-

Kommunika-tionsziele	Unterziele	Adressat	Kommunika-tionstrategien	Instrument
Einstellungs- und Verhaltens-änderung von Individuen	• Änderung alltagsprak-tischen Verhaltens • Beeinflus-sung des Wahlver-haltens	• Individuen	• Informations-strategie • Überzeu-gungsstrate-gie	• Informations-material • persönliches Gespräch • Medien
Förderung der Handlungsbe-reitschaft von Individuen (finanziell, personell)	• Erhöhung des Spendenauf-kommens • Erhöhung der Mitgliederzahl • Zunahme aktiver Verbandsmit-glieder	• Individuen	• Informations-strategie • Überzeu-gungsstrate-gie	• Werbung • persönliches Gespräch
Beeinflussung des politischen Entscheidungs-prozesses	• Themen-setzung • Beeinflussung von Politiker-gebnissen	Politische Akteure: • Parteien • Parlamente • Behörden	• Konfronta-tionsstrategie • Informations-strategie • Lobbying	• Massen-medien • persönlicher Kontakte
Verhaltensän-derung von Naturnutzern	• Reduzierung/ Verhinderung naturschädi-genden Verhaltens	Wirtschaftliche Akteure: • Unternehmen • Landwirt-schaft • Forstwirt-schaft • Fischerei etc.	• Konfronta-tionsstrategie • Kooperations-strategie	• Informations-material • Projekt-kooperation • Medien
Schaffung von Akzeptanz für bestimmte Naturschutz-maßnahmen	• Zustimmung von politischen Akteuren • Zustimmung der Öffent-lichkeit	• Individuen • Interessen-gruppen • Politische Akteure	• Koopera-tionsstrategie • Überzeu-gungsstrate-gie	• Verhand-lungssysteme • Medien

Tab.1:   Kommunikationsziele und -strategien im Naturschutz.

dene Ziele, die die Akteure des Naturschutzes anstreben können, aufzuführen. Beim Blick auf die jeweils möglichen Kommunikationsstrategien zeigt sich, dass es hier große Unterschiede gibt. Die jeweils geeigneten Strategien können einander diametral entgegengesetzt sein.

6 Ausgewählte Ziele der Kommunikation im Naturschutz

Im Folgenden soll ausführlicher auf zwei Zielsetzungen des Naturschutzes, die im Zusammenhang mit der Öffentlichkeitsarbeit stehen, eingegangen werden (vgl. Abb.2). Die Kommunikation kann zum Ziel haben,

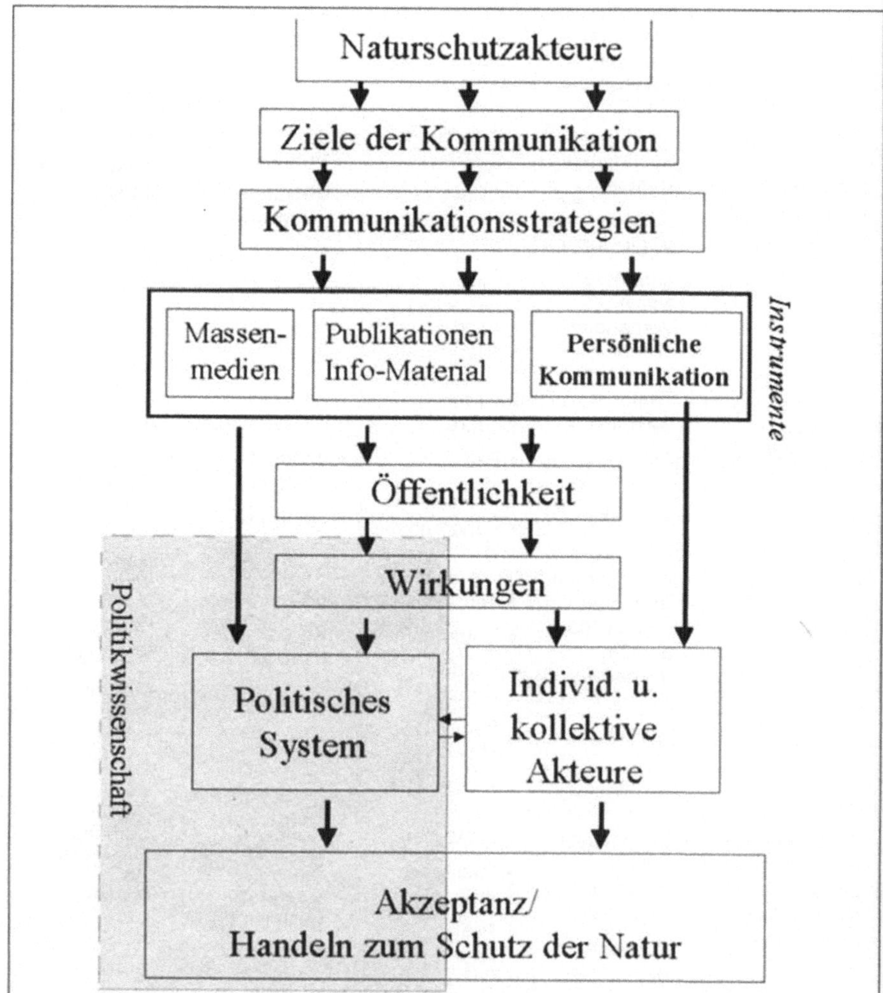

Abb.2:   Kommunikation im Naturschutz.

1. politische Entscheidungsprozesse so zu beeinflussen, dass mit den Politikergebnissen in möglichst großem Umfang Naturschutzziele erreicht werden,

2. die Einstellungen von Menschen und deren tatsächliches Handeln zu erreichen und so zu verändern, dass möglichst viele Menschen sich in ihrem täglichen Leben so verhalten, dass die Natur möglichst wenig belastet und zerstört wird.

7 Wirkungen von Kommunikation in der Politik

Bei der Beschäftigung mit dem Thema Kommunikation und Politik geht es im Kern um die Frage, welche Wirkungen öffentliche Kommunikation auf die konkreten Politikinhalte hat. Dies ist auch das, was Naturschutzakteure, die die Politik im Blickfeld haben, interessiert. Dabei sind vor allem zwei Wirkungsebenen von Kommunikation zu unterscheiden (vgl. Abb.3; vgl. auch Neidhardt 1994, S.25):

1. Wie und in welchem Umfang entsteht öffentliche Meinung (sogenannter Output)?

2. Hat die öffentliche Meinung Einfluss auf die Ergebnisse des politischen Prozesses (sogenannter Outcome) und welche Wirkung erzeugt er?

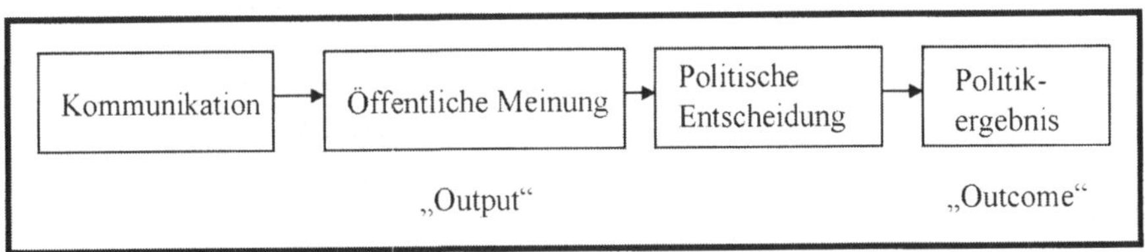

Abb.3:   Wirkungen von Kommunikation.

Vor allem mit dem Aufschwung der Massenmedien widmete sich die Sozialwissenschaft, insbesondere die Politikwissenschaft, intensiv der Frage, nach der Rolle und dem Einfluss der öffentlichen und veröffentlichten Meinung auf die Politik.

7.1 Vier Wirkungsmodelle

Dabei wird der Frage nachgegangen, was sich zwischen Politik, den Medien und dem Publikum (breite Öffentlichkeit) "abspielt". Die "Macht" der Medien wird dabei sehr unterschiedlich eingestuft. Von Alemann (1996, S.478ff.) fasst die unterschiedlichen Erklärungsansätze in vier Modellen zusammen.

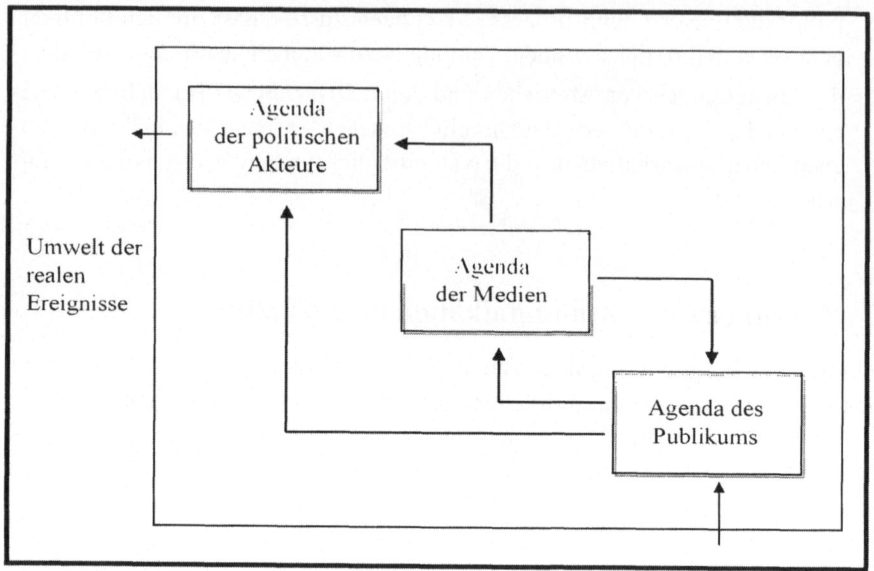

Abb.4:   Das Mediokratie-Modell (nach von Alemann 1996, S.486).

7.1.1 Das "Mediokratie-Modell"

Manche Wissenschaftler konstatieren im Aufschwung der Medien das Entstehen einer "vierten Gewalt", mit Tendenzen zur Entmachtung der Politik. Am konsequentesten hat dies Oberreuter formuliert: "Die Mediatisierung der Politik bedeutet, daß die Medien, das Fernsehen voran, die Politik weithin ihren Eigengesetzlichkeiten unterworfen haben." (Oberreuter zit. nach von Alemann 1997, S.489). Abb.4 stellt die zentrale Rolle der Medien dar.

Im Mediokratie-Modell wird davon ausgegangen, dass die Medien in der Lage sind, die politische Agenda gegenüber den Politikern zu bestimmen, d.h. die Medien diktieren der Politik die Themen, die aktuell sind. Doch nicht nur das. Den Medien wird auch die "Macht" zugeschrieben, zu bestimmen, worüber die breite Bevölkerung redet. Diese "Public Agenda" hat ihrerseits wiederum Auswirkung auf die politische Agenda, womit der Einfluss der Medien auf die Politik auf indirektem Wege noch mehr steigt.

7.2.2 Das Top-Down-Modell

Im zweiten Modell wird davon ausgegangen, dass die politischen Akteure in der Lage sind, die Agenda der Medien zu bestimmen. Dazu beschäftigen die politischen Akteure (Parteien, Ministerien etc.) Stäbe für Presse- und Öffentlichkeitsarbeit. Das, was die Medien thematisieren (media agenda) hat dann wiederum Einfluss auf die Agenda der Öffentlichkeit. Von Alemann spricht von einem "Top-Down-Modell" (vgl. Abb.5).

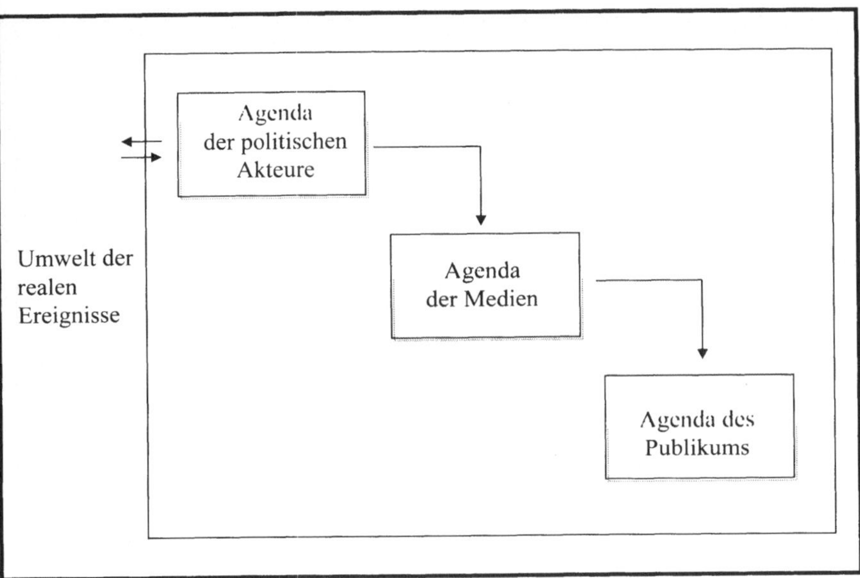

Abb.5: *Das Top-Down-Modell (nach von Alemann 1996, S.482).*

7.3.3 Das Bottom-Up-Modell

Dem dritten Modell, dem Bottom-Up-Modell (vgl. Abb.6), liegt die Vorstellung zugrunde, dass das Publikum die politische Agenda bestimmt. Die Medien sind das Sprachrohr des Publikums, das die Botschaft des Publikums nur verstärkt. Die Wahlen ermöglichen es dem Publikum zudem, direkt auf die politische Agenda einzuwirken. Das Handeln der Politik hat Auswirkungen auf die reale Außenwelt, die wiederum vom Publikum wahrgenommen wird und sich auf die Agenda des Publikums auswirkt.

7.3.4 Das Biotop-Modell

Der Realität am nächsten dürfte die Vorstellung kommen, die von Alemann das Biotop-Modell genannt hat (Abb.7).

Die politischen Akteure sind in der Lage, die Agenda der Medien zu beeinflussen und umgekehrt. Beide Akteure sind zudem in der Lage, die Agenda des Publikums zu beeinflussen. Dem Publikum werden dagegen relativ geringe Möglichkeiten eingeräumt, die Agenda der Politik und der Medien zu beeinflussen. Die Agenda der Medien und der Politik stehen zudem in Bezug zu der Umwelt der realen Ereignisse.

Für den **Naturschutz** würde dies bedeuten, dass die Akteure des Naturschutzes (also z.B. Naturschutzverbände) keine oder nur geringe Chancen hätten, auf die Medien- und Politikagenda Einfluss zu nehmen. Dem kann nicht zugestimmt werden. Es gibt immer wieder Beispiele dafür, wie es Umwelt- und Naturschutz-

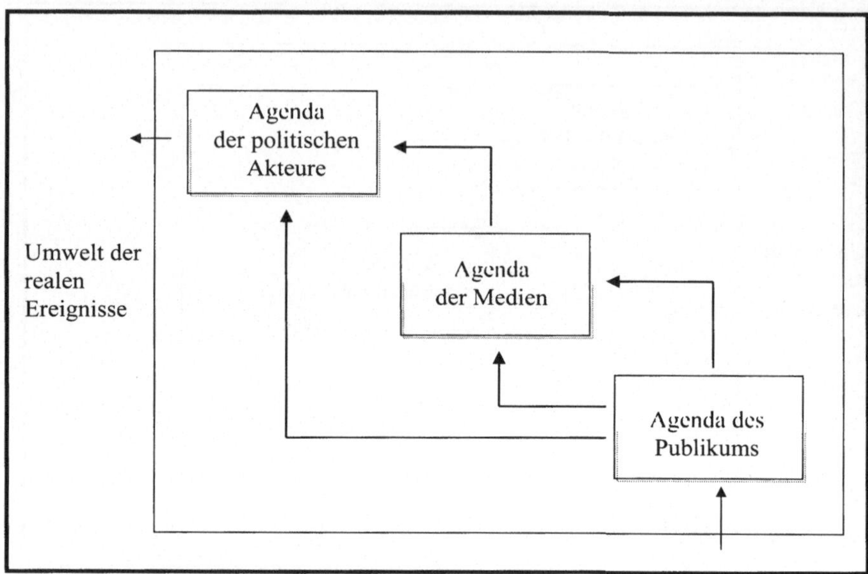

Abb.6:   *Das Bottom-Up-Modell (nach von Alemann 1996, S.490).*

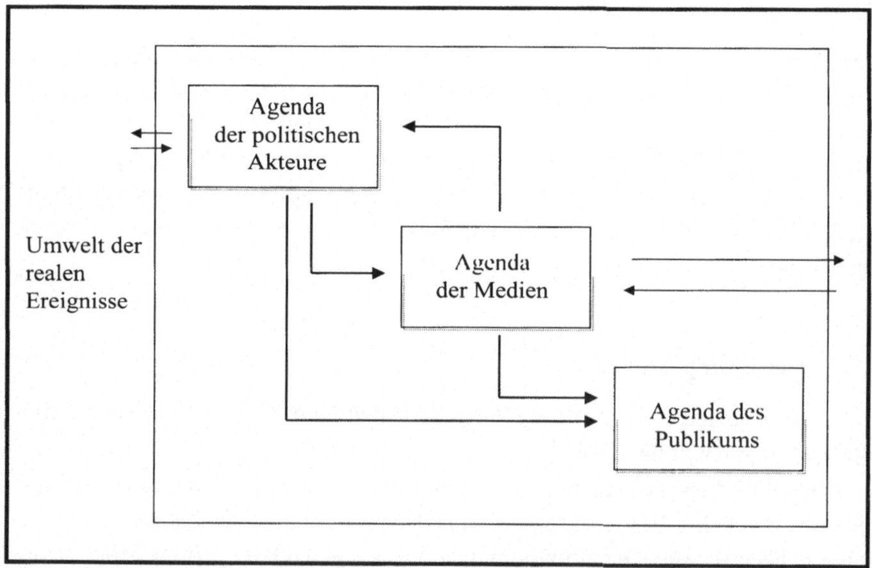

Abb.7:   *Das Biotop-Modell (nach von Alemann 1996, S.492).*

verbänden gelingt, für bestimmte Themen die Aufmerksamkeit der Medien zu finden und Themen auf die politische Agenda zu bringen. Insbesondere Greenpeace war in dieser Beziehung häufig erfolgreich. Man denke nur an das Beispiel "Brent Spar".

8 Naturschutz und Medien

Davon ausgehend stellen sich für die Naturschutzakteure vor allem zwei Fragen:

1. Wie gelingt es, für Naturschutzthemen die mediale Aufmerksamkeit zu bekommen und welches sind die Voraussetzungen, dass Themen auf die Agenda der Medien gelangen?

2. Welchen Zusammenhang gibt es zwischen der medialen und politischen Agenda und dem konkreten Politikergebnis?

In der zweiten Fragestellungen ist die Warnung an die Naturschutzakteure versteckt, nicht davon auszugehen, dass mediale Aufmerksamkeit zwangsläufig zu konkreten Politikergebnissen führt, die dann den Missstand, der öffentlich thematisiert wurde, angemessen beseitigen. Von einer solchen Wirkungskette auszugehen, hieße politische Entscheidungsprozesse in ihrer Logik und Komplexität zu unterschätzen.

9 Kommunikation und Politik

Die Wirkung von öffentlicher Kommunikation auf die politischen Akteur ist, wie oben angedeutet wurde, differenziert zu betrachten. Themen des Naturschutzes, die den "Gesetzmäßigkeiten des Mediengeschäftes" (Müller 1997, S.386) entsprechen, können durch Medienaufmerksamkeit zum öffentlichen Thema und auch zum Thema in der Politik werden. Damit ein Thema in die öffentliche Aufmerksamkeit rückt, bedarf es sowohl der Kumulation in der Berichterstattung, möglichst in verschiedenartigen Medien, wie auch der Wiederholung über einen längeren Zeitraum (Schenk 1988, S.43). Die Rezeption durch das politische System hängt mit hoher Wahrscheinlichkeit davon ab, welche Medien berichtet haben, wie die vermutete Wirkung auf eine bestimmte Wählerklientel ist und die Nähe zu einem Wahltermin. Wenn es gelungen ist, eine Thema auf die mediale wie auch politische Agenda zu setzen, stellt sich die Frage: Welche Wirkung hat die öffentliche Thematisierung auf die Politikergebnisse?

Da der Zusammenhang zwischen Medienberichterstattung und politischem Entscheidungsprozess politikwissenschaftlich bisher nicht untersucht wurde, muss zur Beantwortung dieser Frage auf Ergebnisse und Erkenntnisse aus anderen Politikbereichen zurückgegriffen werden (ähnliches gilt übrigens auch für die Umweltpolitik; vgl. Müller 1996, S.383).

Eine Wirkung der öffentlichen Thematisierung auf die Politikinhalte ist grundsätzlich in dreifacher Weise denkbar:

1. durch die Medienaufmerksamkeit öffnet sich ein **"Politikfenster"**: bisher politisch nicht durchsetzbare Pläne und Programme können durch die öffentliche Aufmerksamkeit für ein bestimmtes Thema durchsetzbar werden. Beispiele hierfür sind die Einrichtung des Bundesumweltministeriums nach der Reaktorkatastrophe in Tschernobyl oder die kommunale EG-Abwasser-Richtlinie

(vgl. Müller 1997, S.386). Da Themen bestimmte Konjunkturen und zeitlich befristete "Medienaufmerksamkeits-Zyklen" (Ruß-Mohl 1993, S.358) haben, ist das Politikfenster nur eine bestimmte Zeit offen. Die Medienaufmerksamkeit ist somit eine (zeitlich befristete) naturschutzpolitische Handlungsressource. Bei der Bewertung des Einflusses der Medien bzw. der öffentlichen Meinung auf die Politikergebnisse ist darauf zu verweisen, dass die politische Entscheidung (z.B. die Verabschiedung eines Gesetzes) am Ende eines Prozesses steht. Die Politikwissenschaft spricht vom Policy-Zyklus, der u.a. durch folgende Phasen geprägt ist: Problemsensibilisierung, -formulierung, Agenda-Setting, Problemlösung, Erfolgskontrolle. Den Medien wird vor allem für die Phase der Problemsensibilisierung und Agenda-Setting eine einflussreiche Funktion zugeschrieben, während der eigentliche Entscheidungsprozess und auch das Entscheidungsergebnis - von wenigen Ausnahmen abgesehen - für die Medien nicht mehr oder nur begrenzt "erreichbar" sind.

2. Auf die öffentliche Thematisierung eines naturschutzpolitischen Problems reagiert die Politik mit **"symbolischer Politik"**. Von symbolischer Politik wird dann gesprochen, wenn die Politik Alibientscheidungen trifft, um Handlungsfähigkeit zu demonstrieren. Es werden Gesetze verabschiedet oder Behörden eingerichtet, die keinen nennenswerten substantiellen Beitrag zur Lösung eines aktuellen Problems leisten. Ein Beispiel dafür ist die Verabschiedung des Strahlenschutzvorsorgegesetzes in Folge der Reaktorkatastrophe in Tschernobyl. In diesen Fällen wird das politische Handeln ganz wesentlich von der öffentlichen Meinung und der Thematisierung in den Medien beeinflusst. Diejenigen, die eine hohe Einflusswirkung der Medien auf die Politik feststellen, gehen davon aus, dass sich politische Entscheidungsträger in ihren Handlungen und Entscheidungen in hohem Maße an der öffentlichen Diskussion und der darin geäußerten Meinungen orientieren. Dies wird damit begründet, dass es das Ziel von Politikern ist, Macht und damit Entscheidungskompetenz zu erhalten. Dies wiederum ist in einer Demokratie nur möglich, wenn eine genügend große Zahl der Wähler den jeweiligen Politikern bzw. deren Parteien ihre Stimme geben. Das, was in der Öffentlichkeit an Themen und inhaltlichen Positionen mehrheitlich vertreten werde, werde zum Handlungsleitfaden für die Politiker, um sich eine möglichst großen Zustimmung bei der nächsten Wahl sicher zu sein. Die Kritiker dieser Position halten dem entgegen, dass diese Beobachtungen zwar grundsätzlich zutreffend seien, jedoch nur für den Bereich der "symbolischen Politik" Gültigkeit haben.

3. Die **Thematisierung** bleibt **ohne Wirkung** auf den politischen Entscheidungsprozess, da dieser sich an anderen Erfordernissen orientiert. Am politischen Entscheidungsprozess sind in der Regel viele Akteure (Parteien, Interessengruppen, Fachverwaltungen unterschiedlicher politischer Ebenen) beteiligt. Es stellt sich heraus, dass die Dinge komplex sind, die Ursache-Wirkungs-Beziehungen vielschichtig usw. Dies verlangt nach differenzierten Betrachtungsweisen und erfordert vergleichsweise lange Austausch- und Abwägungsprozesse.

Diese sind keine gute Voraussetzungen, um in die Medien zu kommen. Die Komplexität wie auch die langen Zeiträume der Entscheidungsfindung bringen mit sich, dass der politische Prozess für die Medien unattraktiv wird. Ein Thema, das Eingang in den "Verarbeitungsprozess" der Politik gefunden hat, verschwindet in aller Regel schnell von der medialen und öffentlichen Agenda.

10 Medien und Entscheidungspolitik

Von Beyme (1995, S.326) weist darauf hin, dass Politik nicht nur aus symbolischer Politik besteht, sondern zum größeren Teil aus sogenannter Entscheidungspolitik. Dabei handelt es sich um Entscheidungsprozesse, die auf längere Zeiträume angelegt sind und die häufig nicht auf das Interesse und Echo in den Medien treffen. Diese Art der Politikproduktion wird von anderen Faktoren als der Thematisierung durch die Medien beeinflusst. Hier spielen z.B. die Kontakte zwischen Interessengruppen und Politikern eine große Rolle oder die Meinung von Experten. Ein treffendes Beispiel für Entscheidungspolitik, durch die häufig wichtige Weichenstellungen getroffen werden, dürfte das Bundesnaturschutzgesetz sein, für das es ein vergleichsweise geringes Medieninteresse gibt. Hier werden die Weichen für das Politikergebnis im wesentlichen in Verhandlungen mit "konkurrierenden" Ministerien (z.B. Landwirtschaftsministerium) und mit den jeweiligen Interessengruppen (Bauernverband, Jäger, Forstwirtschaft etc.) gestellt.

Symbolische Politik, also die Inszenierung politischen Handelns, nützt dem Naturschutz wenig. Substanzielle Veränderungen in der Sache werden in erster Linie durch wirkungsvolle politische Steuerungsmaßnahmen, die in langen Aushandlungsprozessen entstehen, herbeigeführt.

11 Naturschutz kann Themen setzen

Für den Naturschutz bedeutet dies, dass die öffentliche Thematisierung eines naturschutzfachlichen Problems dazu führen kann, dass dieses Thema auf die Agenda der Medien und dadurch auch auf die politische Agenda gelangt. Dies wiederum kann dazu führen, dass sich die politischen Entscheidungsträger des Themas annehmen. Unter naturschutzpolitischen Aspekten war die Kommunikation damit erfolgreich. Dass mit der Thematisierung jedoch Politikinhalte beeinflusst werden, ist eher unwahrscheinlich: "Der Mohr (die Kommunikation) hat seine Schuldigkeit (mit dem "Agenda-Setting") getan". Die Beeinflussung der Politikinhalte muss dann auf einem anderen Wege, dem des klassischen Lobbyings, erfolgen.

Bei dem eben geschilderten Szenario wurde davon ausgegangen, dass es gelungen ist, ein für den Naturschutz wichtiges Thema sowohl auf die mediale wie auch die politische Agenda zu bringen.

12 Naturschutz und Massenmedien

Allerdings eignet sich nicht jedes Thema gleichermaßen für die mediale Agenda. Die Medienwissenschaft hat herausgearbeitet, dass es bestimmte Eigengesetzlichkeiten der Medien gibt, die sogenannte "mediale Optik" (Schulz 1994, S.8). Sogenannte "Nachrichtenwertkriterien" (vgl. von Alemann 1997, S.488) prägen die mediale Verarbeitung eines Themas. So greifen die Medien meist Themen auf, die (vgl. Neidhardt 1994, S.19)

- aktuell (möglichst neu und einmalig) sind,
- spektakulär (Überraschung) sind,
- dramatisierbar sind und bei denen es Opfer und Täter, möglichst Dritte, gibt,
- personalisierbar sind,
- negative Botschaft beinhalten,
- emotionalisierbar sind,
- einfach darzustellen (Simplifizierung) sind.

Dies macht auch nachvollziehbar, warum die Bedrohung einzelner Hamster in Göttingen oder Aachen oder das Töten von Robbenbabies ein enormes Medienecho erzielen, während der "schleichende" Artenverlust oder Flächenumwidmungen nur geringe mediale Aufmerksamkeit bekommt. Im "Wettbewerb der Meldungen" setzen sich meist eben nur die spektakulärsten und dramatischsten Nachrichten durch. Für den Naturschutz ist es daher schwer, für wichtige Themen öffentliche Aufmerksamkeit zu bekommen, da diese Themen beispielsweise zu komplex sind oder die "Täter" nicht personifizierbar sind. Oder noch schlechter: Jedes Mitglied der Gesellschaft ist mehr oder weniger verantwortlich für die Entwicklungen (z.B. Flächenumwidmungen) und hat an einer Thematisierung kein Interesse.

13 Naturschutzkommunikation im Dilemma

Wollen die Naturschutzakteure für ihre Themen ein hohes Maß an öffentlicher Aufmerksamkeit bekommen, müssen sie sich ein Stück weit an den oben genannten "Nachrichtenwertkriterien" orientieren. Die Nachricht sollte möglichst simpel und dramatisch sein, mit einer klaren Schuldzuweisung an einen Akteur. Kurzum: Ein Problem im Naturschutz muss zur Sprache gebracht werden, die Negativität steht im Vordergrund (vgl. dazu auch Karger 1996, S.15f.). Dies ist auch der Grund, warum von "Artensterben", von "Klimakatastrophe", von "Natur in Gefahr", vom "Waldsterben" die Rede ist. Wird nun diese Negativitäts- und Dramatisierungsstrategie immer wieder eingesetzt, kann ein Abstumpfungs- und Resignationseffekt bei den Menschen ausgelöst werden. Hierin liegt das Dilemma. Karger (1996) führt zusätzliche Nachteile der Konfrontationsstrategie (also der Schuldzuweisung an Personen oder Gruppen) an: Sie rege vor allem symbolische Aktionen an und erschwere die Möglichkeit, mit den "Tätern" nach einer gemeinsamen Problemlösung zu suchen (Kooperationsstrategie).

Die Akteure des Naturschutzes stehen somit in der Realität vor einer schwierigen Wahl. Um die Menschen wie auch die politischen Akteure zum Handeln zu bewegen, muss das Problem zuerst thematisiert werden, d.h. auf die öffentliche wie auch die politische Agenda gesetzt werden. Denn Problembewusstsein ist die elementare Voraussetzung für konkrete Problemlösung. Eine der wichtigsten Kommunikationsziele des Naturschutzes ist deshalb das "Agenda-Setting". Zu den erfolgversprechendsten Strategien zur Erreichung dieses Zieles zählt die Negations- und Dramatisierungsstrategie. Jedoch hat diese Strategie, wie oben beschrieben wurde, ihren Preis.

14   Exkurs: Öffentliches Umweltbewusstsein

In den letzten Jahren wird ein abnehmendes öffentliches Umweltbewusstsein festgestellt. Auf der Suche nach Erklärungen für diese Entwicklung stellt Jänicke (1999) fest, dass der öffentliche Umweltdiskurs im Laufe der letzten zehn Jahre eine "zunehmende Schlagseite" erhalten habe: während in den Anfängen der Umweltpolitik einseitig nur die Probleme zur Sprache gebracht worden seien, würden heute ähnlich einseitig nur die Problemlösungen thematisiert. In diesem Zusammenhang spricht er davon, dass dem öffentlichen Umweltdiskurs die Negativität - als konkrete Negation von Umweltproblemen - abhanden gekommen sei. Mit Blick zurück auf die Umweltbewegung stellt er fest, dass es vor allem die Ängste gewesen seien, die die Menschen mobilisiert haben (Jänicke 1999, S.2). Er plädiert deshalb dafür, die Umweltprobleme wieder stärker zu thematisieren. Einen weiteren Grund für die derzeitige "Flaute im öffentlichen Umweltbewußtsein" sieht er in den ökologischen Erfolgen. Diese bergen nach Jänicke die Gefahr eines sich selbst zerstörenden Erfolges in sich. Die Erfolge bei leicht spürbaren Umweltproblemen (z.B. abnehmende Luft- und Gewässerbelastungen) lösten einen "Entwarnungseffekt" aus und die ungelösten langfristigen Umweltprobleme würden an politischem Impetus verlieren (Jänicke 1999, S.1).

Die Richtigkeit dieser Analyse vorausgesetzt, verstärkt eine Übertragung dieser Erkenntnisse auf den Naturschutz die oben bereits getroffene Feststellung: Die öffentliche Kommunikation des Naturschutzes gleicht einer Gratwanderung: Zuviel Negativität kann zu Gleichgültigkeit und Resignation führen, zu wenig Negativität zu Entwarnung und nachlassenden Problemlösungsaktivitäten. Das Resultat ist dasselbe.

In den bisherigen Ausführungen ging es vor allem um den ersten Schritt der Kommunikation: Aufmerksamkeit für das eigene Thema zu gewinnen. Es geht darum, bei den Entscheidungsträgern "einen Fuß in die Tür" zu bringen. Um substanzielle Veränderungen zu erzielen, ist ein weiterer Schritt notwendig: das Handeln der Zielgruppen zu beeinflussen und zu verändern. Es kommen im wesentlichen zwei Zielgruppen in Frage: die politischen Akteure (Parlamente und Verwaltung) und die öffentlichen Akteure (Bürgerinnen und Bürger).

15 Kommunikation und Verhaltensänderung

Hat der Naturschutz das Ziel, mittels Kommunikation die Einstellungen, die Werthaltungen und das Verhalten von Menschen zu verändern, stellt sich die spannende Frage, wie dies mittels Kommunikation möglich ist.

Die Kommunikationswissenschaft wie auch die Einstellungsforschung hat sich intensiv mit dieser Frage beschäftigt. Verschiedene kommunikationswissenschaftliche Untersuchungen (z.B. Schenk & Rössler 1994, S.261ff.) haben gezeigt, dass die öffentliche Thematisierung politischer Probleme vergleichsweise geringen Einfluss auf die Einstellungen der Menschen zum Thema haben. Es wird von einer "Hierarchie der Stabilitäten" gesprochen. Während Vorstellungen vergleichsweise leicht beeinflusst werden können, sind Einstellungen und Verhalten nur sehr langfristig zu ändern. Die überzeugende, beeinflussende Kraft der Medien in diese Richtung ist demnach in der Vergangenheit häufig überschätzt worden. Sehr drastisch drückt dies von Beyme (1994, S.326) aus: "Medien entscheiden nichts".

Einen viel höheren Einfluss auf Einstellungen und Verhalten von Menschen haben dagegen - so kommunikationswissenschaftliche Erkenntnisse - sogenannte persönliche Netzwerke: Freunde, Verwandte, Bekannte, Arbeitskollegen (vgl. Karger 1996, S.14). In diesen Beziehungen (der sog. "interpersonalen Kommunikation") wird die Bedeutung eines Themas und die Einstellung zum Thema sowie das Verhalten geprägt.

Für die Kommunikation des Naturschutzes lässt sich hieraus ableiten, dass es für den Erfolg des Naturschutzes wichtig ist, mit seinen Themen Eingang in diese Netzwerke zu finden. Das, was in direkten persönlichen Beziehungen kommuniziert wird, ist entscheidend für die Beurteilung eines Themas.

Eingang in die persönlichen Beziehungsnetzwerke kann der Naturschutz dabei vor allem durch die Kommunikation "vor Ort", auf der lokalen Ebene, finden. Um Einstellungsänderungen und Handlungsbereitschaften zu erreichen, ist es für den Naturschutz wichtig, auf dieser Ebene langfristig präsent zu sein. Vor dem Hintergrund der Erkenntnis, dass die Beeinflussung der Einstellungen von Menschen über öffentliche Kommunikation vergleichsweise wirkungslos ist, sind Bemühungen in diese Richtung mit einem hohen Maß an Energieverlust verbunden. Angesichts knapper Ressourcen im Naturschutz, sollte deshalb Kommunikation im Naturschutz wissensbasiert und in hohem Maße ergebnisorientiert sein.

16 Erfolgreiche Kommunikation

Entscheidend für den Erfolg von Kommunikation ist, wer kommuniziert (Personen) und wie kommuniziert wird (Kommunikationsstil).

Menschen orientieren sich an der Prominenz und am Prestige derjenigen Person, die kommuniziert. Personen, die hohe Glaubwürdigkeit besitzen, schaffen Vertrauen und finden leichter Gehör als andere. Für den Naturschutz ist deshalb auch von hoher Bedeutung, wer die Ziele des Naturschutzes vertritt. Neben dem Faktor "Person" spielt der Faktor "Kommunikationsstil" eine wichtige Rolle für die Wirkung von Botschaften. Untersuchungen zur Übernahme von Innovationen stellen fest (Görlitz 1994, S.124), dass Innovationen um so besser übernommen werden,

- je leichter die Innovation vermittelbar- und durchschaubar ist,
- je leichter sie im Kleinen überprüfbar ist und
- je deutlicher erkennbar ist, dass sie einen Vorteil gegenüber der bisherigen Praxis bringt.

Wer einen Kommunikationsstil wählt, der diese Bedingungen berücksichtigt, wird es einfacher haben, zu überzeugen als ein Kommunikationsstil, der an den Wahrnehmungs- und Verarbeitungsstrukturen der Adressaten der Botschaft vorbei zielt. In jüngster Zeit wird im Naturschutz immer wieder gefordert, anstelle der Negativität die positiven, erfolgreichen Beispiele aus dem Naturschutz zu betonen. Dieser Baustein in der Naturschutzkommunikation kann vor allem dort positive Wirkung entfalten, wo es gelingt, den Menschen zu verdeutlichen, dass die Veränderungen einen Vorteil gegenüber dem bisherigen Zustand bringen. Dies ist auch ein Grund, warum erfolgreiche Naturschutzprojekte (und die Vermittlung des Erfolgs!) eine wichtige Funktion für den Naturschutz (und dessen Akzeptanz) haben (Brendle 1999).

Ist es dem Naturschutz also gelungen, in einem ersten Kommunikationsschritt eine ausreichende Problemsensibilisierung zu schaffen, so kann er in einem zweiten Schritt durch geeignete Kommunikationsstile versuchen, die Menschen von seinen Veränderungswünschen zu überzeugen (z.B. durch positive Beispiele). Voraussetzung ist jedoch, dass es für die Menschen plausibel wird, warum sich etwas verändern soll. Karger (1996, S.13) hat entscheidende Determinanten von Handlungsbereitschaft aufgelistet:

- Einstellung gegenüber der Verhaltensweise,
- subjektive Normen,
- wahrgenommene Verantwortung,
- wahrgenommene eigene Handlungsdefizite,
- wahrgenommenes Kosten-Nutzen-Verhältnis.

17 Literatur

Alemann, U. von (1997): Parteien und Medien. - In: Gabriel, O.W.; Niedermayer, O. & Stöss, R. (Hrsg.): Parteiendemokratie in Deutschland. - Opladen, S.478-494

Beyme, K. von (1994): Die Massenmedien und die politische Agenda des parlamentarischen Systems. - In: Neidhardt, F. (Hrsg.): Öffentlichkeit, öffentliche Meinung, soziale Bewegungen. - Opladen, S.320-336

Brendle, U. (1999): Musterlösungen für den Naturschutz - Politische Bausteine für erfolgreiches Handeln. - Münster-Hiltrup

Brendle, U. (1999): Erfolgsbedingungen von Naturschutzpolitik - Strategisches Handeln als Innovation. - In: Erdmann, K.-H. & Mager, Th. (Hrsg.): Innovative Ansätze zum Schutz der Natur. Visionen für die Zukunft. - Berlin, Heidelberg u.a., S.199-216

Brendle, U. (1999): Erfolgsbedingungen kooperativer Naturschutzprojekte auf regionaler und kommunaler Ebene. - In: Tagungsdokumentation Reisepavillon. - Hannover

Der Beirat für Naturschutz und Landschaftspflege beim Bundesministerium für Umwelt, Naturschutz und Reaktorsicherheit (1994): Zur Akzeptanz und Durchsetzbarkeit des Naturschutzes. - Bonn

Esser, P. (1999): Akzeptanz - Was steckt dahinter. Überlegungen zur Akzeptanzdebatte in Naturschutz und Landschaftsplanung. - Berlin (Diplomarbeit am Fachbereich 07 - Umwelt und Gesellschaft der Technischen Universität Berlin)

Feige, I.; Küchler-Krischun, J.; Vieth, C. u.a. (1998): Kurzbericht zum Workshop "Überwindung von Akzeptanzhemmnissen bei raumbezogenen Maßnahmen" vom 4. bis 6. November 1996. - In: Wiersbinski, N.; Erdmann, K.-H. & Lange, H. (Hrsg.): Zur gesellschaftlichen Akzeptanz von Naturschutzmaßnahmen. - BfN-Skripten 2, S.9-15

Görlitz, A. (Hrsg.) (1994): Umweltpolitische Steuerung. - Schriften zur Rechtspolitologie 1

Hubo, Ch. & Krott, M. (1998): Inhalte und Ergebnisse der der Arbeitsgruppe "Politikwissenschaft". - In: Wiersbinski, N.; Erdmann, K.-H. & Lange, H. (Hrsg.): Zur gesellschaftlichen Akzeptanz von Naturschutzmaßnahmen. - BfN-Skripten 2, S.57-62

Jänicke, M. (1997): Umweltinnovationen aus der Sicht der Policy-Analyse: vom instrumentellen zum strategischen Ansatz der Umweltpolitik. - Berlin

Jänicke, M. (1999): Strategien zur Popularisierung nachhaltiger Entwicklung. Beitrag zur Tagung des Umweltbundesamtes "Strategien der Popularisierung des Leitbildes 'Nachhaltiger Entwicklung' aus sozialwissenschaftlicher Perspektive" (18.3. - 20.3.1999). - Berlin (unveröfftl. Manuskript)

Karger, C. (1996): Naturschutz in der Kommunikationskrise. Strategien einer verbesserten Kommunikation im Naturschutz. - Schriftenreihe zur ökologischen Kommunikation 4

Krott, M. (1999): Musterlösungen als Instrumentarien wissenschaftlicher Politikberatung. Das Beispiel des Naturschutzes. - In: Zeitschrift für Parlamentsfragen 30, S.673-686

Mez, L. & Weidner, H. (Hrsg.) (1997): Umweltpolitik und Staatsversagen. - Berlin

Müller, E. (1997): Umweltpolitik und Medien. - In: Mez, L. & Weidner, H. (Hrsg.): Umweltpolitik und Staatsversagen. - Berlin, S.382-393

Neidhardt, F. (1994): Öffentlichkeit, öffentliche Meinung, soziale Bewegungen. - In: Neidhardt, F. (Hrsg.): Öffentlichkeit, öffentliche Meinung, soziale Bewegungen. - Opladen, S.7-41

Ruß-Mohl, St. (1993): Konjunkturen und Zyklizität in der Politik: Themenkarrieren, Medienaufmerksamkeits-Zyklen und lange Wellen. - In: Héritier, A. (Hrsg.): Policy-Analyse, Kritik und Neuorientierung. - Opladen, S.356-368

Schenk, M. (1988): Agenda-Setting: zur Wirkung von Massenmedien. - In: Spektrum der Wissenschaft. Juni 1988, S.42-43

Schenk, M. & Rössler, P. (1994): Das unterschätzte Publikum. Wie Themenbewußtsein und politische Meinungsbildung im Alltag von Massenmedien und interpersonaler Kommunikation beeinflußt werden. - In: Neidhardt, F. (Hrsg.): Öffentlichkeit, öffentliche Meinung, soziale Bewegungen. - Opladen, S.261-295

Schmidt, M.G. (1995): Wörterbuch zur Politik. - Stuttgart

Schulz, W. (1994): Politische Wirkungen der Medien - Erträge der Medienwirkungsforschung. - In: Friedrich-Ebert-Stiftung (Hrsg.): VIII. Streiforum. Gestörte Kommunikationsverhältnisse? Medienpraxis und Medienethik. Bonn 18.11.1994

Uppenbrink, M. (1999): Fachsymposium: "Herausforderung Naturschutz" am 12. Oktober 1999 in Bonn. - Bonn (mündl. Beitrag)

Wiersbinski, N.; Erdmann, K.-H. & Lange, H. (Hrsg.) (1998): Zur gesellschaftlichen Akzeptanz von Naturschutzmaßnahmen. - BfN-Skripten 2

Natur und Landschaft zwischen endogenem Wandel und anthropogenen Veränderungen – Perspektiven eines "Neuen Naturschutzes"

Hartmut Leser (Basel)

Exposé

Auch wenn der Naturschutz so tut als sei er ein "neuer" Naturschutz, muss bedauerlicherweise festgestellt werden, dass die Neuorientierung zu einem wirklich *Neuem Naturschutz* noch nicht weit fortgeschritten ist. Dieser Beitrag möchte das nicht anklagen, sondern lediglich an einige Basissachverhalte erinnern. Sie kommen in der Alltagsarbeit des Naturschutzes in der Regel zu kurz.

Unbestritten ist, dass der Mensch aus physiologischen und psychologischen Gründen eines möglichst vielfältigen biotischen und abiotischen Naturraumpotentials bedarf. Es bezieht seinen "Wert" daraus, dass es für ein menschenwürdiges Dasein auf dieser Erde unabdingbar ist. Wenn an "Natur" im schwer definierbaren bisherigen Verständnis angesetzt wird, kann Naturschutz in einer global sich ständig verstädternden Welt nichts bewirken. Daher geht *Neuer Naturschutz* vom gesamten biotischen und abiotischen Naturpotential der Landschaft aus, also der "Um-Welt" des Menschen im weitesten Sinne. Sie wird durch die Kulturlandschaft und ihre Dynamik repräsentiert. In der Kulturlandschaft bilden Mensch und Umwelt ein unauflösbares Wechselwirkungsgefüge.

Das bedeutet, der *Neue Naturschutz* schützt nicht "Natur", sondern *gestaltet die Kulturlandschaft* (einschließlich Stadtlandschaft) in einem umfassenden Sinne. Er geht von deren Gesamtwirkungsgefüge aus, das sich anthropogen permanent verändert. In diesem Lebens- und Wirtschaftsraum sichert der *Neue Naturschutz* Mensch und Gesellschaft die vielfältigen ökologischen, physiologischen und psychologischen Funktionen, die sich zwischen biotischen und abiotischen Bestandteilen des Lebensraumes ("Landschaftselementen" i.w.S.) und dem Menschen ergeben.

Der Begriff *"Neuer Naturschutz"* dient als vorläufiger Arbeitsbegriff. Er sollte durch eine progressive, fundamental neue Bezeichnung ersetzt werden, die deutlich macht, was er zum menschenwürdigen Existieren auf unserem Globus beitragen kann.

1 Landschaft heute

Der Beitrag geht von der landschaftlichen Realität aus, mit der sich Mensch und Gesellschaft heute auseinander zusetzen haben. Denn das ist *der* Bereich, in dem "Natur" - welche? - sich findet, und in dem der Naturschutz "Natur" - welche? - "schützen" möchte. Die Ausgangshypothesen sind:

- "Natur" im Sinne der nicht vom Menschen beeinflussten "natürlichen" Natur gibt es kaum noch auf der Welt; und schon gar nicht gibt es diese "Natur" in den Landschaften Europas.

- Der Naturschutz hat vom Gedanken des Landschaftswandels auszugehen, der mindestens seit dem flächendeckenden neolithischen Ackerbau räumlich und ökologisch manifest wurde.

- Gegenstand des "Naturschutzes" muss also die Kulturlandschaft und deren Wandel sein, wozu *auch die aktuellen und künftigen Entwicklungen* der alles umfassenden Kulturlandschaft gehören.

1.1   Landschaftsbild in Veränderung

Die Veränderung der Landschaft ist belegt - dies gilt für das Mittelalter ebenso wie für die Neuzeit. Viele historische Dokumente, Karten, Gemälde und sonstige Belege beweisen das. An dieser Stelle wird jedoch nicht historisch angesetzt, obwohl auch dies seine intellektuellen Reize hätte. Vielmehr bildet das *"heutige" Landschaftsbild* den Ausgangspunkt. "Heutiges" meint vor allem jene *Kulturlandschaft*, die sich nach dem Zweiten Weltkrieg, speziell mit dem weltweiten Wirtschaftsboom ab 1950, entwickelte. Es ist ein Landschaftsbild, das immer weniger Menschen von heute noch kennen und das nach 1950 rasanten Veränderungen unterlag, die sich etwa ab 1970 noch einmal steigerten (Ewald 1997). Das belegen Luftbild- und Kartenvergleiche. Äußerliche Änderungen waren

- Ausweitung der Siedlungsflächen in die umgebenden Land- und Forstwirtschaftsgebiete,

- Zunahme der gebauten technischen Infrastrukturen (Bahnen, Straßen, Leitungen, Gebäude i.w.S.), die sich zu breiten Bändern in der Landschaft entwickelten, und

- Verdichtung und physiognomische Baustrukturänderungen innerhalb von Dorf und Stadt, wobei die Dörfer ein urbanes Gesicht bekamen.

Warum diese Aufzählung? Die lockeren Siedlungsareale außerhalb der Ortskerne und die bis an die Orte herangehenden *Freiflächen* waren bis in die 1970er Jahre hinein Horte der Natur oder konnten als "Natur" durchgehen (Abb. 1a). Diese "Natur" oder Reste der Natur gingen seitdem verloren oder wurden entwertet. "Natur" heißt in diesem Zusammenhang: Freiflächen, auch solche der Kulturlandschaft, die *geo*ökologisch - damals jedenfalls noch - in einem regenerationsfähigen Zustand blieben. Das Bios war allein schon durch die land- und forstwirtschaftliche Nutzung verändert, blieb aber noch durch eine gewisse *Vielfalt* geprägt. Sie war durch die kleine *Kammerung der Kulturlandschaft* und die Vielzahl kleiner *Kulturlandschaftselemente* (Terrassen, Raine, Lesesteinwälle, Hohlformen, Hecken, Baumgruppen, Teiche, Feldgehölze, Obstwiesen und Obstäcker etc.) bestimmt und ermöglicht.

Viele aktuelle Landschaftsbilder aus Mitteleuropa belegen dies. Man sehe sich nur im *periurbanen Raum* oder im sogenannten "Freiland" um, also in den land- und forstwirtschaftlich genutzten Gebieten: Eine naturnahe Kulturlandschaft findet man hier und da punktuell, aber

- den *Normalfall bildet die ausgeräumte Agrarlandschaft* (Abb.1b), wie man sie z.B. im Nördlichen Oberrheinischen Tiefland, in der Soester Börde oder in der Halle-Leipziger Tieflandsbucht antrifft. Die dort z.T. industriemäßige betriebene Agrarproduktion bietet - räumlich gesehen - allenfalls ökologische Nischen topischer Dimension: Das würden Beispiele aus dem Thüringer Becken ebenso wie aus Sachsen oder aus der Kölner Bucht zeigen.

- In stärker reliefierten Gebieten, vor allem in klimabegünstigten Beckenlandschaften, findet man noch *naturnahe landschaftlich diverse Agrarlandschaften* (Leser & Nagel 1998), z.B. auf dem Dinkelberg oder im Schwäbisch-Fränkischen Keuper-Lias-Land. Das trifft auch auf Landschaftsgrenzen zu, die in erster Linie durch das Georelief vorgegeben werden, wie z.B. am Oberrheingraben. Doch das setzt zugleich relative Agglomerationsferne voraus. Das zeigen jene Ränder des Oberrheingrabens, die in das Wachstum der Agglomerationen eingebunden wurden.

- Das weist zugleich auf das ökologische Problem der *"wandernden" Ortsränder*: Dieses Wandern vollzieht sich nicht nur an den Agglomerationsrändern, wie es bis um 1970 zu beobachten war, sondern inzwischen um jede kleine Ortschaft, seit das Auto zum allumfassenden Verkehrsmittel geworden ist. Selbst kleinere Orte "fressen" sich in die umgebenden landwirtschaftlich genutzten Landschaften und beseitigen deren Strukturen und Inhalte durch gebaute Infrastruktur (Abb.1c). Die grün durchmischten Ortsränder bei Großdörfern in Agglomerationen stellen dafür keinen Ersatz dar, weil es sich dabei um Garten-, Straßen- und allenfalls Parkgrün handelt. Seine ökologische Güte und Vielfalt stellt, vor allem auch wegen der gestörten Verhältnisse im Untergrund, keinen adäquaten Ersatz für eine Agrarlandschaft mit hoher *Landschaftsdiversität* (Leser & Schaub 1995; Leser & Nagel 1998) dar.

1.2   Das Verständnis von Veränderung: gestern - heute - morgen

Wenn vor diesem Hintergrund einer seit der Industrialisierung massiven Veränderung der Landschaft nach "Naturschutz" oder "Landschaftsschutz" gerufen wird, stellt sich die Frage nach dem Objekt: *Was soll denn eigentlich geschützt werden?* Man projiziere in obige Beispiele "Natur" bzw. naturschützerisches Gut hinein. Das würde die Diskrepanz aufzeigen, um die es hier geht. Sie wird um so deutlicher, wenn man in räumlichen Dimensionen denkt, d.h. Ökosysteme nicht als kleine Biotope realisiert, sondern die *Landschaft selber als Ökosystem* erkennt. Dies ist ja auch der Grundgedanke der Landschaftsökologie: Sie stellt das *Landschaftsökosystem* in den Mittelpunkt ihrer Betrachtung, also den Raum mit seinen abiotischen und biotischen Elementen und deren Funktionsbeziehungen untereinander (Leser 1997[4]).

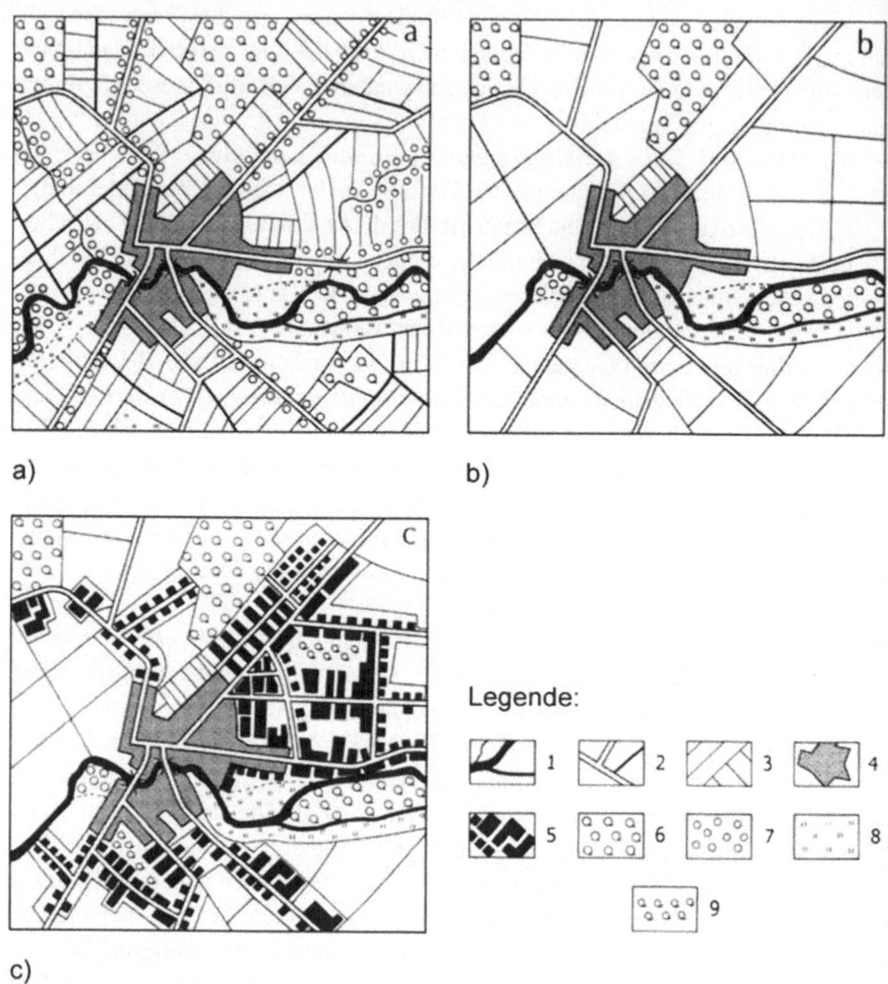

a)

b)

c)

Legende:

*Abb. 1a-c: Veränderung der Ränder eines mitteleuropäischen Dorfes während
des 20. Jahrhunderts. Erläuterungen zur Nummernlegende:
1 = Bach; 2 = Straßen, Feldwege; 3 = Flur- und Feldgrenzen;
4 = Siedlungen bis 1950/1970 (späterer Ortskern); 5 = Neue
Ausbauten (z.B. nach 1970); 6 = Wald; 7 = Obstbäume, Buschwerk;
8 = Wiesen; 9 = neue Grünflächen, Parks o.ä.*

a: Hochdiverse bäuerliche Agrarlandschaft, die einen nicht gewachsenen Ortskern (Dorfkern) umgibt. Die hohe Landschaftsdiversität sichert auch eine hohe
Biodiversität. Die abiotische Geodiversität ist weitestgehend ungestört. Diese
Kulturlandschaftsstruktur herrschte bis ca. 1950, solange keine Flurbereinigungen und Infrastrukturbauten erfolgten.

Fortsetzung der Erläuterungen zu Abb. 1a-e auf der nächsten Seite

Fortsetzung der Erläuterungen Abb. 1a-c

b: Ausgeräumte Kulturlandschaft, wie sie vor allem zwischen den Jahren 1950 und 1970 - aber auch noch danach - entstand. Die Landschaftsvielfalt ist ebenso wie die Biodiversität massiv vermindert. Auch die topischen Differenzierungen der Geodiversität (Kleinrelief, Wasserhaushalt, Mikroklima) gingen dabei verloren. Parallel dazu setzte die Siedlungsausweitung in die landwirtschaftlichen Nutzflächen hinein ein.

c: Siedlungsentwicklung an Dorfrändern, wie sie nach 1970 bis über das Jahr 2000 hinaus üblich wurde. Es handelt sich um relativ unorganische Siedlungsausweitungen, denen kein homogenes Konzept zugrunde liegt. Dies zehrte die landwirtschaftlichen Freiflächen auf, ohne zugleich systematische Grünplanung in den Siedlungen und an den Ortsrändern zu betreiben. Dadurch werden auch keine neuen ökologischen Nischen, "Trittsteine" bzw. neue Lebensräume für das Bios geschaffen. In diesem Kulturlandschaftstyp stellen sich jedoch die Aufgaben für einen *"Neuen Naturschutz"*.

Nun zum *Schutzgedanken*. Er geht von etwas Vorhandenem, ja Statischem aus. Je kleiner das Objekt und je enger bemessen sein Standort(raum) sind, um so einfacher ist dieser Schutzgedanke umzusetzen. Man kann eine Orchideenart auf einem Felsvorsprung, eine Froschpopulation in einem Weiher oder eine mehrhundertjährige Linde sehr einfach schützen.

Bezieht man die weitere Umgebung mit ein, wird Schutz allein schon deswegen schwierig, weil Interessens- und Nutzungskonflikte auftreten. Solche Konflikte bestanden bis um 1950 kaum und bis 1970 nur in geringem Umfang. (Es wird von Gebieten mit traditionell rascher Landschaftsveränderung abgesehen, z.B. den Abbaugebieten von Braunkohle.) Die Ursachen liegen im sozioökonomischen Bereich:

- Die wirtschaftlichen und sozialen Veränderungen vollzogen sich in einer noch ruhigen Gangart.
- Der Verkehr war noch nicht in dem hohem Maße wie am Ende des 20. Jahrhunderts vom Auto bestimmt; die Bahn spielte auch in peripheren Gebieten eine große Rolle.
- Die kriegs- und nachkriegsbedingten Bevölkerungsbewegungen hatten sich weitestgehend konsolidiert.

Es herrschte also sozusagen eine konfliktarme Situation und eine gewisse "Ruhe" in der Landschaft und bei deren Beanspruchung. Das wurde sichtbar in

- einem nur bescheidenen Ortswachstum,
- wenig Infrastrukturbauten in der Landschaft,
- aber auch in einem (noch) fehlendem Umweltbewusstsein.

Das alles hat sich nach "durchstandener" Ölkrise Anfang der 70er Jahre des 20. Jahrhunderts geändert. Städte, Dörfer, Stadtumländer, selbst Ferienlandschaften in den Alpen oder an Nord- und Ostseeküste, sind fortwährenden Veränderungen unterworfen. Nicht nur die ältere Generation findet sich nach einigen Jahren an

einem ursprünglich vertrauten Ort nicht mehr zurecht. Diese Orts- und Landschaftsveränderungen verstärkten sich ständig, und sie werden - je länger um so
mehr - ohne Diskussion hingenommen, zumal sie uns als wenig präzis definierter
"Fortschritt" verkauft werden.

Bei diesen Veränderungen - die als Wandel wahrgenommen werden - handelt es
sich um *Umgestaltungen*. Sie werden weder von der Planung noch vom Naturschutz
als aktiv zu beeinflussende Prozesse begriffen, sondern eher als sich selbst vorantrei-
bende Phänomene akzeptiert. Dass damit eigentlich planerische, naturschützerische
und umweltgestalterische Chancen verbunden wären (auch wenn der rechtliche Rahmen dafür recht heterogen ist - was er jedoch immer bleiben wird, weil die Gesetzgebung immer der Realität hinterherhinkt), nimmt niemand so recht wahr. Da befinden
sich Naturschützer in der gleichen Situation wie Stadt- und Regionalplaner, Umweltschützer, Raumordner, Landschaftspfleger und andere im Raum tätige Praktiker.

Man kann sogar noch weiter gehen: Diese "Veränderungen" gibt es eigentlich nicht mehr, sondern durch ihr Tempo mutierten sie zu einem *Umbruch in Permanenz*. "Veränderungen früher" vollzogen sich allmählicher. Wer dem nachtrau-
ert, findet sich in der Minderheit. Die "Natur", oder was man darunter verstand[1],
war auch noch in der noch nicht ausgeräumten Agrarlandschaft vorhanden. Sie veränderte sich nur allmählich, weil sich auch die Landschaftsveränderungen in ruhi-
ger Weise vollzogen: Das Bios z.B. hatte Gelegenheit, sich Ersatzlebensräume zu
suchen. Trotzdem muss auch in diesem Zusammenhang festgehalten werden:
Selbst in *"Zeiten der Langsamkeit"* waren *Veränderungen etwas Normales*.

Vor diesem Hintergrund werden auch Schutzgedanken fragwürdig: Was soll
denn eigentlich angesichts eines "Umbruchs in Permanenz" noch geschützt werden? Man darf vermuten, dass dieses Tempo künftig weiter zunehmen wird und von
Interessen geprägte Nutzungskonflikte immer häufiger sein werden. So ist es lo-
gisch, dass auch der Gedanke des Natur- und Landschaftsschutzes sich ändern wird
und sich auch ändern muss.

Es ist bekannt, dass der Naturschutz seit langem versucht, sich auf diese neuen
Herausforderungen einzustellen (vgl. Bauer 1997; Erdmann & Mager 2000; Erdmann et al. 2000). Er betont, dass er keinen Objektschutz (mehr) betreibe, sondern
Ökosystemschutz. Dies geschieht etwa im Sinne des Ensembleschutzes der Denk-
malpflege, die ebenfalls den Versuch unternahm, vom Objektschutz wegzukommen. Trotz aller Beteuerungen, es sei nun anders[2], hat sich nicht viel grundlegend

---

1   Siehe dazu die Beiträge von Broggi (1999), Küry (1999), Seeland (1999) und Schubert
    (1999).

2   Beim Vortrag des Autors am 13. Januar 2000 in Bonn kam dies in der anschließenden
    Diskussion zum Ausdruck. Der Autor möchte weder den Veränderungswillen des Natur-
    schutzes in Abrede stellen, noch die bisher tatsächlich erreichten Änderungen negieren.
    Es bleibt jedoch Tatsache, dass zwischen dem Wunsch bzw. der Theorievorstellung ei-
    nerseits und den administrativ realisierten Effekten andererseits eine Lücke klafft. Um
    diese schließen zu helfen, wird vorliegender Beitrag als Bestandteil einer noch länger an-
    haltenden Diskussion aufgefasst.

geändert, was die schleppende Gesetzgebung und der zögerliche Ausbau der Natur-schutz-Dienststellen belegen dürften. Auf den immer noch anhalten Zustand des "alten" Naturschutzes weist auch Schubert (1999, S.42) ausdrücklich hin.

Während sich der Denkmalschutz vor allem mit rechtlich verankerten Besit-zerinteressen und überbordendem Profitdenken konfrontiert sieht, stellt sich beim Naturschutz das Problem schon vom *biologischen Gegenstand her völlig anders* dar:

- Seine Objekte sind eigentlich nicht "statisch", sondern leben und entwickeln sich als Individuen bzw. Pflanzengesellschaften und Tiergemeinschaften.
- Die "Umwelt" dieses Bios, also das System der abiotischen Faktoren, wandelt sich
  - *stetig bzw. langsam* auf natürliche Weise (auf verschiedenen Zeitachsen - bis hin zur erdgeschichtlich-langfristigen),
  - *"rasch"* durch die (skizzierte) Kulturlandschaftsdynamik und
  - *"plötzlich"* durch "Seltene Ereignisse", d.h. natürliche oder anthropogene Klein- bis Großkatastrophen.

Unser "Denken heute" und wohl auch unser "Denken morgen" hat sich an-scheinend an die raschen Umbrüche, welcher Art und wo auch immer, gewöhnt. Dem Naturschutz scheint es kaum möglich, dem zu folgen, zumal nicht nur Kon-zepte fehlen, sondern die speziellen ökologischen Situationen an den Standorten und in den Lebensräumen keine Universalkonzepte und keine raschen Lösungen zulassen. Das verbietet sich allein schon durch die natürliche (jahreszeitliche, ent-wicklungsbiologische, genetische etc.) Dynamik lebender Systeme. *Lebende Sys-teme in ihrer Um- und Mitwelt zu beobachten, zu beplanen und zu gestalten braucht Zeit.* Und genau diese scheint man heutzutage, wo immer mehr Leute am liebsten in einer sich pausenlosen wandelnden virtuellen Realität der Computer-welten leben möchten, nicht zu haben. Beziehungsweise: Das *Just in time-Denken* wird via Politik, Medien und Wirtschaft auch auf unseren Lebensraum, auf die Natur, auf die Landschaft und ihre Ökosysteme - sowie den Umgang mit ihnen - übertragen. Einer solchen Situation allerdings kann ein wie auch immer gearte-ter herkömmlicher Naturschutz nicht Rechnung tragen: Er erscheint total unzeit-gemäß.

2 Dynamik von Natur und Landschaft

Die Begriffe und die Begriffskategorien müssen klar sein, um zwischen den Interes-senten an Natur, Landschaft, Raum und Natur- sowie Umweltschutz nicht die Spra-che zu verlieren. Das Verhängnisvolle der Ökologiebegriffe ist, dass sie sowohl zur Umgangsprache als auch zu (verschiedenen!) Fachsprachen gehören. Daraus resul-tieren sorgloser Umgang mit den Begriffen und - daraus wiederum - politische bis planerische Fehlentscheidungen (Leser 1991).

2.1   Sind Naturlandschaften Systeme?

Die Landschaftsökologie beantwortet diese Frage sehr klar (vgl. Leser 1997[4]; Schneider-Sliwa et al. 1999). Die Frage ist zu stellen (und sie muss gestellt werden), wenn man etwas zur

* Dynamik der Natur,
* dem Anspruch des Menschen an die Natur und damit auch
* dem Gedanken des Schutzes von Natur und Landschaft

sagen möchte. Nur so können "Naturbetrachtung", Naturschutz und das Konzept des Denken von "Dynamik heute" in einen diskussionsfähigen Kontext gebracht werden.

"Natur" wird an dieser Stelle in Anlehnung an die *klassische Naturphilosophie* ("Gesamtheit der Dinge, aus denen die Welt besteht.") definiert: Es sind jene Bestandteile der "Welt", die dem Menschenwerk gegenüber gestellt werden. Das schließt weder Dynamik (Entwicklung, natürliche Veränderung im Sinne von "Wandel"), noch anthropogene Veränderung aus. "Natur" ist in der belebten und unbelebten Landschaft realisiert. Daher muss der Naturbegriff immer im Zusammenhang mit "Landschaft" - und dieser wiederum in den Kontext mit "Raum" - gebracht werden. Dies muss an dieser Stelle nicht weiter vertieft werden. Für das Verständnis scheint Begriffsklarheit jedoch notwendig.

Wird von einer mechanistischen Vorstellung bei Natur und Landschaft ausgegangen, dann kann man "Naturlandschaft" oder auch "Natur in der Stadt" als System modellieren. Gedacht ist z.B. an das Geoökosystemmodell, also ein Prozess-Reaktions-Systemmodell, in das sich bekanntlich auch das Bios einbeziehen lässt (vgl. Mosimann 1997; Leser 1997[4]).

Stellt man nach diesen Überlegungen nun noch einmal die Frage "Sind Naturlandschaften Systeme?", dann lautet die Antwort "Ja". Dabei handelt es sich um eine Sichtweise, die dazu dient, die Fülle der natürlichen Erscheinungen in der Realität zu erkennen, zu ordnen und darzustellen - mit dem Hintergedanken, die "Natur" bei Schutz und Planung "handhabbarer" zu machen. Es ist selbstverständlich, dass *verschiedene Sichtweisen* möglich sind, die je nach Ziel und Zweck einer wissenschaftlichen oder praktischen Arbeit eingesetzt werden. Ohne an dieser Stelle auf ein bestimmtes Modell abzuheben und ohne auf die Modellproblematik für Naturlandschaftssysteme einzugehen[3], folgen nun einige Gedanken zum Begriff "Dynamik". Er wird sehr oft im Zusammenhang mit "Natur" und "Landschaft" verwendet. Zugleich repräsentiert die Dynamik eines der Kernprobleme der aktuellen Naturschutzdiskussion, die ja aus der *Erkenntnis von Wandel und Veränderung* des Bios und der Lebensräume - und damit der gesamten Landschaftsökosysteme - resultiert.

Weshalb wurde an dieser Stelle der Begriff *"Modell"* erwähnt? Er beherrscht praktisch alle Diskussionen - auch die um Natur und Naturschutz. Solange ein Mo-

---

3   vgl. dazu die Beiträge von Aurada (1999), Müller (1999) und Steinhardt (1999) sowie das
     Modellkapitel in Leser (1997[4]).

dell der Problemstrukturierung dient, solange hat es einen unbestrittenen Nutzen. Wenn man aber von ihm sich prognostische Aussagen und Wunder bei der Lösung praktischer Probleme erhofft, dann wird dies eine vergebliche Hoffnung sein. So belegen diverse ökonomische Modelle für Wirtschaftsordnungen, dass sie *als prognostisches Werkzeug* vor allem *versagen*. Sie müssen als Prognoseinstrumente deswegen versagen, weil Wirtschaftssysteme sich weitestgehend *chaotisch* verhalten. Und nicht anders verhalten sich Natursysteme und Naturlandschaftssysteme. Daher hat bei ihnen der Modelleinsatz nur auf jenen methodischen Ebenen zu erfolgen, wo er sinnvoll ist.

Modellvorstellungen werden hier erwähnt, um vor allem auf deren Tücken hinzuweisen. Modelle von komplexen Systemen - welcher Art auch immer - können diese allenfalls durchschaubarer, mithin verständlicher machen. Daraus darf man jedoch nicht ableiten, mit ihnen die Realität - im Sinne praktischer Handlungen - meistern zu können. Das gilt besonders für den Naturschutz, dessen Systeme nicht nur *komplex*, sondern auch *dynamisch* sind. Er gleicht damit anderen Bereichen der Bio- und Geowissenschaften und deren Anwendungssektoren. *Naturschutz hat sich mit dynamischen Phänomenen auseinander zusetzen*. Daher ist nun auf den Begriff "Dynamik" einzugehen.

2.2   Haben wir die Dynamik im Griff?

Diese Frage kann man philosophisch behandeln, wobei der Begriff und seine denkbaren Möglichkeiten auszuloten wären. Dem Naturschutzpraktiker bringt das wahrscheinlich wenig, denn es führt ihn - vermeintlich oder tatsächlich - weit von der Realität weg. Er könnte mit der Idee der *Nachhaltigen Entwicklung* ebenso wie mit bestehenden *Biosphärenreservaten* argumentieren. Damit könnte man belegen, dass man die Dynamik "im Griff habe". Man könnte auch mit den Begriffen *reversibel* und *irreversibel* argumentieren, und man fände da sicherlich eine Menge Beispiele die belegen, daß es zwar Fälle gibt, die sich als nicht steuerbar bzw. nicht regelbar herausstellten, die Mehrzahl aber doch gesteuert werden konnte.

Dass die Dynamik der Landschaftsentwicklung eine differenzierte Betrachtung verdient, zeigten Bork et al. (1998). Für die dort vorgeführte Mensch-Umwelt-Spirale wird nach jahrhundertelangen Prozessen zwar eine gewisse Wiederholung postuliert, aber sie liegt auf einem *anderen Niveau* (Bork et al. 1998, S.31ff.). Das scheint zu belegen, dass die Menschheit mindestens den klimatisch und anthropogen gesteuerten Stoffhaushalt der Landschaftsökosysteme nicht im Griff hat. Folglich muss die Frage dieser Überschrift mit einem klaren "Nein" beantwortet werden.

Hinzu kommen andere, allgemeinere, eher methodologische Grundsätze, die dieses Verneinen unterstützen:

- "Dynamik der Natur" bzw. "Dynamik *in* der Natur" ist nirgendwo exakt definiert, und daher kann man damit nicht methodisch sauber umgehen, jedenfalls nicht im Sinne des Praktikers.

- Zwischen Modellvorstellung von "Natur" bzw. "Natursystem" einerseits und landschaftsökologischer Realität andererseits klafft eine methodische Lücke, weil gerade das Modell der komplexen Landschaft gegenüber der Wirklichkeit zu sehr vereinfacht. Eine solche methodisch-methodologische Lücke lässt
  - weder ein realistisches Naturschutzkonzept zu,
  - noch ermöglicht es plausible Handlungen in der Naturschutzpraxis.

Die Abstraktion soll an dieser Stelle jedoch nicht noch weiter getrieben werden, obwohl sich gerade dadurch die Möglichkeiten und Grenzen der Einschätzung von "Dynamik" wahrnehmen ließen. - Auch wenn dies wie eine Fortführung der theoretischen Betrachtungen erscheinen mag, muss noch kurz auf die ökologischen Systeme in der Landschaft sowie auf deren Dynamik und deren Probleme eingegangen werden. Erst wenn über den Begriff "Dynamik" Klarheit herrscht, lässt sich auch etwas zu einem *"Neuen Naturschutz"* sagen, der im übrigen einen völlig anderen Namen tragen müsste, um von Ansatz, Konzept, Zielen und Handlung her nicht mit dem bisherigen Naturschutz verwechselt zu werden.

Die *Dynamik in der Natur* wird durch chaotisches Verhalten bestimmt. Ihr Wesen ist im weitesten Wortsinne *Unberechenbarkeit* - nämlich Unberechenbarkeit der Wirkungen in Raum und Zeit. Ökologische Systeme folgen bestimmten Regeln, die jedoch lokal, regional oder zonal durchbrochen werden können und auch immer wieder durch "das Spiel der Natur" durchbrochen werden. Das geschieht durch *"Seltene Ereignisse"*, die als Klein- oder Großkatastrophen unterschiedlichen Wirkungsgrades und unterschiedlicher Reichweite auftreten. Sie verleihen den Systemen *Entwicklungsschübe*, indem Teile des Systems sich grundlegend ändern und damit dem Gesamtsystem eine neue Entwicklung ("Gestalt", Funktionsweise, Tendenz etc.) aufnötigt. Auch Bork et al. (1998) argumentieren so. Ihre Hypothese ist jedoch, dass bei einer sehr langzeitigen Betrachtung die Entwicklung sich wiederholt - wenngleich, wie bereits gesagt, auf einem anderen Niveau. Damit werden aber Zeiträume betrachtet, die außerhalb des einzelmenschlichen Erfahrungsbereiches liegen und die damit auch für einen Naturschutz, welcher Art auch immer, nicht relevant sind. Dabei wird von der Erkenntnis abgesehen, dass Naturschutz auch längerzeitige Perspektiven kennen sollte, die in jedem Fall in einen "Neuen (auf Landschaftsökosysteme bezogenen) Naturschutz" eine Rolle spielen müssten.

Die *Problematik der Dynamik in der Natur* soll an zwei willkürlich ausgewählten Beispielen kurz diskutiert werden, wobei auch der Gedanke einer *"natürlichen Dynamik"* einbezogen wird. - *Beispiele* stellen die Extremniederschläge dar, die *innerhalb* einer Vielzahl anderer Niederschlagsereignisse auftreten, wovon die Extremniederschläge die wirklichen Impulsgeber für Systemänderungen repräsentieren. Das bedeutet in diesem Fall Bodenabtrag mit Veränderung des Oberflächenreliefs; im Extremfall entsteht auch eine neue Landform. - Ähnlich die Niederschlagsereignisse in Trockengebieten: Sie bleiben für Jahre oder Jahrzehnte aus und unterdrücken damit das Bios, das jedoch im Fall ausreichenden Niederschlags wieder auftreten kann. Dann funktioniert der gesamte Energie-, Stoff- und Biohaushalt der Landschaft anders als während der langjährigen Dürrezeit.

Sowohl die bodenerosiven Niederschläge als auch die langjährigen Niederschlagsschwankungen in Trockengebieten sind selbstverständlich grundsätzlich berechenbar bzw. prognostizierbar. Trotzdem bleibt *mehr als nur ein Rest chaotischen Verhaltens*, wenn man die tatsächlich eingetretenen Ereignisse betrachtet. Beide Phänomene kann man als Bestandteile des natürlichen Funktionierens bzw. der natürlichen Entwicklung der Natur ansehen. Sie sind - trotz ihres chaotischen Charakters - reguläre Bestandteile des endogenen Wandels von Natursystemen (Kempel-Eggenberger 1993; Leser 1997). Sie repräsentieren insofern "natürliche Entwicklungen", als sie ohne direkten Einfluss des Menschen ablaufen. (In beiden Fällen, also auch bei der Bodenerosion, wurde von natürlichen, also *anthropogen unveränderten* Umwelten und Prozessen ausgegangen. Dass dies eine Abstraktion ist, belegen Bork et al. [1998] für Mitteleuropa.)

Diese eben skizzierte Art der *endogenen Dynamik* der Naturlandschaftsysteme wird als *natürliche Dynamik* bezeichnet. Andere Beispiele von natürlicher Dynamik könnte man unter anderen Randbedingungen und auf anderen Zeitachsen betrachten. Sobald man aber "Natur", "natürliche Ereignisse", "natürliche Dynamik" etc. in einen größeren sachlichen (bzw. raum-zeitlich-prozessualen) Kontext stellt, wird manche Beurteilung dieser Sachverhalte zum *Wahrnehmungsproblem*. Das Problem bzw. die Frage wäre (auch im Hinblick auf den Naturschutz): Wie lang oder kurz kann/darf die Zeitachse sein, dass "*der Mensch als Maß*" Relevanz behält?[4] Zugleich wird damit wieder die Frage des Schutzes relevant: Was soll, wenn von "Naturschutz heute" gesprochen wird, denn eigentlich geschützt werden - die "Natur", die "Kulturlandschaft" oder gar die "Kulturlandschaftsdynamik"? Dieser Gedanke wird, fast im Sinne einer Hypothese, in den folgenden Abschnitten mehrfach wieder aufgegriffen und diskutiert.

Das Problem "Schutz - Natur - Kulturlandschaft - Kulturlandschaftsdynamik" mag durch das *Beispiel der südwestdeutschen Altsiedellandschaften* verdeutlicht werden (ohne es in extenso auszuführen): Bei der Deutung der Entwicklung zu ihrem heutigen Zustand gelangt man rasch auf eine Zeitachse von rund 10.000 Jahren, also zur Dauer des Postglazials. Naturschutz, der sich mit Orchideen oder Cicindeliden auf Trockenrasen des Kaiserstuhls oder des Markgräfler Hügellandes beschäftigt, stößt auf folgende Begriffe bzw. Problembereiche:

- Postglaziale Klimageschichte mit Bodentypen- und Vegetationswandel;
- Besiedlungs- und Nutzungsgeschichte der Löß- und Beckenlandschaften ab dem Neolithikum bis zu den Römern, Franken und Alemannen;
- Alemannische Siedlungs- und Nutzungsgeschichte bis zur Neuzeit;

---

4 Damit ist gemeint, daß der Mensch als Wahrnehmender (d.h. Verursacher, Nutzer, Planer, Bewahrer, Schützer etc.) durch die Vorgabe einer zu langen Zeitachse nicht ausgeschaltet wird, weil er sich dadurch auch seiner Verantwortung enthoben sehen könnte.

- Neuzeitliche Siedlungs- und Nutzungsgeschichte mit Industrialisierung;
- "Moderne" Ortsentwicklungen und Infrastrukturbauten im 20. Jahrhundert;
- sich ständig steigernde Nutzungskonflikte ab 1950/1970.

In diesem Beispiel *bewegt sich "Natur"schutz demnach innerhalb einer komplexen, in vielen Entwicklungsschritten entstandenen Kulturlandschaft*. In ihr erfuhren während der letzten 10.000 Jahre allein durch die Klimaentwicklung z.B. die unmittelbar postglazialen Einwanderer Auslesesituationen (mit mehrfachem *natürlichem Artensterben*), aber auch neue Entwicklungsanstöße (z.B. während des Klimaoptimums im Atlantikum).

Noch einmal: Diese Klima-, Floren-, Faunen- und Bodenmodifikationen spielten sich in einer Altsiedellandschaft ab, die *seit mindestens 6.000 Jahren genutzt und damit anthropogen verändert* wurde. Diese frühe Kulturlandschaft erfuhr dann noch einmal in den letzten 1.200 Jahren - also postkarolingisch - ganz massive anthropogene Veränderungen. Zu diesen gehörten und gehören auch *flächendeckende Eingriffe* (Rodungen, Waldweide, Trockenlegungen, Waldbrände, Flurbereinigungen, Flussumlegungen etc.). Sie veränderten nicht nur das Landschaftsbild, sondern bewirkten grundlegende geoökologische Umstrukturierungen des Landschaftshaushaltes, die wiederum mit gewaltigen biotischen Veränderungen verbunden waren.

Kehren wir zu den Orchideen und Cicindeliden des Trockenrasens im Kaiserstuhl oder im Markgräfler Hügelland zurück: Heute sind das *real existierende Naturschutzobjekte* - aber eben solche, die das Ergebnis einer komplexen Entwicklung natürlicher *und* anthropogener Änderungen der Landschaft darstellen. Kommen wir auf die Frage zurück, was daran nun "natürliche Dynamik" bzw. "endogener Wandel" und "exogene Veränderung" ist: Es dürfte mit einem Male einsichtig sein, dass diese Frage deswegen nicht zu beantworten ist, weil die Beantwortung voraussetzen würde, dass man in den Landschaftsökosystemen endogene und exogene Effekte methodisch sauber trennen kann.

Angetippt war in den vorhergehenden Kapiteln bereits folgender Zusammenhang: Mit dem Begriff "Landschaft" verbindet sich auch der Begriff "Natur" und damit jener der "Natürlichkeit". Was bedeutet das für das vorgelegte Beispiel? Es geht

- um eine alte Kulturlandschaft,
- die einer permanenten natürlichen *und* anthropogenen Modifikation unterliegt, so dass man ihr
- keine "Natürlichkeit" im strengen Sinne des Wortes zuschreiben kann und sich deswegen auch mit einer
- "Natur" auseinandersetzen muss, die vor allem durch das Wirken des Menschen in Zusammensetzung, Verbreitung und Dynamik geprägt ist.

Das bedeutet, dass diese Begriffe *so* (also in ihrer engen Definition) nicht eingesetzt werden können. Aber das hat zugleich Konsequenzen für einen wie immer auch definierten "Naturschutz". Für das Beispiel bleibt demnach die Feststellung, dass die Landschaft schon seit Jahrtausenden eine Kulturlandschaft ist und dass die Veränderung der Landschaftstypen (mindestens) in Mitteleuropa eine *Veränderung von Kulturlandschaftstypen* i.w.S. darstellt: Der bisherige und heutige Naturschutz (per definitionem)

- *spielte und spielt sich in Kulturlandschaften ab,*
- *schützte und schützt Objekte, die ohne die Kulturlandschaftsentwicklung so nicht vorhanden wären und*
- *arbeitet mit einem Naturbegriff, der eigentlich dem Objekt unangemessen ist.*

Hinzu kommt (aber genau das macht verständlich, dass die aufgezeigte Diskrepanz "dem" Naturschutz[5] verborgen blieb): Der herkömmliche Naturschutz konzentrierte sich auf den *Objektschutz,* der sich eben aus "Objektbesonderheiten" zu ergeben schien - wie z.B. die Cicindeliden oder die Orchideen am Badberg im Kaiserstuhl. Aber dass sie *gerade dort* stehen, ist dem *Zufall der Nutzungsgeschichte der Kulturlandschaft* entsprungen - nicht mehr, aber auch nicht weniger. Wir müssen uns daher fragen, ob dies ausreicht, Naturschutz so zu betreiben wie bisher.

Übrigens: Zum "Bisher" gehört auch jener *Ökosystemschutz,* auf den sich der Naturschutz schon seit geraumer Zeit beruft. Das bedeutet im Fall unseres Beispiels: Auch der gesamte Badberg-Hang im Kaiserstuhl, wird er als Landschaftsökosystem geschützt, ist und bleibt ein *von der Nutzung durch diverse Zufälle geprägtes System* - das betrifft die topographische Lage im Georelief, seine Lage in der Kulturlandschaft Kaiserstuhl an sich und auch die ökologischen Nachbarschaftsbeziehungen. So gesehen findet sich *"Chaotisches"* also auch in der Gesamtsituation des Schutzobjekts. Es wird von uns lediglich nicht wahrgenommen, dass hier *ein Zufallsprinzip herrscht,* das man beim Realisieren des Schutzes *überhaupt nicht zur Diskussion* stellt.[6]

2.3 Zwischenfazit: Wie passt der Aspekt "Dynamik" zum Schutzgedanken?

Die "Dynamik" der Landschaft, der Um- und Mitwelt sowie der "Natur" erweist sich offenkundig als ein sehr komplexes Phänomen, zu dem hier einige Gedanken aus den vorhergehenden Kapiteln zusammengefasst vorgelegt werden:

1. *"Dynamik"* kann man nicht von "endogenem Wandel" und "exogener Veränderung" (und diese beiden auch nicht voneinander!) trennen, weil Endogenes und

---

5 Der Autor weiß, dass es "den" Naturschutz nicht gibt - weder als Institution noch in der Masse der Individuen, welche Naturschutz betreiben. Es gibt Projekte, die mit den Darlegungen dieses Beitrages konform gehen, weil sie begriffskritisch ansetzten; es gibt aber auch sehr viele Projekte und Institutionen, die den klassischen Naturschutz weiterbetreiben (oder weiterbetreiben müssen).

6 Diesbezügliche Betrachtungen kann man aber auch für die Geoökologie (Kempel-Eggenberger 1993) und für die Landschaftsökologie (Leser 1997) anstellen. Es geht also nicht darum, den Naturschutz und seine Objekte ins Abseits zu stellen.

Exogenes miteinander so verwoben sind, dass eine methodisch saubere Trennung nicht möglich ist.

2. Das belegt die *Entwicklung der Landschaft und ihrer Prozesse* (die eben nicht nur "natürliche", sondern auch anthropogene Prozesse waren und sind) in Mitteleuropa: Beide zusammen machen eine "Dynamik" aus, die sukzessive die Naturlandschaft in eine immer intensiver genutzte und zeitweise hochdiverse Kulturlandschaft überführte.

3. Dieser sukzessive erfolgende Entwicklungsprozess wurde *erst ab dem Zeitraum 1950/1970* von einer breiteren Öffentlichkeit bzw. der Allgemeinheit *wahrgenommen* - und zwar wegen seiner Sichtbarkeit, wegen eines Bewusstseinswandels (Beginn eines *"Ökologischen Denkens"*) und wegen der immer stärker spürbaren Divergenzen zwischen Potential, Anspruch und Planungs- bzw. Gestaltungsmöglichkeiten.

4. Weil man inzwischen nicht nur aus wissenschaftlichen Untersuchungen, sondern auch aus der persönlichen Erfahrung und Wahrnehmung heraus weiß, dass die mitteleuropäischen Landschaften Kulturlandschaften sind, - so weiß man aber auch, dass *"Natur" - im Sinne von "Natürlichkeit" (also "nicht anthropogen", d.h. vom Menschen nicht beeinflusst) - in den Landschaften Mitteleuropas* **nicht** *existiert.*

5. Trotzdem wird in Mitteleuropa "Natur"schutz betrieben. Dieser Naturschutz schützt:
   - *Reste von "Natur"*, deren "Natürlichkeit" jedoch schwer nachweisbar ist (z.B. könnte man Sonderstandorte mit Steppenheidevegetation und -fauna als solche "Reste von Natur" bezeichnen).
   - *Standorte und Kleinbereiche biotischer Diversität*, die heute vor allem nutzungsbedingt sind (z.B. die Halbtrockenrasen ["Magerwiesen"]).
   - *Kulturlandschaften, die "Natur" suggerieren* (z.B. die Extremkulturlandschaft der Lüneburger Heide um den Wilseder Berg herum).
   - *Einzelobjekte und ihre Standorte in der Kulturlandschaft*, die sich durch "Besonderheit" bzw. Seltenheit auszeichnen, also die ganz klassischen Naturschutzobjekte.

Fazit zum Zwischenfazit: Dies alles, was der Naturschutz da so schützt, hat nichts mit "Natur" per definitionem zu tun. Natur im Sinne der vom Menschen unberührten Natur kann man nur noch relativ kleinräumig in entlegenen Hochgebirgen, in bestimmten Bereichen der Arktis, in manchen Savannen-, Steppen- und Halbwüstenlandschaften sowie in Wüsten und in peripheren Teilen des tropisch-immerfeuchten Regenwaldes finden. (Dabei wird davon abgesehen, dass anthropogene Stoffe wie die PCBs auch in der industriefernen Hocharktis etc. vorkommen ... - die Frage bleibt: Was ist eigentlich noch "Natur" bzw. vom Menschen total unbeeinflusst?). Noch einmal:
- Was soll Naturschutz angesichts solch einer Situation tun und
- welche "Natur" soll er denn eigentlich schützen?

3 Exkurs: Natur-, Landschafts- und Umweltschutz
- tote Ideen?

Schon seit längerer Zeit wird aus den Südalpen von einer massiven Vegetationsdynamik berichtet. Die wärmeliebenden Gewächse nahmen in den letzten drei Jahrzehnten des 20. Jahrhunderts zu, die Höhengrenzen bestimmter Arten und Pflanzenassoziationen rückten nach oben. Selbst in der Nordschweiz kann für den gleichen Zeitraum eine Zunahme wärmeliebender submediterrander Arten konstatiert werden. An diesen nicht nur beobachtbaren, sondern auch wissenschaftlich dokumentierten Beispielen kann der Mensch, und zwar innerhalb seinem Verständnis erschlossenen Zeiträumen, selbst erfahren, dass "endogene", sogar relativ kurzfristige Modifikationen stattfinden - so wie der Mensch dies während der Kleinen Eiszeit in den Alpen durch Ernterückgänge und Zunahme der Naturgefahren erfahren hat. Aber: Ist diese Dynamik wirklich endogen? Die Entwicklung vollzieht sich zwar nach Naturgesetzen (Veränderung des vertikalen Temperaturgradienten), aber der tatsächliche Auslöser ist der Mensch, wenn man die Klimaerwärmung als anthropogen verursacht ansieht. (Auch dies ist ein Beispiel dafür, dass man besser generell von einer "Dynamik" der Landschaft und ihrer Inhalte und Prozesse sprechen sollte.)

Im Sinne eines Exkurses muss man sich wohl darüber Gedanken machen, ob angesichts dieser sichtbar und messbar wahrnehmbaren Dynamik der Landschaft und ihrer biotischen Inhalte, Naturschutz herkömmlicher Art noch Sinn macht. Die Frage sei wiederholt: Welche "Natur" soll der "Natur"schutz eigentlich schützen, wenn keine "natürliche Natur" mehr existiert? An die vom Objekt vorgegebenen *methodischen Schwierigkeiten* sei noch einmal durch Beispiele erinnert:

- Kurzfristige Klimadynamik, d.h. Erwärmung, die bereits feststellbar ist, überlagert sich mit einer im gleichen Zeitraum (d.h. den Jahren zwischen 1970 und 2000) stattfindenden immensen Nutzungsdynamik bzw. Kulturlandschaftsdynamik: Endogen? Exogen?

- Kulturlandschaftsdynamik im Freiland durch Infrastrukturbau und Flurbereinigung bedrängt die Lebensräume von Tieren und Pflanzen, verändert sie und schafft total neue Landschaftsstrukturen und bedingt z.T. völlig neue Geoökosystemfunktionen. Der Lebensraum ist räumlich und strukturell-funktional anders als bisher beschaffen.

- "Landschaftsdynamik" findet auch in Städten bzw. Agglomerationen statt - also eine Stadtökosystemdynamik, bedingt durch Umnutzungen verschiedenster Art, auch Freiflächenwandel durch neue Nutzungsintensitäten und durch Veränderung der Baustrukturen, die geotische und biotische Wirkungen zeitigen.

Es bleibt also die *Frage nach der "Natur" und nach Sinn und Aufgabe des Naturschutzes* nicht einfach nur bestehen, sondern sie muss sogar verschärft gestellt werden: *Sind Natur-, Landschafts- und Umweltschutz in Mitteleuropa nach den 70er Jahren des 20. Jahrhunderts tote Ideen, die an der Wirklichkeit vorbeigehen, zumal ihnen der Gegenstand zu fehlen scheint?*

Oder anders formuliert: Hat der Naturschutz eigentlich je Natur schützen können? Die offenkundig bestehenden *Hauptschwächen* von Natur-, Landschafts- und Umweltschutz kann man plakativ wie folgt herausstellen:

- *Naturschutz* ist zu objektbezogen und zu biologistisch und kollidiert mit der Existenz der real existierenden Kulturlandschaft und ihren anthropogenen Regelungen.
- *Landschaftsschutz* ist zu diffus und kollidiert mit den Ausweitungen der Infrastrukturen in der Wirtschafts- und Verkehrslandschaft.
- *Umweltschutz* (um diesen der Vollständigkeit halber ebenfalls zu erwähnen) ist zu technisch und zu "juristisch" (was fast dasselbe bedeuten kann).

Und allen dreien ist zu eigen, dass sie in der Regel politisch und administrativ zu ungenügend institutionalisiert sind, also weitestgehend wirkungslos. Um nicht missverstanden zu werden:

1. Es kann nur um ein "Ja" zum Naturschutz - wie immer man ihn definieren mag - gehen.
2. Es ist lediglich zu begründen, dass es etwas zu schützen gibt. (Oder ist "Schützen" ein falsches Wort - so wie der Begriff "Naturschutz" ja auch nicht das abdeckt, was notwendig wäre und was künftig notwendig sein wird? Oder muss er sich für seine Arbeit neue Voraussetzungen schaffen und/oder eine andere Methodik einsetzen?)

Bevor an Kleinbeispielen auf diese Fragen eingegangen und eine Antwort versucht wird, muss eine *plausible Begründung für den Naturschutz* (um zunächst bei diesem Begriff zu bleiben) gegeben werden.

Die Argumentation kann wohl kaum noch von einer nicht mehr vorhandenen "Natur" und/oder "Natürlichkeit" her erfolgen, sondern hat den Menschen - und letztlich sein ökonomisches Tun - in den Mittelpunkt zu stellen: *"Der Mensch als Maß"* - auch der "Natur"? Die Antwort auf diese Frage kann nur "Ja" lauten, wenn "Natur"schutz sich als "Umweltidee" - und natürlich auch als ethische Norm - nicht aufgeben will. Daher sind "Natur" und "Mensch" in einen Zusammenhang zu bringen, der sich letztlich nur *ethisch* begründen lässt, was die Basisabhängigkeit Mensch-Naturpotential (Luft, Wasser, Boden, Bios, Rohstoffe etc.) ganz bewusst einschließt.

Gerade wegen *dieses existenziellen Zusammenhanges Mensch - Natur* ergibt sich für die "Natur" bzw. das Naturpotential ein Wert an sich. Es ist ein axiomatischer Wert und er ist sehr hoch anzusetzen, weil "Wert" nicht nur im materiellen Sinne begriffen werden darf (z.B. biotische Produktion, mineralische Rohstoffe). "Wert" für den Menschen schließt selbstredend auch das Physiologische mit ein (z.B. Luft zum Atmen, Wasser zum Trinken etc.), aber auch das Psychologische. Damit ist der Wert von Natur und Landschaft als Wahrnehmungsobjekt im weitesten Sinne gemeint - die Gerüche, die Farben, die Geräusche, die Sichtbarkeit, die "Schönheit" etc. der Landschaft bzw. der Umwelt und damit auch der Natur.

"Natur" *so* begriffen - vielleicht wenig präzise definiert, dafür aber möglichst weit und umfassend verstanden - birgt auch für den bisherigen Naturschutz Aufgaben, die man als *"Aufgaben neuer Art"* bezeichnen könnte. Sie stellen sich deswegen als neu, weil sie

1. grundsätzlich nur noch in einer Kulturlandschaft wahrgenommen bzw. ausgeführt werden können, in welcher die "Natur" im ursprünglichen Sinne der Definition mit immer weitergehender anthropogener Prägung von Welt und Umwelt verschwindet oder andere Gestalt und andere Funktionen annimmt;

2. praktisch nicht mehr dem klassischen Schutzgedanken folgen (können), sondern allenfalls die Erhaltung von "Natur" bzw. "Naturresten", vor allem aber *das Gestalten und Organisieren* (neu) umfassen müssen, wobei als theoretische Leitlinie der ethische Ansatz dient: Der Mensch braucht die "Natur", sie ist für ihn unabdingbar und sie ist daher in ihrem Wert unbestritten.

3. Daraus leitet sich für den "Naturschutz" - noch einmal: in einer immer stärker vom Wirken des Menschen geprägten Umwelt - vor allem als neue und vielleicht überhaupt vorrangige Aufgabe *das Gestalten* ab.

4 Wie weiter?

Ausgehend vom Zwischenfazit in Kapitel 2.3 erscheint eine Frage nach dem "Was kann oder muss von der Natur erhalten werden?" als falsch gestellt. Das würde wieder zum klassischen Naturschutz, wie er zwangsläufig zu großen Teilen auch heute noch praktiziert wird, zurückführen. Es geht nach obigen Ausführungen nicht nur um das Erhalten, sondern vor allem um

- *Gestalten* der Natur in Landschaft und Stadt und damit auch um das
- *Schaffen* von Natur im Freiland und in der Stadt.

Das sind zwei komplementäre Aspekte eines *Neuen Naturschutzes*, die der traditionellen Schutzaufgabe nicht nur zur Seite gestellt werden, sondern diese möglicherweise größtenteils ersetzen.

Was ist damit *nicht* gemeint? In den urban-industriellen Ökosystemen der Stadt, wo Defizite an Natur im weitesten Sinne bestehen, wäre das *Gestalten und Schaffen* wohl am notwendigsten. Eine Diskussion darüber, ob "Natur" überhaupt etwas im urbanen Raum zu suchen habe, wird an dieser Stelle nicht geführt.[7] Für den Autor gehört sie unbedingt hinein.

---

7 Hier nur soviel: Von der historischen Stadtentwicklung oder von der Architektur her gesehen, bedarf es nicht unbedingt der Natur in der Stadt. Aber schon wenn man eine englische Gartenstadt oder eine mittelalterliche Stadt der Mediterranis vergleicht, fällt allein diese Aussage schon anders aus. Der Autor verfolgt einen pragmatischen Ansatz: Wenn fast 50% der Menschheit heute schon in Städten lebt (bei zunehmender Tendenz) und der "Natur" mindestens Rekreationswert und ein psychisch positiver Wahrnehmungseffekt zugebilligt wird, gehört "Natur" unbedingt in die Stadt hinein. Ein neu definierter Naturschutz hätte dann die Aufgabe des Gestaltens und des Schaffens zu übernehmen.

Aber was kennt man als *"Natur in der Stadt"*? Das sind/ist

- vor allem die Straßenbäume in ihrer ökologisch räumlichen Enge,
- das sogenannte "Stadtgrün" in Form von Vorgärten, Rabatten, einzelnen Blumenkübeln, Einzelbeeten auf dem Trottoir,
- die Stadtparks und Friedhöfe,
- "Bahnhofsgrün" auf oder um Gleisanlagen,
- "Ufergrün" als Böschungen und Einfassungen von Stadtgewässern bzw. Wiesen- und Auenpartien um Stadtgewässer.

Diese keineswegs vollständige Aufzählung illustriert: Es handelt sich oft um räumlich begrenzte Bereiche, vielfach ausgestattet mit geoökologischen Merkmalen von Extremstandorten. Hier hat sich auch der Naturschutz in der Stadt versucht und bewährt, meist in einer administrativ und politisch schwachen Position (dessen Ursache nicht allein bei ihm selber zu suchen ist). Dass unter diesen Bedingungen allenfalls die Aufgabe des Naturschutzes *"Bewahren"* sein kann, leuchtet ein. Zugleich sollte einsichtig sein, dass hier eine umfassende Strategie her muss, um "Natur" in der Stadt nicht nur zu halten, sondern um sie überhaupt erst hineinzubringen. Daß die Kommunen unterschiedlich vorgehen ist selbstverständlich. Da stehen Einzelmaßnahmenkataloge neben auf Langfristigkeit angelegten Konzepten.

Auf die Stadt als Raum mit "Natur" wird hier aus zwei Gründen hingewiesen:

- Zum einen weil sie für den Naturschutz wohl das - im wahrsten Wortsinne - härteste Pflaster für Maßnahmen und Wirkungen darstellt,
- zum anderen, weil die Stadt nicht als Gegensatz zum Freiland ("Landschaft") aufgebaut werden soll, sondern eben als "Stadt*landschaft*" die gleiche Aufmerksamkeit verdient wie das Freiland. Die Diskussion um den *periurbanen Raum* (z.B. Seeland 1999) belegt ja, dass dieser Gegensatz "Stadt-Land" bei den heutigen Siedlungs- und Sozialstrukturen eigentlich nicht mehr besteht. Das bedeutet im Sinne eines *Neuen Naturschutzes* auf zweierlei Weise *holistisch* anzusetzen:
    - Den "Raum" als totales Landschaftsökosystem zu modellieren und als Arbeitsgegenstand zu akzeptieren (Herz 1994; Leser 1997[4]) und
    - urbane, periurbane und rurale Bereiche als *ein* Tätigkeitsfeld aufzufassen, also - um es trivial zu formulieren - "Naturschutz im allerweitesten Sinne" *auch* "in der Stadt" zu betreiben.

Damit ist man wieder beim Begriff *Kulturlandschaft*, der ja den strukturellen und funktionalen Unterschied Stadt/Freiland nicht zum Gegensatz erhebt. Was bedeutet das für den Naturschutz? Es bedeutet:

1. Es muss einen *"Neuen Naturschutz"* geben und dieser
2. *"Neue Naturschutz"* muss sich als *Gestalter* verstehen und die *Kulturlandschaft als seinen Aktionsraum* erkennen.

Naturschutz hat sich nicht nur in der Vergangenheit, sondern auch heute mit dem Nutzungsanspruch von Siedlung, Verkehr und Wirtschaft auseinandergesetzt (Erdmann & Mager 2000). Das wird auch in Zukunft so bleiben (gerade wegen der Verstädterung der Erde) und daher kann von dieser Prämisse ausgegangen werden, und davon, dass

- die Landschaft auch künftig eine *immer intensiver genutzte und beanspruchte Kulturlandschaft* sein und die rasante Dynamik (die ja nicht nur eine Kulturlandschaftsdynamik, sondern auch eine Landschafts*ökosystem*dynamik ist) zwischen 1970 und 2000 sich in Zukunft exponentiell steigern wird;

- die *Umnutzungen von Flächen* in den Kernstädten, den Agglomerationen und an deren Rändern - also im periurbanen Raum - zu immer neuen Nutzungskonflikten, aber auch zu völlig neuen (anderen als den heutigen!) Raumstrukturen führen werden;

- die *Städte sich weiter verdichten* und die *"Restnatur" dort weiter schwindet*, sie jedoch durch neue Elemente zu ersetzen ist, die auf die auch für städtische Lebensräume gültigen Naturgesetze eingestellt sind, aber zugleich auch versuchen, Bios in der Stadt möglich zu machen - im Sinne des vielfältigen "Wertes" von "Natur".

Was wären *"neue Aufgaben"* eines *"Neuen Naturschutzes"* in dieser eben skizzierten "Welt in Dynamik"? Salopp könnte man formulieren: "Naturschutz ist Kulturlandschaftsschutz" - aber das würde die Problematik zu sehr vereinfachen. Gehen wir gleichwohl von der Realität der Kulturlandschaft aus.

Aufgaben des "Neuen Naturschutzes" wären:

1. *Exemplarisches Erhalten* der entstandenen *Kulturlandschaftstypen* mit ihren aktuellen Nutzungsformen.

2. Darin - in diesen Kulturlandschaftstypen - aber auch

   2.1 *"Neue Entwicklungen"* zulassen und im Sinne von "Neuer Natur" optimieren, z.B. Flurbereinigungen, Rekultivierungen von Bergbaulandschaften, Aufforstungen von Landwirtschaftsflächen, Brachlegungen von Ackerland, neue Formen der Viehhaltung etc., wobei dies auch den Anforderungen einer *Nachhaltigen Nutzung und Entwicklung* zu erfolgen hätte.[8]

   2.2 Bereiche - ausgehend vom Status quo - *einer natürlichen Dynamik*, ohne anthropogene Eingriffe, *überlassen* - quasi als dynamische Modell-Landschaftsökosysteme.

Diese Aufgaben machen das aus, was "Gestalten" bedeuten würde. Mit diesen Aufgabenformulierungen sollen jedoch noch einige Beispiele verbunden werden. Den Gesichtspunkt "Gestalten" kann man am ehesten mit dem "Beispiel Stadt" erläutern. Naturschutz in der Stadt ist an sich nichts Neues. Vielleicht ist es die schwierigste Form überhaupt, Naturschutz zu betreiben - sowohl von den Extremökosystemen her als auch von der Stadtfunktion allgemein und vom anderen Nutzungs- und Beanspruchungstyp her, den die Stadt gegenüber dem periurbanen Raum und dem Freiland darstellt. Beim "Schutz von Natur in der Stadt" stellen sich

---

8   Eine knappe, aber präzise Zusammenstellung von Thesen zur Nachhaltigen Nutzung und Entwicklung gab Kläy (1994).

auch dem administrativen Naturschutz selbst die Hindernisse, die er allgemein zu überwinden hat, in extremer Form. Es beginnt bei der parzellen- oder punktscharfen Ausweisung der Schutzobjekte, die nicht in Ökosystemzusammenhänge eingebunden sind. Dadurch fallen ökologische bzw. holistische Begründungen für das Schutzobjekt weg - es kann nur aus sich selbst heraus die Begründung für den Schutz beziehen und diese ist, angesichts konkurrierender Nutzerinteressen und rechtlicher Vorgaben, schwach. Hier wird vom Gegenstand und von der Struktur des Bearbeitungsraums klassischer Naturschutz geradezu erzwungen.

Ein Beispiel für neue Ansätze der Naturschutzarbeit in der Stadt liefert das Gartenbau- und Landwirtschaftsamt der Stadt Zürich (1999): In der Stadt Zürich veränderten sich die Kommunalen Natur- und Landschaftsschutzobjekte (= KSO) zwischen 1985 und 1995 massiv: 15% der KSO wurden teilweise und 4% vollständig zerstört. Um 3% "schrumpfte" die KSO-Fläche und bei 20% der KSO-Flächen gab es Qualitätseinbußen. Die Flächenverringerung erfolgte durch Bautätigkeiten, die Qualitätsverminderung durch fehlende oder falsche Pflege der Objekte. Waldränder und Bäche erfuhren kaum Einbußen; Gärten, Feuchtgebiete sowie Ruderal- und Pionierflächen wurden am meisten geschädigt.

Letztere sind *typische Stadtstandorte*: Sie tun sich rasch auf (Bauplätze, Baugruben, Areale ohne mittelfristig bestehende Zwischennutzung etc.), aber sie verschwinden auch wieder. "Naturschutz" im herkömmlichen Sinne hätte also nur ephemere Objekte zu "versorgen" - ihre Unterschutzstellungen oder Erhaltungsmaßnahmen sind und bleiben fragwürdig und bieten immer wieder Anlass zu kontroversen Diskussionen. - Daher muss der Naturschutz in der Stadt sich als *Gestalter* verstehen. Durch Information, Beratung, aber auch technische Betreuung, kann der Naturschutz *Nischen- und Trittsteinkonzepte* realisieren. Auf diese Weise kann eine Stadt langfristig und gezielt *biotisch und ökologisch aufgewertet* werden - und zwar flächenhaft. Vor allem dieses "Flächenhafte" muss *das Ziel sein*, denn nur größere Areale (auch Summen von Kleinarealen spielen dabei schon eine Rolle) können ökofunktional wirklich effektiv sein.

Ein möglicherweise leicht abgegriffenes, zugleich auch noch missverständliches Schlagwort ist "naturnahe Umgebungsgestaltung". Wird es jedoch von einem holistischen Raum- und Ökofunktionsansatz aus interpretiert, erweist es sich als ein nützliches Arbeitsinstrument - sowohl in städtischen Raumnischensituationen als auch an den Agglomerationsrändern und in der intensiv genutzten und ausgeräumten Agrarlandschaft (vgl. u.a. Department Geographie Universität Basel/Geographisches Institut, Abteilung Physiogeographie und Landschaftsökologie 2000; Department Geographie Universität Basel/Geographisches Institut, Forschungsgruppe Stadtökologie 2000).

Um jedoch vom Schlagwortcharakter wegzukommen und den Begriff *naturnahe Umgebungsgestaltung* so einzusetzen, dass bei seinem Einsatz von ihm konkrete *ökologische Funktions- und Raumwirksamkeit* ausgeht, bedarf es

- eines *umfassenden stadtökologischen Konzepts*, das Potentiale für die lang- und mittelfristige stadtökologische Aufwertung ausweist (z.B. alle Freiflächen, Vorgärten, Innenhöfe etc. auf deren ökologische Gestaltungspotentiale ausweisen), das aber auch größerräumige Strukturen erfassen und planen muss (z.B. Korridore durch Wegraine, Straßenböschungen, Eisenbahnlinien, Fluss- und Bachläufe, Schrebergartenkolonien etc.); Kleinräumiges und Großräumiges gehören dabei zusammen;

- einer *permanenten Öffentlichkeitsarbeit* im engeren und im weiteren Sinne, d.h.
- *im engeren Sinne* Beratung der Grundeigentümer, Bauherren etc. bei der Gestaltung ihres Anwesens (z.B. anstatt geteerter Autoabstellflächen Rasenlochsteine oder Kiesschüttung; anstatt Blumenrabatten oder Rasen Magerwiesen oder natürliche Sukzessionen; anstatt Betongartenmauern Trockenmauern; anstatt Glattfassaden Fassadenbegrünungen; anstatt Giebeldächern begrünte Flachdächer); diese Tätigkeit hat bereits weit im Vorfeld, z.B. auf der Ebene von Bauvoranfragen, -gesuchen und -genehmigungen, einzusetzen;
- *im weiteren Sinne* die allgemeine Öffentlichkeitsarbeit, um für die "Natur in der Stadt", "Stadtökologie" und ökologisch begründete Individualentscheidungen und -maßnahmen mental den Boden zu bereiten.

Das Beispiel Stadt lässt sich aber auch auf die übrigen Teile der Kulturlandschaft übertragen, also auf das, was landläufig als "Freiland" bezeichnet wird. Hier schließt sich der Kreis, denn auch die oben beschriebene Weiterentwicklung der Kulturlandschaft durch den "Neuen Naturschutz" - das ist nichts anderes als "Gestalten". Und der klassische Schutzgedanke? Auch er hat darin noch seinen Platz, aber er dominiert nicht mehr.

5 Ein Fazit: "Neuer Naturschutz"!

Zusammenfassend wird hier der *Neue Naturschutz* durch folgende Begriffe umschrieben: Gegenstand, "Philosophie", Ziele und Methodik.

Gegenstand: Der Neue Naturschutz geht nicht wie der herkömmliche Naturschutz von einer schwer zu definierenden "Natur" aus, sondern meint das gesamte biotische und abiotische Naturpotential der Landschaft, also die "Um-Welt" des Menschen im weiteren Sinne. Sie wird - nicht erst seit dem Zeitalter von Industrialisierung und Technik - durch die Kulturlandschaft und ihre Dynamik repräsentiert. In der Kulturlandschaft bilden Mensch und Umwelt ein unauflösbares Wechselwirkungsgefüge.

"Philosophie": Der Mensch braucht aus physiologischen und psychologischen Gründen die Existenz eines möglichst vielfältigen biotischen und abiotischen Naturraumpotentials - sowohl in ländlichen als auch in städtischen Räumen. Dieses Naturraumpotential, bezieht seine Basisbedeutung - seinen "Wert" - daraus, dass es für ein menschenwürdiges Dasein auf dieser Erde unabdingbar ist. Dadurch verfügt es über einen "Wert an sich", der als Norm von der Gesellschaft akzeptiert sein muss. Dafür hat der Neue Naturschutz zu kämpfen.

Ziele: Der Neue Naturschutz gestaltet die Kulturlandschaft (einschließlich der Stadtlandschaft) in einem umfassenden Sinne, weil er von deren Gesamtwirkungsgefüge ausgeht, das sich ständig (und zunehmend anthropogen) verändert. Darin sichert er dem Menschen in seinem Lebens- und Wirtschaftsraum die vielfältigen ökologischen, physiologischen und psychologischen Funktionen, die sich zwischen biotischen und abiotischen Bestandteilen des Lebensraumes ("Landschaftselementen" i.w.S.) ergeben.

Methodik: Die Methodik, die sich auf geo- und biowissenschaftliche Arbeitstechniken abstützt, mit denen in der Kulturlandschaft gearbeitet wird, muss mindestens drei Wirkungsbereiche umfassen: "Erheben", "Erhalten", "Gestalten":

- *"Erheben":* Bestimmung des Zustandes und der biotischen und abiotischen Potentiale des Mensch-Raum-Umwelt-Wirkungsgefüges.
- *"Erhalten":* Administratives und reales Erhalten von Kulturlandschaftstypen und ihrer Dynamik sowie des *ökologischen Kontextes* von Objekten, die sich innerhalb der Kulturlandschaftstypen befinden.
- *"Gestalten":* Begleiten der permanenten Dynamik der Kulturlandschaft, aber auch Auslösen neuer Entwicklungen durch Ideenentwicklung, Prospektion und Planung sowie Realisierung konkreter Maßnahmen, die dem ethischen Ziel des Mensch-Raum-Umwelt-Zusammenhangs dienen.

Der Begriff "Neuer Naturschutz" dient als vorläufiger Arbeitsbegriff. Er sollte durch eine progressive, fundamental neue Bezeichnung ersetzt werden, weil nur dadurch deutlich wird, was er zum menschenwürdigen Existieren auf unserem Globus beitragen kann.

6 Literatur

Aurada, K.D. (1999): Logik und Logistik des Systemkonzeptes der naturwissenschaftlichen Geographie. - In: Schneider-Sliwa, R.; Schaub, D. & Gerold, G. (Hrsg.): Angewandte Landschaftsökologie. Grundlagen und Methoden. - Berlin, Heidelberg u.a., S.65-86

Bauer, H.J. (1997): Zusammenfassendes Ergebnis des Werkstattgesprächs "Naturschutzleitbilder". - In: Schriftenreihe des Deutschen Rates für Landespflege 67, S.132-134

Bork, H.-R.; Bork, H.; Dalchow, C.; Faust, B.; Piorr, H.-P. & Schatz, Th. (1998): Landschaftsentwicklung in Mitteleuropa. Wirkungen des Menschen in der Landschaft. - Gotha, Stuttgart

Broggi, M.F. (1999): Wald im Ballungsraum - einige neu-alte Gedanken. - In: WSL [Eidgenössische Forschungsanstalt für Wald, Schnee und Landschaft] (Hrsg.): Biosphärenpark Ballungsraum. Publikation zur Tagung "Forum Wissen" vom 3. März 1999 an der WSL in Birmensdorf. - Birmensdorf, S.35-40

Departement Geographie Universität Basel/Geographisches Institut, Abteilung Physiogeoraphie und Landschaftsökologie (2000): Verzeichnis der landschaftsökologischen Arbeiten 1974-2000 (Stand: Januar 2000). - Basel [Als Manuskript vervielfältigt]

Departement Geographie Universität Basel/Geographisches Institut, Forschungsgruppe Stadtökologie (2000): Verzeichnis der stadtökologischen Arbeiten 1974-2000 (Stand: Januar 2000). - Basel [Als Manuskript vervielfältigt]

Erdmann, K.-H.; Küchler-Krischun, J. & Schell, Chr. (2000): Darstellung des Naturschutzes in der Öffentlichkeit. Erfahrungen, Analysen, Empfehlungen. - BfN-Skripten 20

Erdmann, K.-H. & Mager, Th.J. (Hrsg.) (2000): Innovative Ansätze zum Schutz der Natur. Visionen für die Zukunft. - Berlin, Heidelberg u.a.

Ewald, K.C. (1997): Die Natur des Naturschutzes im landschaftlichen Kontext - Probleme und Konzeptionen. - In: GAIA 4/1997, S.253-264

Gartenbau- und Landwirtschaftsamt der Stadt Zürich (1999): Natur und Landschaft in der Stadt Zürich. Ziele, Strategien, Instrumente. - Zürich

Herz, K. (1994): Ein geographischer Landschaftsbegriff. - In: Wissenschaftliche Zeitschrift der Technischen Universität Dresden 43, S.82-89

Kempel-Eggenberger, Chr. (1993): Risse in der geoökologischen Realität. Chaos und Ordnung in geoökologischen Systemen. - In: Erdkunde 47, S.1-11

Kläy, A. (1994): Zehn Thesen zur nachhaltigen Nutzung natürlicher, erneuerbarer Ressourcen. - In: GAIA 3/1994, S.117-119

Küry, D. (1999): Natur in Ballungräumen: eine soziokulturelle Perspektive. - In: WSL [Eidgenössische Forschungsanstalt für Wald, Schnee und Landschaft] (Hrsg.): Biosphärenpark Ballungsraum. Publikation zur Tagung "Forum Wissen" vom 3. März 1999 an der WSL in Birmensdorf. - Birmensdorf, S.21-25

Leser, H. (1991): Ökologie wozu? Der graue Regenbogen oder Ökologie ohne Natur. - Berlin, Heidelberg u.a.

Leser, H. (1997): Landschaftsökologie und Chaosforschung. - In: Onori, P. (Hrsg.): Chaos in der Wissenschaft. Nichtlineare Dynamik im interdisziplinären Gespräch. - Reihe MGU 2, S.184-210

Leser, H. (1997[4]): Landschaftsökologie. Ansatz, Modelle, Methodik, Anwendung. Mit einem Beitrag zum Prozeß-Korrelations-Systemmodell von Thomas Mosimann. - Stuttgart (4. Aufl.)

Leser, H. & Nagel, P. (1998): Landscape diversity - a holistic approach. - In: Barthlott, W. & Winiger, M. (Hrsg.): Biodiversity - a challenge for development research and policy. - Berlin, Heidelberg u.a., S.129-143

Leser, H. & Schaub, D. (1995): Geoecosystems and Landscape Climate - The Approach to Biodiversity on Landscape Scale. - In: GAIA 4/1995, S.212-220

Leser, H. & Schneider-Sliwa, R. (1999): Geographie - eine Einführung. Aufbau, Aufgaben und Ziele eines integrativ-empirischen Faches. - Braunschweig

Mosimann, Th. (1997): Prozeß-Korrelations-System des elementaren Geoökosystems. - In: Leser, H. (Hrsg.): Landschaftsökologie. Ansatz, Modelle, Methodik, Anwendung. Mit einem Beitrag zum Prozeß-Korrelations-Systemmodell von Thomas Mosimann. - Stuttgart (4. Aufl.), S.262-270

Müller, F. (1999): Ökosystemare Modellvorstellungen und Ökosystemmodelle in der Angewandten Landschaftsökologie. - In: Schneider-Sliwa, R.; Schaub, D. & Gerold, G. (Hrsg.): Angewandte Landschaftsökologie. Grundlagen und Methoden. - Berlin, Heidelberg u.a., S.25-46

Schneider-Sliwa, R.; Schaub, D. & Gerold, G. (Hrsg.) (1999): Angewandte Landschaftsökologie. Grundlagen und Methoden. - Berlin, Heidelberg u.a.

Schubert, B. (1999): Landschaftsplanung im "Periurbanen Raum". - In: WSL [Eidgenössische Forschungsanstalt für Wald, Schnee und Landschaft] (Hrsg.): Biosphärenpark Ballungsraum. Publikation zur Tagung "Forum Wissen" vom 3. März 1999 an der WSL in Birmensdorf. - Birmensdorf, S.41-46

Seeland, K. (1999): Periurbane Natur im Spiegel zukünftiger Nutzungsbedürfnisse. - In: WSL [Eidgenössische Forschungsanstalt für Wald, Schnee und Landschaft] (Hrsg.): Biosphärenpark Ballungsraum. Publikation zur Tagung "Forum Wissen" vom 3. März 1999 an der WSL in Birmensdorf. - Birmensdorf, S.7-11

Steinhardt, U. (1999): Die Theorie der geographischen Dimensionen in der Angewandten Landschaftsökologie. - In: Schneider-Sliwa, R.; Schaub, D. & Gerold, G. (Hrsg.): Angewandte Landschaftsökologie. Grundlagen und Methoden. - Berlin, Heidelberg u.a., S.47-64

WSL [Eidgenössische Forschungsanstalt für Wald, Schnee und Landschaft] (Hrsg.) (1999): Biosphärenpark Ballungsraum. Publikation zur Tagung "Forum Wissen" vom 3. März 1999 an der WSL in Birmensdorf. - Birmensdorf

Leitbild Nachhaltigkeit. Neue Impulse für die Natur- und Umweltschutzpolitik

Karl-Heinz Erdmann (Bonn)

Exposé

Ausgelöst durch eine Vielzahl globaler, anthropogen verursachter Natur- und Umweltprobleme und aus Sorge um die Auswirkungen menschlicher Eingriffe in den Naturhaushalt wurden weltweit eine Vielzahl verschiedenartiger Maßnahmen zum Schutz der natürlichen Lebensgrundlagen, zur Erhaltung der Leistungsfähigkeit des Naturhaushaltes sowie zu einer dauerhaften Stabilisierung der Lebensbedingungen auf dem Planeten Erde eingeleitet. Während noch vor wenigen Jahren hierbei vor allem medienspezifische oder sektorale Herangehensweisen und Lösungsstrategien dominierten, setzte sich zunehmend die Erkenntnis durch, dass zur Lösung der aktuellen Problemfelder neben ökologischen gleichfalls auch wirtschaftliche und soziokulturelle Aspekte zu berücksichtigen sind. Mit den Begriffen "nachhaltig" oder "Nachhaltigkeit" werden zukunftsorientierte Entwicklungsansätze umschrieben, welche die drei genannten Komponenten zu einem integrativen Metakonzept vereinen.

Anknüpfend an einen Rückblick auf die anthropogene Nutzung natürlicher Ressourcen und die Wahrnehmung von Natur- und Umweltproblemen in den 1960er Jahren werden verschiedene Aspekte aus der Diskussion um das Leitbild Nachhaltigkeit erörtert. Am Beispiel der im Rahmen des UNESCO-Programms "Der Mensch und die Biosphäre" (MAB) eingerichteten Biosphärenreservate werden konkrete Ansätze zur Umsetzung regionaler Nachhaltigkeitskonzepte in die Praxis vorgestellt. Die als Modelllandschaften einer nachhaltigen Regionalentwicklung konzipierten Biosphärenreservate verdeutlichen, dass vielfältige Möglichkeiten zur Förderung einer nachhaltigen Entwicklung, einer langfristigen Problembewältigung und einer vorausschauenden Zukunftsgestaltung bestehen.

1 Verstärkte Wahrnehmung von Natur- und Umweltproblemen in den 1960er Jahren

Der Zustand von Natur und Umwelt stellt das Ergebnis einer langen Entwicklungsgeschichte dar. Über große Zeiträume hinweg prägten natürliche Wandlungsprozesse das Gesicht des Planeten Erde. Gemessen an dessen langer Entwicklung weist die relativ kurze Geschichte der Menschheit - die Existenz der Spezies Homo sapiens sapiens ist erst seit dem Mittelpleistozän belegt - eine Fülle von Beispielen auf, wie durch anthropogene Einflüsse ganze Regionen der Erde tiefgreifend verändert wurden.

Noch während der 1950er und frühen 1960er Jahre strahlten die Zukunftsprognosen von Wissenschaft und Politik nahezu unbegrenzten Optimismus aus. Die Zukunftsforschung verhieß der Menschheit eine Epoche unbegrenzten materiellen Reichtums und dementsprechend eine grundlegende Verbesserung der Lebensbedingungen. Verschiedene Probleme, wie z.B. soziale Missstände, Verarmung und Hungerkatastrophen wurden zwar gesehen, doch wurde davon ausgegangen, dass diese durch wissenschaftlich-technische Entwicklungen innerhalb kürzester Zeit gelöst werden könnten. Diese euphorische Grundstimmung ging Mitte der 1960er Jahre u.a. aufgrund negativ ausfallender Gegenwartsanalysen, fehlender Zukunftsperspektiven und neuer Problemlagen in wachsenden Pessimismus aber auch in die breite Protestbewegung der 1968er über (u.a. gegen den Vietnamkrieg sowie die als verkrustet und repressiv empfundenen Gesellschaftsstrukturen). Zeitlich korrespondierend ist weltweit ein wachsendes Interesse an Natur und Umwelt zu konstatieren. Nicht zuletzt der von Meadows & Meadows (1972) im Auftrage des Club of Rome veröffentlichte Bericht "The Limits of Growth" löste eine bis in die Gegenwart kontrovers geführte Diskussion um die Zukunftschancen von Mensch und Natur aus.

Einen markanten Einschnitt in die von Euphorie gekennzeichnete Nachkriegszeit stellten die Filmaufnahmen der Raumfahrt dar, die die Erde als begrenzten Planeten zeigten. Zeitgleich publizierte Ergebnisse wissenschaftlicher Untersuchungen verdeutlichten, dass der Mensch durch irreparable Eingriffe in den Naturhaushalt nicht nur ein beschleunigtes Aussterben zahlreicher Tier- und Pflanzenarten verursachte, sondern vor allem auch Existenzgrundlagen menschlichen Lebens selbst zerstörte. In dieser Zeit wurde der Ruf nach einer Kurskorrektur des "Raumschiffs Erde" immer lauter. Waren anthropogene Eingriffe in den Naturhaushalt in früheren Jahrhunderten auf die lokale und regionale Ebene beschränkt, zeichnete sich zunehmend ab, dass der Mensch immer stärker die Funktionsfähigkeit der Ökosysteme global gefährden und sogar zerstören kann. Verwiesen sei an dieser Stelle u.a. auf den weltweit konstatierten Klimawandel (z.B. Treibhauseffekt, Ozonloch), auf die weitflächige, grenzüberschreitende Ausbreitung von Luftschadstoffen sowie auf die derzeit kaum abzuschätzende Gefahr einer stofflichen Belastung von Gewässern. Für diese Problemfelder ist aber nicht nur charakteristisch, dass sie global wirksam sind, sondern gleichfalls eine bisher kaum zu prognostizierende Langzeitwirkung aufweisen. Aufgrund dieser neuen Qualität der Natur- und Umweltprobleme spricht Jonas (1984, S.9) von einem erweiterten "Zeit- und Raumhorizont". Gegenwärtiges Handeln hat demnach nicht nur Auswirkungen auf die Natur und die gesamte heute lebende Menschheit, sondern beeinflusst auch tiefgreifend die Optionen künftiger Generationen (Erdmann & Kastenholz 1990, S.76).

2 Die Integration des Begriffs der Nachhaltigkeit in den natur- und umweltschutzpolitischen Diskurs

Die Prinzipien "Leben von den Zinsen" und "Erhaltung des Bestandes" sind keinesfalls - wie vielfach angenommen - jungen Ursprungs. Bereits im ausgehenden

17. Jahrhundert wurden sie in Mitteleuropa von der im Aufbau befindlichen Forstwirtschaft in das Konzept der Nachhaltigkeit integriert (vgl. Windhorst 1978,
S.89ff.). Radkau (1996, S.34f.) fand hierfür in der Reichenhaller Forstordnung
von 1661 einen frühen Beleg: "Gott hat die Wäld(er) für den Salzquell erschaffen,
auf daß sie ewig wie er kontinuieren mögen; also sollte der Mensch es halten: ehe
der alte (Wald) ausgeht, der junge bereits wieder zum Verhacken hergewachsen
ist". In der "Sylvicultura oeconomica" von 1713 wird Nachhaltigkeit dann erst-
malig explizit erwähnt und nahm von diesem Zeitpunkt an - besonders im
19. Jahrhundert - eine rasche Verbreitung in der Forstwirtschaft Deutschlands.
Nachhaltige Forstwirtschaft kennzeichnet eine Form der Waldbewirtschaftung,
"bei der die Produktionskraft des Waldes oder des Waldstandortes und die jeweili-
ge Holzmenge so in Einklang miteinander gebracht werden, daß langfristig ein
möglichst hoher Holzertrag gewährleistet ist, Boden und Standort jedoch nicht
beeinträchtigt werden" (Haber 1994, S.10). Obwohl diese forstbaulichen Forde-
rungen erst in Ansätzen umgesetzt sind - bislang stand vor allem die Nachhaltigkeit der Holzproduktion und damit die ökonomische Komponente der Nachhaltigkeit im Zentrum der Bemühungen -, galt und gilt das Konzept der Nachhaltigkeit als allgemein akzeptierte forstbauliche Maxime.

Mitte der 1960er Jahre häuften sich Hinweise, dass die anthropogene Nutzung
natürlicher Ressourcen irreversible Schäden bei Mensch und Natur zur Folge haben
kann. Zudem wurde deutlich, dass traditionelle Lösungsansätze und Lösungsstrategien für eine Bewältigung dieser neuen Herausforderungen nicht ausreichten, da sie
erstens den Menschen nur unzureichend als Teil der Natur sahen und zweitens von
einer sektoralen Sichtweise geprägt waren, welche systemaren Zusammenhängen
nur unzureichende Beachtung schenkte (Moroni & Ravera 1981; Staudinger 1980).
Viele Projekte des Natur- und Umweltschutzes scheiterten - nicht nur zu jener Zeit -
am mangelnden Verständnis der komplexen Zusammenhänge, aber auch am fehlenden Wissen über naturinhärente und gesellschaftliche Strukturen und Prozesse.

Um diesen Entwicklungen entgegenzuwirken, wurden verschiedenartige Ansätze und Strategien zur Neuorientierung der Wissenschaft und zur praktischen
Umsetzung des extrahierten Wissens in konkretes Handeln entwickelt. So wurde
das Prinzip der disziplinübergreifenden Zusammenarbeit - in der Ökologie traditio-
nellerweise zunächst auf die verschiedenen naturwissenschaftlichen Disziplinen
beschränkt - zunehmend auch auf humanwissenschaftliche Fachbereiche ausgedehnt. Dies hatte zur Folge, dass sich damit auch ökologische Fragestellungen gemeinsam mit sozialen und ökonomischen Problemen bearbeiten ließen und der
Mensch mit seinen raumwirksamen Tätigkeiten - als Individuum und in Gesellschaft - voll umfänglich in die Betrachtungen mit einbezogen werden konnte.

Forschungsmethodologisch geht der integrative Ansatz von einer Bestandsaufnahme sowohl der abiotischen und biotischen Elemente (u.a. durch Physische Geographie, Klimatologie, Geologie, Bodenkunde, Biologie) als auch der anthropogenen Aspekte (u.a. durch Wirtschafts-, Kultur- und Sozialwissenschaften) aus. Daran schließt eine Analyse des Beziehungsgefüges zwischen den einzelnen Kompo-

nenten sowie entsprechender inter- und intraspezifischer Wirkungen an. Die Bemühungen um eine disziplinübergreifende Zusammenarbeit reichen von multidisziplinären Ansätzen, verschiedene Fachdisziplinen an der Untersuchung eines Systems zu beteiligen bis hin zu interdisziplinären Ansätzen, unterschiedliche Fachdisziplinen an den anstehenden Projektplanungs-, Projektdurchführungs- und Projektsyntheseprozessen zu beteiligen.

Weltweite Aufmerksamkeit erfuhr das Konzept der Nachhaltigkeit durch die Tätigkeit der "World Commission on Environment and Development" (WCED). Dieses Gremium, das im Jahre 1983 von der Generalversammlung der Vereinten Nationen ins Leben gerufen wurde, hatte die Aufgabe, ein zukunftsweisendes Programm für die Menschheit auf dem Planeten Erde zu formulieren. Mit ihrem Bericht "Unsere gemeinsame Zukunft", dem sogenannten Brundtland-Bericht (vgl. Hauff 1987), legte die unter der Leitung der damaligen norwegischen Ministerpräsidentin Gro Harlem Brundtland stehende Kommission Handlungsempfehlungen zur Einleitung von Maßnahmen einer nachhaltigen Entwicklung vor. Unter dem im Bericht verwendeten Terminus "sustainable development" wird ein durch politische und gesellschaftliche Entwicklungen geförderter Prozess verstanden, welcher die Bedürfnisse der gegenwärtig lebenden Bevölkerung befriedigt, ohne die Lebensbedingungen zukünftiger Generationen zu gefährden, und der damit gleichermaßen ökologisch, ökonomisch und sozial dauerhaft tragfähig ist (vgl. Quennet-Thielen 1996). Der Brundtland-Bericht popularisierte den Gedanken der Nachhaltigkeit und bewirkte dessen vielbeachteten Einzug in die Naturschutz-, Umwelt- und Entwicklungspolitik zahlreicher Staaten sowie nationaler wie internationaler Organisationen.

Zur internationalen Abstimmung der für notwendig erachteten Aktivitäten im Natur- und Umweltschutz auf der einen Seite und Entwicklungsaktivitäten auf der anderen Seite führten die Vereinten Nationen vom 03. bis zum 14. Juni 1992 in Rio de Janeiro/Brasilien die Konferenz für Umwelt und Entwicklung (United Nations Conference on Environment and Development, UNCED) durch (vgl. BMU 1993). Vertreter aus 178 Staaten thematisierten dort den dringenden Handlungsbedarf zur weltweiten Erhaltung der natürlichen anthropogenen Lebensgrundlagen sowie deren zukunftsorientierter Weiterentwicklung. Neben der Verabschiedung

- des Übereinkommens über die biologische Vielfalt (CBD; Biodiversitätskonvention),
- des Übereinkommens zur Bekämpfung der Wüstenbildung (CCD; Wüstenkonvention),
- des Rahmenübereinkommens der Vereinten Nationen über Klimaänderungen (UNFCCC; Klimarahmenkonvention),
- der Walderklärung der "Konferenz der Vereinten Nationen für Umwelt und Entwicklung" (UNCED)

beschlossen die Teilnehmer die Annahme der Agenda 21, eines Aktionsprogramms zur nachhaltigen Entwicklung für das 21. Jahrhundert. Die "Agenda 21" stellt konzeptionelle Grundlagen für eine qualitativ neue Zusammenarbeit von Naturschutz-,

Umwelt-, Wirtschafts- und Entwicklungspolitik dar. Die Agenda 21 und die genannten Abkommen fordern alle Staaten auf, zu den verschiedenen gesellschaftlichen Handlungsfeldern nationale Beiträge zu einer nachhaltigen Entwicklung zu konzipieren und durch konkrete Maßnahmen umzusetzen. Wie in den meisten Staaten wurden auch in Deutschland erste Schritte zu einer am Prinzip der Nachhaltigkeit orientierte gesellschaftlichen Neuorientierung eingeleitet (BMU 1996, 1997). Die UNCED gilt als Indiz für die weltweite Aufnahme des Gedankengutes der Nachhaltigkeit und die gestiegene Bereitschaft, die aktuellen naturschutz-, umwelt- und entwicklungspolitischen Herausforderungen anzunehmen, indem die verabschiedeten Abkommen das Leitbild "sustainable development" besonders herausstellen. Seitdem bestimmt es in wachsendem Maße die gesellschaftspolitischen Diskussionen auf internationaler und nationaler Ebene.

3 Die Begriffe "sustainable development" und "nachhaltigen Entwicklung"

Die englischen Begriffe "sustainable" und "development" können mit unterschiedlichen Sinngehalten ins Deutsche übertragen werden. So wird "sustainable" im Deutschen meistens mit "aufrechterhalten, schützen und erhalten" wiedergegeben - der Begriff umfasst Relationen jeglicher Art (Zustände oder Prozesse), die über einen (nicht von vorne herein begrenzten) längeren Zeitraum aufrechterhalten werden können bzw. sollen (vgl. Jüdes 1997, S.26). Da keine konsensuale Übersetzung existiert, können Eblinghaus & Stickler (1996, S.41) auf zehn unterschiedliche Bedeutungen verweisen, von denen die Übersetzung "nachhaltig" am häufigsten verwandt wird. Auch der Begriff "development" kann verschiedenartig ins Deutsche übertragen werden (vgl. Eblinghaus & Stickler 1996, S.45). Mehrheitlich gebraucht wird die Übersetzung in der Bedeutung von "wachsen, entfalten, entwickeln", sie wird im Sinne eines evolutionären Prozesses verstanden. Dieser steht die Übertragung "erschließen, inwertsetzen" gegenüber, mit der ein aktives Handeln im Sinne einer Exploration umschrieben wird.

Mit der Verknüpfung beider Termini zu "sustainable development" sind weitere Übersetzungsprobleme verbunden, auf die jedoch an dieser Stelle nicht näher eingegangen wird (vgl. hierzu u.a. Eblinghaus & Stickler 1996). Sie sind die Ursache dafür, dass derzeit in der Literatur mehr als 60 verschiedene Auslegungen existieren (vgl. Kastenholz et al. 1996, S.1). Zu den häufigsten Übersetzungen von "sustainable development" zählen: naturverträglich Entwicklung, naturerhaltende Entwicklung, natürliche Entwicklung, dauerhafte Entwicklung, langfristig durchhaltbare Entwicklung, aufrechterhaltbare Entwicklung, zukunftssichere Entwicklung, tragfähige Entwicklung und nicht zuletzt nachhaltige Entwicklung. Festzuhalten ist: Im Deutschen wird der internationale Terminus "sustainable development" mehrheitlich mit "nachhaltiger Entwicklung" wiedergegeben. Der Rat von Sachverständigen für Umweltfragen (SRU) verwendet als deutschsprachiges Synonym "dauer-haft-umweltgerechte Entwicklung" (SRU 1994).

Mit zunehmender Rezeption des Begriffs der nachhaltigen Entwicklung wurde das Interpretationsspektrum - da es sich um keine Legaldefinition handelt - sehr stark ausgeweitet. Renn (1994, S.3) umschreibt in der Studie "Ein regionales Konzept qualitativen Wachstums. Pilotstudie für das Land Baden-Württemberg" dieses Interpretationsspektrum wie folgt: "Wenn vehemente Umweltschützer und konservative Vertreter der Industrie den gleichen Begriff für ihre Ziele benutzen, dann ist sicher der Bedeutungsinhalt dieses Begriffes unterschiedlich gefaßt. Allzu oft wird Nachhaltigkeit als schmeichelndes Modewort zur Legitimation eigener Interessen und zur Verschleierung von tieferliegenden Konflikten eingesetzt. Damit verliert das Konzept aber seine normative und letztendlich integrative Wirkung." Aus diesem Grunde konstatiert die Enquete-Kommission "Schutz des Menschen und der Umwelt" in ihrem Abschlussbericht hinsichtlich des Begriffs der nachhaltigen Entwicklung ein Definitionsdilemma (Deutscher Bundestag, Referat Öffentlichkeitsarbeit 1998, S.27f.): "Zur Zeit ist nicht abzusehen, ob und wann sich eine für alle verbindliche Definition herausschält."

Welche Ursachen sind für die Existenz der unterschiedlichen Interpretationsansätze verantwortlich zu machen? Wie ist das Entstehen einer derart divergierenden Begriffs- und Bedeutungsvielfalt zu erklären? Antworten auf diese Fragen deuten sich bereits bei einer Exegese des Brundtland-Berichtes (vgl. Hauff 1987) an. Die dort zugrunde gelegte Definition versteht unter nachhaltiger Entwicklung eine "Entwicklung, die die Bedürfnisse der Gegenwart befriedigt, ohne zu riskieren, daß künftige Generationen ihre eigenen Bedürfnisse nicht mehr befriedigen können" (Quennet-Thielen 1996, S.9). Auf den ersten Blick erscheint diese Definition ausgewogen und abgerundet. Bei näherer Betrachtung fallen jedoch erhebliche Defizite auf. Insbesondere die Unschärfe der in der Definition der Brundtland-Kommission verwandte, weit interpretierbaren Begriffe ist - wie eingangs bereits angedeutet - hier zu beklagen. Während der Begriff "Nachhaltigkeit" eine Tätigkeit des "Erhaltens", des "Bewahrens" betont, drückt "Entwicklung" das Gegenteil aus: Dynamik, Veränderung und Wandel. Aber auch die inhaltliche Ausgestaltung der verwendeten Begriffe "Bedürfnis" und "Entwicklung" erweist sich als problembeladen. Einerseits bestehen methodische Probleme (z.B. adäquate Messung, Gewichtung und Aggregation einzelner Entwicklungsphänomene), andererseits sind Werturteile zu fällen, welche die intertemporale und interregionale Vergleichbarkeit einschränken (vgl. Klemmer 1994, S.14).

Dementsprechend lassen sich heute - als Folge unterschiedlicher Akzentuierungen und Interpretationen - verschiedenartige Ansätze, Schwerpunkte und Strategien bei der Theoriebildung wie auch der Operationalisierung einer nachhaltigen Entwicklung unterscheiden (vgl. u.a. Renn & Kastenholz 1996). Häufig wird bei Operationalisierungsmaßnahmen einer nachhaltigen Entwicklung die ökologische Dimension, d.h. die dauerhaft schonende Nutzung der natürlichen Ressourcen, oder die ökonomische Dimension, d.h. die Forderung nach einem wirtschaftlichen

Strukturwandel, besonders betont. Diese Hervorhebung ökologischer und ökonomischer Aspekte liegt möglichweise darin begründet, dass die Operationalisierung der sozialen Dimension von "sustainable development" bislang noch erhebliche Schwierigkeiten bereitet. Vor allem die Auswahl möglicher Indikatoren zur Evaluierung von Maßnahmen einer nachhaltigen Entwicklung wird z.T. äußerst kontrovers diskutiert.

Unstrittig unter den Akteuren einer nachhaltigen Entwicklung ist bislang lediglich die Prämisse, dass Konzepte einer nachhaltigen Entwicklung gleichermaßen ökologische, ökonomische und soziale Aspekte integrieren müssen, d.h. sie müssen neben ökologischen Belangen zur Erhaltung der natürlichen Lebensgrundlagen in gleicher Weise auch den Menschen mit seinen sozialen, kulturellen und wirtschaftlichen Ansprüchen berücksichtigen und mit einbeziehen (vgl. Busch-Lüty 1992, S.9; Endres 1993, S.178). Allerdings ist - so bereits die Brundtland-Kommission - darauf zu achten, dass die drei Säulen der nachhaltigen Entwicklung (Ökologie, Ökonomie und Soziales) nicht isoliert nebeneinander stehen, sondern integrativ verstanden werden. Die besondere Aufgabe und Herausforderung besteht darin, so die Enquete-Kommission "Schutz des Menschen und der Umwelt" in ihrem Abschlussbericht, dass die drei Säulen als "Entwicklung einer dreidimensionalen Perspektive" und nicht als drei konkurrierende Zielsysteme gesehen werden (vgl. Deutscher Bundestag, Referat Öffentlichkeitsarbeit 1998, S.27ff).

Ökologische Dimension: Die Beeinträgtigung aller Ökosysteme ist zu erfassen und muss dauerhaft reduziert werden:

- die Abbaurate erneuerbarer Ressourcen darf deren Regenerationsrate nicht übersteigen,
- nicht-erneuerbare Ressourcen können genutzt werden, sofern sie durch andere Ressourcen zu ersetzen sind,
- Stoffeinträge in Systeme sind an deren Belastbarkeit anzupassen,
- die zeitliche Größe von Eingriffen muss auf die Reaktions- und Regenerationsfähigkeit eines Systems angepasst sein,
- die menschliche Gesundheit darf zu keinem Zeitpunkt durch anthropogene Einflussnahme gefährdet sein.

Ökonomische Dimension: Es gilt eine Wirtschaftsweise zu finden, die vorhandene Produktionsfaktoren effektiv nutzt, ohne die sozialen und ökologischen Ziele zu vernachlässigen oder zu beeinträchtigen:

- individuelle und gesellschaftliche Bedürfnisse müssen effektiv befriedigt werden,
- Preise müssen alle Kosten internalisieren,
- Märkte müssen erhalten und zur Innovation angeregt werden,
- die ökonomische Leistungsfähigkeit einer Gesellschaft muss mindestens erhalten, sollte jedoch auch qualitativ gestärkt werden.

Soziale Dimension: Der Weiterentwicklung von Gesellschaften muss Rechnung getragen werden, ohne dass dabei bewährte Werte (wie z.B. Rechtsstaatlichkeit, Freiheit und Demokratie) in Frage gestellt werden:

- ein sozialer Rechtsstaat muss die Menschenwürde, die freie persönliche Entfaltung und den sozialen Frieden sichern,
- soziale Sicherungssysteme müssen allen Gesellschaftsmitgliedern in gleicher Weise zugänglich sein, sind jedoch den wirtschaftlichen Rahmenbedingungen anzupassen,
- das vorhandene Potential des sozialen Friedens soll mindestens erhalten bleiben.

Nachhaltige Entwicklung zielt somit nicht nur auf die Erhaltung einer intakten Natur sondern in gleicher Weise auch auf eine ausreichende Versorgung mit und gerechte Verteilung von Wirtschaftsgütern sowie übergreifend auf eine Steigerung der Lebensqualität (vgl. Lantermann 1998). In diesem Zusammenhang ist auf das Konzept von Ninck (1997, S.57) hinzuweisen, mittels eines Meta-Ansatzes zu folgender - aus seiner Sicht - allgemeingültigen Definition zu gelangen: "Nachhaltigkeit bedeutet Einordnung in die Abläufe der Natur, derart, dass alle Menschen auf der Erde heute und in den nächsten 150 Jahren und darüber hinaus ihre Grundbedürfnisse - Essen, Dach über dem Kopf, Gesundheit und Bildung - befriedigen können und die Möglichkeit haben, sich in ihrer Persönlichkeit sinngebend zu entfalten."

Ohne eine Differenzierung konkret und explizit vorzunehmen, lassen sich die einzelnen Konzepte einer nachhaltigen Entwicklung hinsichtlich ihrer Kontextzugehörigkeit unterscheiden (vgl. Ninck 1997):

- nachhaltige Entwicklung kann als **Konzept** verstanden werden, im Sinne eines Entwurfs, eines Plans für ein Vorhaben bzw. einer Idee, einer Vorstellung, wie etwas zu lösen ist,
- nachhaltige Entwicklung kann als **Zustand** verstanden werden, den es im Sinne von Beschaffenheit und Qualität von Gegenständen zu erhalten gilt,
- nachhaltige Entwicklung kann als **Situation** verstanden werden, im Sinne einer Sachlage, einer Stellung,
- nachhaltige Entwicklung kann als **System** verstanden werden, im Sinne einer Gliederung, eines Ordnungsprinzips.

In der aktuellen Diskussion finden die verschiedenen dargelegten Unzulänglichkeiten wie auch die immer noch unzureichende inhaltliche Ausgestaltung nur geringe Beachtung. Nachhaltige Entwicklung gilt in breiten Bevölkerungskreisen als akzeptiertes Leitbild, das inzwischen für nahezu jede Argumentation und jedes Ziel als Such-, Bewertungs- und Orientierungshilfe dient (vgl. Burger 1997, S.9). Hierin ist auch der Erfolg des Begriffs der nachhaltigen Entwicklung zu sehen. Indem er vielfältige und zum Teil konträre Interessen integriert, schafft er eine gemeinsame Plattform für die Diskussion gesellschaftlicher Ziele, die bislang über keinen verbindlichen Rahmen verfügten. Auch wenn die Gewichtung von Ökonomie, Ökologie und sozialer Gerechtigkeit zwischen einzelnen gesellschaftlichen Gruppen z.T. erheblich divergiert, so weisen das Zieldreieck der nachhaltigen Entwicklung sowie die sich daraus ergebenden zentralen Anliegen trotzdem eine hohe Akzeptanz auf.

Zu konstatieren ist, dass trotz der Popularisierung des Konzeptes der Nachhaltigkeit bislang noch keine allgemeine Verständigung darüber erzielt werden konnte, wie die normativ geprägte Leerformel einer nachhaltigen Entwicklung im Detail gefüllt werden kann und soll (vgl. Ehlers 1995; Kastenholz et al. 1996). Offen lässt die Definition u.a. folgende Fragen: Welche Bedürfnisse werden angesprochen? Wie kann bei konkurrierenden Bedürfnissen ein Interessensausgleich erfolgen? Mit welchen Instrumenten können die einzelnen Entwicklungsmaßnahmen initiiert und gesteuert werden? Von wem wird welches Instrumentarium mit welchen konkreten Zielen eingesetzt? Um die Diskussion weiter anzuregen, schlägt die Enquete-Kommission "Schutz des Menschen und der Umwelt" vor, nachhaltige Entwicklung als regulative Idee anzusehen und lediglich zeitlich limitierte und hypothetische Zwischenbestimmungen vorzunehmen (Deutscher Bundestag, Referat Öffentlichkeitsarbeit 1998, S.28ff).

Eine Konkretisierung und Präzisierung des Begriffs "nachhaltige Entwicklung" - nicht zuletzt auch zur effektiveren Opperationalisierbarkeit - ist dringend erforderlich, soll er keine Worthülse, kein Modewort[1] bleiben, mit dem alles beschreibbar wird, was edel, hilfreich und gut erscheint. Sollte diese vielfach angemahnte Begriffsklärung nicht gelingen, ist zu befürchten, dass die große Spannbreite der möglichen Interpretationen eher zu einer Schwächung denn zu einer Stärkung der Bemühungen um eine nachhaltige Entwicklung führen und sich die Diskussion um eine nachhaltige Entwicklung in einer wohlklingenden unverbindlichen Nachhaltigkeits-Rhetorik erschöpfen wird. Dann bliebe nachhaltige Entwicklung eine dehnbare Schablone für Sonntagsreden und folgenlose Absichtserklärungen.

4 Positionen einer nachhaltigen Entwicklung

Die Analyse der Brundtland-Kommission und das im Abschlussbericht (Hauff 1987) niedergelegte Konzept haben in den meisten Staaten und interessierten Bevölkerungskreisen allgemeine Akzeptanz und auch weitestgehende Zustimmung gefunden. Über den daraus abzuleitenden Handlungsbedarf ist jedoch - wie zuvor dargelegt - eine heftige Diskussion entbrannt (vgl. ARL 1994). Die Diskussion um politische Akzentuierungen einer nachhaltigen Entwicklung ist durch die im folgenden pointiert dargestellten drei idealtypischen Positionen Effizienz-, Suffizienz- und Konsistenzstrategie gekennzeichnet (vgl. Huber 1995).

Die erste Position geht davon aus, dass nachhaltige Entwicklung über einer **Effizienzstrategie** zu erreichen sei. Als Aufgabe wird postuliert, dass mittels technischem Fortschritt die Ressourcenproduktivität zu steigern und der Stoffdurchsatz

---

1 Eine Studie des Schweizer TA-Projekts "Nachhaltige Landwirtschaft" stellt bezüglich des Terminus "nachhaltige Entwicklung" fest: "In jüngster Zeit läuft der englische Begriff ... 'sustainable development' (nachhaltige Entwicklung) Gefahr, eben diese Laufbahn [eines kurzlebigen Modewortes; Anm. des Autors] einzuschlagen. Der Ausdruck, der für das Leitbild einer zukunftsfähigen Entwicklung steht, droht zum Schlagwort, zur Leerformel zu werden" (Maeschli 1998, S.3).

zu minimieren sei (vgl. Jänicke 1994), d.h. Energie- und Materialverbrauch durch das Anstreben höchstmöglicher Wirkungsgrade so weit wie möglich zu reduzieren. Innerhalb des gesamten Produktionsablaufs soll der spezifische Energie- und Stoffeinsatz im Verhältnis zum erwarteten Nutzen minimiert werden. Diese Optimierung korreliert sehr eng mit den Preisen, den Kosten und den zu erwartenden ökologischen Effekten. Ziel ist es, betriebliche Wirtschaftlichkeitsprinzipien konsequent auch auf ökologische Zusammenhänge anzuwenden. Eingenommen wird diese Position u.a. von den Verfassern des Brundtland-Berichtes (vgl. Hauff 1987) und Ernst-Ulrich von Weizsäcker et al. (1995). Die Position der Effizienzstrategie ermöglicht es, das Ziel eines weiteren quantitativen Wachstums nicht aufgeben zu müssen. Zuwächse des Bruttosozialproduktes würden auch zukünftig Verteilungsoptionen offen halten. Als konkrete Maßnahmen wären die Instrumente zur Lenkung der Nutzung natürlicher Ressourcen im Hinblick auf deren Wirkung im Rahmen einer nachhaltigen Entwicklung zu überprüfen und ggf. zu modifizieren (vgl. Spehl & Tischer 1994, S.8). Mit Hilfe der Effizienzstrategie lassen sich verschiedenartigste Nachhaltigkeitspotentiale mobilisieren. Auf lange Sicht ist jedoch zu vermuten, dass die Inputeinsparungen gerade ausreichen, um das von einer wachsenden Erdbevölkerung benötigte Outputwachstum zu kompensieren.

Die als **Suffizienzstrategie** bezeichnete zweite Position geht davon aus, dass zur Etablierung einer nachhaltige Entwicklung langfristig eine Reduktion des menschlichen Verbrauchs erforderlich sei. Im systematischen Sinne kann diese asketische Position als "Maßhalten"- bzw. "Genügsamkeits"-Strategie gedeutet werden. Vertreten wird dieser Ansatz u.a. von den Autoren der Studie "Zukunftsfähiges Deutschland. Ein Beitrag zu einer global nachhaltigen Entwicklung" (vgl. BUND & Misereor 1996). Bei einer konsequenten Umsetzung der Suffizienzstrategie dürften umfassende Strukturveränderungen in den Gesellschaften und zwischen den Gesellschaften unumgänglich sein. Bei einer Begrenzung des Ressourceneinsatzes und des Wachstums an Energieinputs und Warenproduktion rücken neben ökonomischen und ökologischen Fragen auch verstärkt soziale Fragen der Verteilung in den Mittelpunkt, die sich möglicherweise zu ernsthaften Konflikten um die knapper werdenden Ressourcen ausweiten könnten.

Die dritte - als **Konsistenzstrategie** bezeichnete - Position zielt schließlich darauf ab, eine verstärkte Kreislaufwirtschaft ("Recycling") nach dem Vorbild der Natur zu etablieren. Erreicht werden soll eine natur- und umweltverträgliche Gestaltung der Stoffströme. Aus technischer Sicht bedeutet dies, dass Stoffströme entweder in technischen Eigenkreisläufen (isoliert von der Biosphäre) geführt oder in die großen natürlichen Stoffströme ohne schädliche Auswirkungen eingebunden werden. Ziel ist eine qualitative Verbesserung der Struktur, Gestaltung und Zusammensetzung der Stoffströme. Vertreten wird diese Position u.a. vom Umweltbundesamt (UBA 1997) und der Enquete-Kommission "Schutz des Menschen und der Umwelt" des 13. Deutschen Bundestages (Deutscher Bundestag 1997).

Die Diskussion um die genannten **Strategien zur Etablierung einer nachhaltigen Entwicklung** zeigen, dass keine der drei Grundsatzpositionen - isoliert betrachtet - bislang umfassend befriedigende Antworten auf die eingangs aufgeworfenen Fragen zur Umsetzung einer nachhaltigen Entwicklung liefern; alle drei Positionen erscheinen deshalb zumindest stark modifizierungs- bzw. ergänzungsbedürftig (vgl. Spehl 1994). Jede der drei Strategien kann und muss einen wichtigen Baustein zu einer nachhaltigen Entwicklung leisten, so dass ein **Strategiemix**, in dem Aspekte aller drei Konzepte zum Einsatz kommen, insgesamt am erfolgversprechensten sein dürfte. Gleichsam werden ein geändertes Verständnis von Wohlstand in den reichen Industriestaaten ("Suffizienz"), technische Innovationen und verbesserte Technologien ("Effizienz") sowie eine verstärkte Kreislaufwirtschaft ("Konsistenz") erforderlich sein, um angesichts einer wachsenden Weltbevölkerung die ökonomischen, ökologischen und sozialen Probleme langfristig und dauerhaft bewältigen zu können.

5 Räumlicher Bezugsrahmen einer nachhaltigen Entwicklung

Konzepte und Maßnahmen einer nachhaltigen Entwicklung können auf unterschiedliche Bezugs- und Handlungsebenen ausgerichtet werden. Zu unterscheiden ist hier der internationale, nationale und regionale Kontext. Insbesondere bei der praktischen Umsetzung entsprechender Konzepte und Maßnahmen zeigt sich, dass der räumliche Bezugsrahmen eine zentrale Bedeutung besitzt. Beispielsweise existieren

- globale Rahmenbedingungen (u.a. der von der OPEC festgesetzte Ölpreis),
- supranationale Rahmenbedingungen (u.a. die von der EU festgelegten Agrarpreise) und
- nationale Rahmenbedingungen (u.a. die Besteuerung der Autokraftstoffe),

die menschliches Handeln unmittelbar beeinflussen und dazu führen, dass natürliche Ressourcen in unterschiedlichem Ausmaße genutzt bzw. verbraucht werden. Vor diesem Hintergrund kann es zum einen das Ziel einer nachhaltigen Entwicklung sein, auf der internationalen und nationalen Ebene die einzelnen relevanten Steuergrößen in eine Richtung zu modifizieren, die Natur und Umwelt weniger belasten. Zu nennen wären hier u.a. legislative Änderungen. Ein anderer Weg zu einer nachhaltigen Entwicklung könnte darin bestehen, vor dem Hintergrund derzeit wirksamer überregionaler Einflussfaktoren mit dem aktuellen Stand des Wissens und der Technik auf regionaler Ebene Konzepte einer nachhaltigen Entwicklung zu konzipieren, zu erproben und zu implementieren.

Bei letztgenanntem Ansatz stehen nicht mehr nur spezifische Nutzungsbereiche im Zentrum der Betrachtung, vielmehr wird der Entwicklung integrativer Konzepte im Rahmen einer nachhaltigen Regionalentwicklung[2] verstärkte Aufmerksamkeit

---

2   Mit dem relativ heterogen verwendeten Begriff "Region" werden sowohl politisch-administrative, klar definierte Gebietseinheiten wie Kreise bzw. kreisfreie Städte, Regierungsbezirke und Länder, als auch räumliche Einheiten wie Planungsregionen, Aktions- und Lebensräume belegt (vgl. Spehl & Tischer 1994).

geschenkt (vgl. Erdmann 1998). Ziel ist es, dass die beteiligten Nutzungsbereiche auf regionaler Ebene[3] effizient und erfolgreich zusammenarbeiten (Win-Win-Strategie), bei gleichzeitiger dauerhaften Schonung der natürlichen Ressourcen. Dabei gilt es, spezielle Stärken der Region zu erkennen und - unter Ausnutzung von Synergismen - mögliche regionale Innovationspotentiale im Sinne einer nachhaltigen selbsttragenden Entwicklung miteinander zu verbinden. Der regionale Ansatz ist Ausdruck eines gesellschaftlichen Anspruchs nach eigener Handlungsfähigkeit, nach sinnstiftendem Gebrauch kreativer Potentiale sowie der Inwertsetzung des lokalen bzw. regionalen Expertentums. Eine hochwertige Naturausstattung[4] kann dabei ein besonders starkes Element bilden, auf dessen Grundlage aus der Region heraus - unterstützt durch gezielte strukturfördernde Maßnahmen - neue Produkte und Dienstleistungen entwickelt werden (vgl. DVL & NABU 1999, S.43).

Die regionale Perspektive resultiert aus der Erkenntnis, dass es grundsätzlich kein universelles, jederzeit und jederorts praktikables Modell[5] für eine in die Zukunft gerichtete Entwicklung geben kann. So kann beispielsweise die ökologische Wirkung von Maßnahmen einer nachhaltigen Regionalentwicklung in Abhängigkeit von der örtlichen Ausprägung des Naturhaushalts und Lebensraumgefüges sehr stark differieren, weshalb eine regional angepasste, standortgerechte Entwick-

---

3   Bei der Abgrenzung von Gebieten einer nachhaltigen Regionalentwicklung ist eine Anlehnung an überregional bekannte Landschaftseinheiten sinnvoll. Dabei ist "aber weniger an kleinräumige Landschaftseinheiten, sondern eher an großflächige Naturräume zu denken, die auch über das erforderliche Potential einer Produkt- und Sortimentsbreite verfügen und damit marktfähige Chargen anbieten können" (DVL & NABU 1999, S.43).

4   Eine nachhaltige Regionalentwicklung bietet auch die Chance, Attraktivität und Wirkungskraft des Naturschutzes erheblich zu stärken. So könnten Anliegen des Naturschutzes über eine austarierte Balance ökologischer, ökonomischer und sozialer Aspekte (vgl. Renn & Kastenholz 1996), was eine geschickte Kombination der Interessen verschiedener Nutzungsbereiche (z.B. von Landwirtschaft, Tourismus und Naturschutz) voraussetzt, künftig stärker gefördert werden. In diesem Zusammenhang erscheint es lohnend, in ausgewählten Modelllandschaften regionale Ansätze einer naturverträglichen Nutzung zu erproben und langfristig umzusetzen (vgl. Adam 1998).

5   Modelle dienen als Vorbild, Nachbildung oder Entwurf von etwas und werden zur Veranschaulichung von Strukturen und Funktionen sowie als Erprobungsobjekt herangezogen. Als Charakteristika eines Modells gelten (vgl. u.a. Stachowiak 1965, S.438):
- Ein Modell ist eine Abbildung (**Abbildungsmerkmal**): Modelle sind Abbildungen von etwas und damit Repräsentanten gewisser natürlicher oder künstlicher Originale, die selbst wieder Modelle sein können.
- Ein Modell beinhaltet eine Reduktion (**Reduktionsmerkmal**): Modelle erfassen nicht alle Eigenschaften des durch sie repräsentierten Originals, sondern nur jene, die dem Modellkonstruierenden oder Modellnutzenden im Modellkontext relevant erscheinen.
- Ein Modell setzt eine subjektive Pragmatik voraus (**Subjektivierungsmerkmal**): Ein Modell ist nicht nur ein Repräsentant von etwas, sondern auch Repräsentant für einen bestimmten Zeitpunkt, eine bestimmte Person, einen bestimmten Zweck. Modelle sind deshalb nur für bestimmte Subjekte und im Zusammenhang bestimmter gedanklicher oder tatsächlicher Operationen und innerhalb bestimmter Zeitspannen einsetzbar.

lung von Konzepten und Umsetzungsstrategien sowie deren regelmäßige Evaluierung unerlässlich ist.

Eine stärkere Regionalisierung der Entwicklungskonzepte kann aus ökologischen, ökonomischen und sozialen Erwägungen heraus erfolgen. Eine nachhaltige Regionalentwicklung zielt auf die Erstellung, Erprobung und Umsetzung von Konzepten, wie endogene regionale (ökologische, ökonomische und soziale) Potentiale effizient genutzt werden können. Aufgrund der regionalen Verflechtungen zwischen ländlichen und urbanen Räumen, beispielsweise im Hinblick auf Ver- und Entsorgungsfunktionen, sind die zwischen den verschiedenen Raumtypen existierenden Interdependenzen zu berücksichtigen. Mit der regionalen Produktion, Verarbeitung, Vermarktung und Konsumption können diversifizierte, vielfältig verflochtene ökonomische und soziale Binnenstrukturen entstehen.

Zur Zeit werden verschiedene Regionalentwicklungskonzepte mit unterschiedlichen Termini belegt. Zu nennen sind hier u.a. selbständige, integrative, naturverträgliche oder nachhaltige Regionalentwicklung. Diese verschiedenen Ansätze zeichnen sich durch spezifische Schwerpunktsetzungen aus, auf die an dieser Stelle jedoch nicht näher eingegangen werden soll. Konkrete Regionalentwicklungskonzepte fußen auf unterschiedlich motivierten Initiativen der lokalen Bevölkerung, lokaler Gruppen oder Einzelpersonen mit dem Ziel, aktiv für die eigene Region eine Zukunftsperspektive zu entwickeln. In der Regel gehen diese Aktivitäten weit über reaktive Initiativen (wie z.B. Verhinderung einer Ortsumgehungsstraße) hinaus.

Ein integriertes, auf die regionale Ebene zielendes Konzept bietet den Vorteil, dass sowohl handelnde Akteure als auch Betroffene die Notwendigkeit von Maßnahmen einer naturverträglichen Neuorientierung besser erkennen und zu einem Mitwirken motiviert werden können. Ziel einer nachhaltigen Regionalentwicklung ist es, Kreativität, Erfindungsgeist und Engagement der in den verschiedenen Regionen, in äußerst komplexen sozialen Strukturen lebenden und in verschiedenen Sektoren wirtschaftenden Menschen zu unterstützen, zu fördern und so gut wie möglich zur Geltung kommen zu lassen. In einem überschaubaren lokalen und regionalen Umfeld können dadurch, dass einzelne Personen aber auch gesellschaftliche Gruppen vermehrt mit den Folgen ihres Tuns konfrontiert werden, Fähigkeiten und die Bereitschaft gefördert werden, Verantwortung für das eigene Handeln - somit auch für das natur-, wirtschafts- und sozialrelevante Handeln - zu übernehmen.

Anhand von Beispielen aus der Praxis ist aufzeigbar (vgl. Brendle 1999; DVL 1998), das eine nachhaltige Regionalentwicklung sowohl die Wirtschaft im primären (Landwirtschaft, Forsten, Fischerei etc.), sekundären (Handwerk, Gewerbe etc.) und tertiären Sektor (Dienstleistungen etc.) als auch das Sozialwesen einer Region stimulieren kann. Hervorzuheben sind in diesem Zusammenhang die im Rahmen des UNESCO-Programms "Der Mensch und die Biosphäre" (MAB) anerkannten Biosphärenreservate. So haben die in diesen Gebieten (vgl. u.a. BR Rhön 1995) eingeleiteten Maßnahmen zur nachhaltigen Regionalentwicklung vielfältige von der lokalen Bevölkerung mitgetragene ökonomische und soziale Entwicklungen nach sich gezogen. In diesem Zusammenhang ist die Rolle der nachhaltigen Re-

gionalentwicklung als Initiator und Impulsgeber neuer regionaler Wirtschaftskreisläufe hervorzuheben. Damit leistet sie einen wichtigen Beitrag zur Lebensgestal-
tung und letztlich zur Lebenssicherung von Menschen. Im folgenden wird das
MAB-Programm unter besonderer Berücksichtigung der Biosphärenreservate vorgestellt.

6 Das UNESCO-Programm
"Der Mensch und die Biosphäre" (MAB)

Biosphärenreservate bilden den Kernbereich des von der 16. Generalkonferenz der
UNESCO am 23. Oktober 1970 ins Leben gerufenen MAB-Programms (vgl. Erdmann 1999, 2000). Dieses hat die Aufgabe, auf nationaler und internationaler Ebene wissenschaftliche Grundlagen für eine wirksame Erhaltung der Leistungsfähigkeit des Naturhaushaltes sowie für eine ökologisch rationale Nutzung der Biosphäre zu erarbeiten bzw. zu verbessern. Als maßgeblicher Einflussfaktor fast aller Ökosysteme ist der handelnde Mensch integraler Bestandteil des MAB-Programms.

Die Umsetzung dieses Anliegens setzt voraus, dass der Mensch als Verursacher,
Betroffener aber auch als potentieller Bewältiger von Natur- und Umweltproblemen umfänglich in die Arbeiten mit einbezogen wird. Ausgangspunkt der
MAB-Forschung ist deshalb ein erweiterter ökosystemarer Ansatz, der neben ökologischen Aspekten - im naturwissenschaftlichen Sinne - ausdrücklich auch ökonomische, soziale, kulturelle, planerische und ethische Aspekte mit einbezieht. Diese
interdisziplinäre, disziplinübergreifende Herangehensweise fördert wissenschaftliche Erkenntnisse über Struktur, Funktion, Stoffumsatz und Wirkungsgefüge einzelner Ökosysteme. Gleichfalls sind aber auch Wechselwirkungen verschiedener Ökosysteme untereinander und vom Menschen verursachte Veränderungen in der Biosphäre - einschließlich der sozioökonomischen Rahmenbedingungen - Gegenstand
der Arbeiten.

In den Anfangsjahren des MAB-Programms war das Hauptaugenmerk der Tätigkeiten darauf gerichtet, die Lücke zwischen umfangreichen, komplexen Daten-
sammlungen zu ökologischen Fragestellungen auf der einen Seite und deren Nutzung zum Zwecke einer nachhaltigen Gestaltung von Natur und Umwelt auf der anderen Seite zu schließen. Grundlegend für die MAB-Problemlösungsstrategien war
die Annahme, dass es im ökosystemaren Gefüge naturgesetzliche Abhängigkeiten
gibt, die einer - in Modellen abbildbaren - Systematik folgen. Dieser Ansatz setzt
eine Loslösung von linearen Ursache-Wirkung-Betrachtungsweisen voraus. Statt-
dessen dienen biokybernetische Strukturmodelle als Grundlage zur Beschreibung
ökosystemarer Zusammenhänge.

Neben theoretischen Programmbeiträgen stehen mehr als 2.000 MAB-Pilotpro-
jekte, die mit dem Ziel durchgeführt wurden, den abstrakten Begriff der Nachhaltigkeit praxisnah umzusetzen. Das MAB-Programm beschränkt sich dabei jedoch
nicht auf die Untersuchung natürlicher bzw. weitgehend naturnaher, vom Men-

schen nur wenig beeinflusster Räume, sondern bezieht sich - entsprechend der großen Bedeutung anthropognener Einflüsse - ausdrücklich auch auf stark anthropogen überformte Landschaften (z.B. urbane Räume). MAB dient sowohl dem Schutz
der natürlichen Ressourcen als auch einer, am Prinzip der Nachhaltigkeit orientierten sorgsamen Bewirtschaftung der Biosphäre.

Aufgrund der globalen Dimension, die - im Gegensatz zu früheren Jahrhunderten - Eingriffe des Menschen in den Naturhaushalt heute haben, war MAB von Anbeginn auf weltweite Zusammenarbeit ausgerichtet. Vor allem werden stärker als
dies in früheren Arbeits- und Wissenschaftsprogrammen gelungen war, Entwicklungsstaaten intensiv in die Arbeiten mit eingebunden. Damit soll der für die Lösung regionaler wie auch weltumspannender Probleme des Natur- und Umweltschutzes erforderliche intensive internationale Erfahrungsaustausch ermöglicht
werden.

In der Anfangsphase des MAB-Programms wurden vierzehn Projektbereiche
festgelegt. Der achte Projektbereich "Erhaltung von Naturgebieten und des darin
enthaltenen genetischen Materials" (MAB-8) stellt innerhalb des MAB-Programms ein Kernstück dar. Ziel von MAB-8 ist die Etablierung eines weltumspan-
nenden Netzes von Schutzgebieten, sogenannten "Biosphärenreservaten", das
sämtliche Ökosystemtypen bzw. biogeographischen Areale der Welt - einschließlich Tide- und Meeresbiotopen in Küstenregionen - erfasst. Auswahlkriterium ist
nicht primär die Schutzwürdigkeit und Einmaligkeit einer Landschaft, sondern
vielmehr, inwieweit sie für einen bestimmten Ökosystemtyp repräsentativ ist (vgl.
di Castri & Robertson 1982, S.2f.). Sie bilden das internationale Weltnetz der Biosphärenreservate, das zum Ziel hat, sämtliche Ökosystemtypen bzw. biogeographischen Einheiten der Welt systematisch zu erfassen.

7 Biosphärenreservate - von der Idee zum Konzept

Im Verlauf der Ausgestaltung des MAB-Programms erfuhr das Konzept der Biosphärenreservate eine tiefgreifende Modifikation. Zur Zeit der Anerkennung der
ersten Biosphärenreservate Mitte der 1970er Jahre galten die Bemühungen ausschließlich dem Schutz weltweit bedeutender Naturlandschaften, was sich u.a. in
dem Titel widerspiegelt, unter dem Biosphärenreservate zu diesem Zeitpunkt innerhalb des MAB-Programms organisatorisch angesiedelt waren. Landschaften, die in
dieser Phase von der UNESCO als Biosphärenreservate ausgewiesen wurden, sind
beispielsweise der Everglades National Park (1976) und der Yellowstone National
Park (1976) in den USA sowie der Serengeti-Ngorongoro-Park (1981) in Tansania.
In diese Zeit fällt auch die Ausweisung des Steckby-Lödderitzer Forstes (1979;
heute: Sachsen-Anhalt), des Vessertals (1979; heute: Thüringen) sowie des Bayerischen Waldes (1981; Bayern) als Biosphärenreservate in Deutschland.

Das gewandelte Verständnis der Biosphärenreservate kommt vor allem in dem
1984 von der UNESCO verabschiedeten "Action Plan for Biosphere Reserves"

zum Ausdruck. Die Regierungen der am MAB-Programm mitwirkenden Staaten verpflichten sich mit diesem Aktionsplan und fordern internationale Organisationen auf, am MAB-Programm mitzuwirken und gemeinsam

- Maßnahmen zur Verbesserung und zum Ausbau des internationalen Biosphärenreservatnetzes zu ergreifen,
- in Biosphärenreservaten Grundlagen für den Erhalt der Leistungsfähigkeit der Ökosysteme und den Schutz der biologischen Vielfalt zu erarbeiten und
- Biosphärenreservate als Instrument für Schutz, Pflege und Entwicklung von Landschaften herauszustellen.

Die vom 20. bis zum 25. März 1995 in Sevilla/Spanien durchgeführte Internationale Biosphärenreservatskonferenz bestätigte die Biosphärenreservate als Hauptinstrument des MAB-Programms. Anlässlich der Konferenz entwarfen die Teilnehmer die "Internationalen Leitlinien für das Weltnetz der Biosphärenreservate" (UNESCO 1996) und die "Sevilla-Strategie für Biosphärenreservate" (UNESCO 1996). Die Strategie gibt Anregungen für die weltweite Umsetzung und inhaltliche Ausgestaltung des Biosphärenreservatkonzeptes, während mit den Leitlinien Kriterien für Anerkennung und Überprüfung von Biosphärenreservaten auf internationaler Ebene festgeschrieben werden. Seit der Biosphärenreservatskonferenz werden Biosphärenreservate als "Zukunftslandschaften" charakterisiert, in denen Konzepte und Modelle für ein am Prinzip der Nachhaltigkeit orientiertes Leben, Wirtschaften und Erholen zu entwickeln, zu erproben und beispielhaft umzusetzen sind. Die beteiligten Staaten werden aufgefordert, für ihre Biosphärenreservate weiterführende Kriterien zu erarbeiten. Darüber hinaus sollen die Biosphärenreservate zur Erfüllung der "Post-Rio-Aktivitäten" eingesetzt werden, d.h. unter anderem zur nationalen Umsetzung der in Rio de Janeiro vereinbarten Konventionen.

Mit den genannten Dokumenten wird ein inhaltlicher Wandel der Biosphärenreservate vollzogen. Der ausschließlich auf den Schutz ausgerichtete Ansatz wird zugunsten einer multifunktionalen Konzeption aufgegeben: Aus der Sicht der UNESCO sind Biosphärenreservate damit nicht mehr als Schutzgebietskategorie zu führen. Vielmehr werden sie als raumordnerischer Ansatz verstanden (vgl. auch UNESCO 1984, S.15ff.), mit dem funktional unterschiedliche Landschaftsteile in einem Gesamtkonzept zusammengefasst werden. Neben Schutz- und Pflegeaspekten - im engeren Naturschutzverständnis - ist es das vorrangige Ziel, auf der überwiegenden Fläche eines Biosphärenreservates nachhaltige Landnutzungsmodelle zu etablieren, die sowohl dauerhaft-naturverträglich als auch wirtschaftlich und sozial tragfähig sind (UNESCO 1984, S.20).

Seit der Errichtung der ersten Biosphärenreservate im Jahre 1976 hat die UNESCO bis heute (Stand: 01. Oktober 2001) weltweit 411 Biosphärenreservate in 94 Staaten anerkannt. Die im Zuge der Weiterentwicklung des Biosphärenreservatkonzeptes in Sevilla erarbeiteten neuen Kriterien werden bislang nicht von allen Biosphärenreservaten weltweit erfüllt. Insbesondere die Entwicklungsaufgaben werden von zahlreichen Biosphärenreservaten noch nicht in ausreichendem Maße als Arbeitsfeld aktiv aufgegriffen. Diesen Anforderungen in einem angemessenen Zeitraum gerecht zu werden, wird eine wichtige Aufgabe dieser Biosphärenreservate in den kommenden Jahren sein.

Zur Umsetzung des internationalen MAB-Programms wurde für die Biosphärenreservate in Deutschland am 08. und 09. September 1994 von der Länderarbeitsgemeinschaft Naturschutz, Landschaftspflege und Erholung (LANA) folgende Definition festgelegt: "Biosphärenreservate sind großflächige, repräsentative Ausschnitte von Natur- und Kulturlandschaften. Sie gliedern sich abgestuft nach dem Einfluß menschlicher Tätigkeit in eine Kernzone, eine Pflegezone und eine Entwicklungszone, die gegebenenfalls eine Regenerationszone enthalten kann. Der überwiegende Teil der Fläche des Biosphärenreservates soll rechtlich geschützt sein. In Biosphärenreservaten werden - gemeinsam mit den hier lebenden und wirtschaftenden Menschen - beispielhafte Konzepte zu Schutz, Pflege und Entwicklung erarbeitet und umgesetzt. Biosphärenreservate dienen zugleich der Erforschung von Mensch-Umwelt-Beziehungen, der Ökologischen Umweltbeobachtung und der Umweltbildung. Sie werden von der UNESCO im Rahmen des Programms 'Der Mensch und die Biosphäre' anerkannt." (AGBR 1995, S.5)

8 Räumliche Gliederung von Biosphärenreservaten

Um die verschiedenen, ihnen zugewiesenen Schutz-, Pflege- und Entwicklungsaufgaben erfüllen zu können, sieht die UNESCO eine räumliche Gliederung der Biosphärenreservate vor. Diese Zonierung orientiert sich an den jeweiligen örtlichen Gegebenheiten und umfasst in der Regel drei Flächenkategorien. Abgestuft nach der Intensität menschlicher Tätigkeit werden Bereiche mit unterschiedlichen Aufgabenschwerpunkten festgelegt:

- die Kernzone dient dem Schutz der Naturlandschaft,
- die Pflegezone dient der Erhaltung historisch gewachsener Kulturlandschaften, und
- die Entwicklungszone dient der Erarbeitung von Perspektiven für eine moderne naturverträgliche Wirtschaftsentwicklung. Die Entwicklungszone kann gegebenenfalls eine Regenerationszone enthalten.

Mit der Zonierung ist keine Rangfolge der Wertigkeit verbunden. Vielmehr hat jede Zone eigenständige Aufgaben zu erfüllen, die in ihren Bezeichnungen zum Ausdruck kommen. Die Vielgestaltigkeit mitteleuropäischer Kulturlandschaften führt dazu, dass sich die Flächenanteile der Zonen in den einzelnen Biosphärenreservaten stark unterscheiden. Die einzelnen Zonen müssen jedoch bestimmte Mindestgrößen aufweisen.

Bei der Festlegung der Zonen eines Biosphärenreservates ist zu berücksichtigen, dass unter den gegenwärtigen agrarstrukturellen Rahmenbedingungen künftig weitere, derzeit landwirtschaftlich genutzte Flächen brachfallen und in Sukzession übergehen werden. Dies geschieht vor allem dort, wo eine Fortsetzung der Nutzung unwirtschaftlich und eine Erhaltung der aktuellen Struktur durch Landschaftspflege nicht zu finanzieren ist. Teilbereiche dieser Sukzessionsflächen könnten dann in die Kernzone mit einbezogen werden, wodurch die Fläche der Kernzone langfristig auf Kosten der Pflege- und der Entwicklungszone zunehmen würde. Künftig könnte es deshalb notwendig sein, die Zonierung eines Biosphärenreservates in größeren Zeitabständen den veränderten sozioökonomischen Bedingungen anzupassen.

Um der zugewiesenen Modellfunktion gerecht zu werden, ist darauf zu achten, dass insbesondere in der Entwicklungszone eines Biosphärenreservates ähnliche Rahmenbedingungen existieren wie in den übrigen vom Biosphärenreservat repräsentierten (außerhalb liegenden) Gebieten. Nur so ist zu gewährleisten, dass die erarbeiteten und erprobten Konzepte auch außerhalb des Biosphärenreservates Akzeptanz finden und angewendet werden. Eine Unterschutzstellung von Landschaftsteilen sollte nur dort erfolgen, wo diese unbedingt geboten erscheint.

Kernzone (core area): Jedes Biosphärenreservat besitzt eine Kernzone, in der sich die Natur vom Menschen möglichst unbeeinflusst entwickeln kann. Ziel ist, menschliche Nutzung aus der Kernzone auszuschließen. Die Kernzone soll groß genug sein, um die Dynamik ökosystemarer Prozesse zu ermöglichen. Sie kann aus mehreren Teilflächen bestehen. Der Schutz natürlicher bzw. naturnaher Ökosysteme genießt hier höchste Priorität. Forschungsaktivitäten und Erhebungen zur Ökologischen Umweltbeobachtung müssen Störungen der Ökosysteme vermeiden. Die Kernzone muss als Nationalpark oder Naturschutzgebiet rechtlich geschützt sein (vgl. AGBR 1995, S.12). Erfahrungswerte zeigen, dass die Kernzone mindestens 3% der Gesamtfläche eines Biosphärenreservates - unabhängig von politischen Grenzen - einnehmen muss (vgl. Deutsches MAB-Nationalkomitee 1996, S.15).

Pflegezone (buffer zone): Die Pflegezone dient der Erhaltung und Pflege von Ökosystemen, die durch menschliche Nutzung entstanden oder beeinflusst sind. Die Pflegezone soll die Kernzone vor Beeinträchtigungen abschirmen. Ziel ist vor allem, Kulturlandschaften zu erhalten, die ein breites Spektrum verschiedener Lebensräume für eine Vielzahl naturraumtypischer - auch bedrohter - Tier- und Pflanzenarten umfassen. Dies soll vor allem durch Landschaftspflege erreicht werden. Erholung und Maßnahmen zur Umweltbildung sind am Schutzzweck auszurichten. In der Pflegezone werden Struktur und Funktion von Ökosystemen und des Naturhaushaltes untersucht sowie Ökologische Umweltbeobachtung durchgeführt. Die Pflegezone soll als Nationalpark oder Naturschutzgebiet rechtlich geschützt sein. Soweit dies noch nicht erreicht ist, ist eine entsprechende Unterschutzstellung anzustreben. Bereits ausgewiesene Schutzgebiete dürfen in ihrem Schutzstatus nicht verschlechtert werden (vgl. AGBR 1995, S.12). Da Biosphärenreservate im allgemeinen größere Bereiche verschiedener nutzungsabhängiger Ökosysteme aufweisen, soll die Pflegezone mindestens 10% der Gesamtfläche eines Biosphärenreservates - unabhängig von politischen Grenzen - umfassen (vgl. Deutsches MAB-Nationalkomitee 1996, S.16).

Entwicklungszone (transition zone): Die Entwicklungszone ist Lebens-, Wirtschafts- und Erholungsraum der Bevölkerung. Ziel ist die Entwicklung einer Wirtschaftsweise, die den Ansprüchen von Mensch und Natur gleichermaßen gerecht wird. Eine sozialverträgliche Erzeugung und eine Vermarktung umweltfreundlicher Produkte tragen zu einer nachhaltigen Entwicklung bei ("sustainable development"). In der Entwicklungszone prägen insbesondere nachhaltige Nutzungen das naturraumtypische Landschaftsbild. Hier liegen die Möglichkeiten für die Entwicklung eines umwelt- und sozialverträglichen Tourismus. In der Entwicklungszone werden vorrangig Mensch-Umwelt-Beziehungen erforscht. Zugleich werden Struktur und Funktion von Ökosystemen und des Naturhaushaltes untersucht sowie die Ökologische Umweltbeobachtung und Maßnahmen zur Natur- und Umweltbildung durchgeführt. Schwerwiegend beeinträchtigte Gebiete können innerhalb der Entwicklungszone als Regenerationszone aufgenommen werden. In diesen Bereichen liegt der Schwerpunkt der Maßnahmen auf der Behebung von Landschaftsschäden. Schutzwürdige Bereiche in der Entwicklungszone sind durch Schutzgebietsausweisungen und ergänzend durch die Instrumente der Bauleit- und Landschaftsplanung rechtlich zu sichern (vgl. AGBR 1995, S.12f.). Schutz, Pflege und Entwicklung der Kulturlandschaft erfordern es, dass die Entwicklungszone mehr als 50% der Gesamtfläche des Biosphärenreservates - unabhängig von politischen Grenzen - einnimmt. In marinen Gebieten gilt dies für die Landfläche (vgl. Deutsches MAB-Nationalkomitee 1996, S.16).

9 Biosphärenreservate in Deutschland

Deutschland ist seit dem 24. November 1979 am Aufbau des internationalen Netzes der Biosphärenreservate beteiligt. Bereits drei Jahre nach der Definition der fachlichen Grundlagen erkannte die UNESCO die Gebiete Steckby-Lödderitzer Forst (heute Sachsen-Anhalt; am 29. Januar 1988 Erweiterung des Gebietes um die Dessau-Wörlitzer Kulturlandschaft und die Umbenennung in Biosphärenreservat Mittlere Elbe; am 29. Oktober 1997 Erweiterung des Biosphärenreservates Mittlere Elbe und Umbenennung in Flusslandschaft Elbe) und Vessertal (heute Thüringen; am 06. März 1991 Erweiterung des Gebietes und die Umbenennung in Biosphärenreservat Vessertal-Thüringer Wald) als Biosphärenreservate an. Am 15. Dezember 1981 folgte der Bayerische Wald (Bayern) (vgl. Erdmann & Nauber 1995, S.138ff.).

Besondere Aufmerksamkeit erfuhr das Konzept der "Biosphärenreservate" in Deutschland durch den Beschluss des DDR-Ministerrates vom 22. März 1990, ein Nationalparkprogramm einzurichten. Bestandteil dieses Programms waren neben fünf National- und drei Naturparken auch vier neue Biosphärenreservate (Rhön, Schorfheide-Chorin, Spreewald und Südost-Rügen) sowie die Erweiterung der bereits anerkannten Biosphärenreservate Mittlere Elbe und Vessertal (Knapp 1990).

Am 12. September 1990 - wenige Tage vor dem Beitritt der Länder Brandenburg, Mecklenburg-Vorpommern, Sachsen, Sachsen-Anhalt und Thüringen zur Bundesrepublik Deutschland - erfolgte auf Grundlage der im Bundesnaturschutzgesetz (BNatSchG) verankerten Schutzgebietskategorien die Unterschutzstellung der im Nationalparkprogramm ausgewiesenen Landschaften. Die Verordnungen traten am 01. Oktober 1990 in Kraft. Mit der Übernahme in den Einigungsvertrag konnten die verabschiedeten Bestimmungen auch für die Zeit nach dem Beitritt der neuen Länder gesichert werden.

Am 20. November 1990 erkannte die UNESCO das Gebiet Schorfheide-Chorin (Brandenburg) gemeinsam mit Berchtesgaden (Bayern) und dem Schleswig-Holsteinischen Wattenmeer (Schleswig-Holstein) als Biosphärenreservat an. Die Ausweisung der Rhön (Bayern, Hessen, Thüringen), des Spreewaldes (Brandenburg) und Südost-Rügens (Mecklenburg-Vorpommern) sowie die Bestätigung der Erweiterung der Biosphärenreservate Mittlere Elbe (Sachsen-Anhalt) und Vessertal-Thüringer Wald (Thüringen) erfolgte am 06. März 1991. Am 10. November 1992 erkannte die UNESCO die Gebiete Hamburgisches Wattenmeer (Hamburg), Niedersächsisches Wattenmeer (Niedersachsen) sowie den Pfälzerwald (Rheinland-Pfalz) als Biosphärenreservate an, am 15. April 1996 folgte die Oberlausitzer Heide- und Teichlandschaft (Sachsen). Der großflächigen Erweiterung des Biosphärenreservates Mittlere Elbe und der Umbenennung in Biosphärenreservat Flusslandschaft Elbe (Brandenburg, Niedersachsen, Mecklenburg-Vorpommern, Sachsen-Anhalt, Schleswig-Holstein) stimmte die UNESCO am 29. Oktober 1997 zu. Als jüngstes Biosphärenreservat Deutschlands wurde am 21. Januar 2000 der Schaalsee (Mecklenburg-Vorpommern) in das internationale Netzwerk aufgenommen. Damit hat die UNESCO bislang in Deutschland dreizehn Biosphärenreservate mit einer Gesamtfläche von über 15.000 km^2 (Stand: 01. Oktober 1997) anerkannt, was etwa 4,3% des Hoheitsgebietes Deutschlands entspricht.

Die derzeit von der UNESCO in Deutschland anerkannten Biosphärenreservate zeichnen sich aus durch:

1. eine hochwertige Naturausstattung, insbesondere naturnaher bis natürlicher Lebensgemeinschaften (einige Biosphärenreservate, in denen der naturnahe Anteil besonders hoch ist, sind deshalb zugleich auch als Nationalparke anerkannt),

2. ausgedehnte Areale mit halbnatürlichen Lebensgemeinschaften, die durch extensive Nutzung entstanden sind (z.B. Magerrasen, Feuchtwiesen, Streuobstwiesen),

3. das Vorkommen seltener und bedrohter Pflanzen- und Tierarten (Bedeutung als Refugialräume),

4. intakte und attraktive Landschaftsbilder der Natur- und Kulturlandschaft, die von besonderem Wert für Erholung und Tourismus sind.

5. Darüber hinaus haben Biosphärenreservate als Lebens- und Wirtschaftsraum des Menschen eine große Bedeutung.

Die Biosphärenreservate in Deutschland haben sich bislang sehr unterschiedlich entwickelt. Um in Zukunft die Voraussetzung für eine gleichgerichtete Entwicklung zu schaffen, haben sich die Verwaltungen der Biosphärenreservate in Deutschland zu der "Ständigen Arbeitsgruppe der Biosphärenreservate in Deutschland" (AGBR) zusammengeschlossen.[6] Aufbauend auf Beschlüssen der UNESCO hat die AGBR "Leitlinien für Schutz, Pflege und Entwicklung der Biosphärenreservate in Deutschland" (AGBR 1995) erarbeitet. Mit den Leitlinien werden zum einen für Deutschland die Ziele der UNESCO für die Biosphärenreservate konkretisiert, zum anderen die jeweils spezifische Ausgestaltung der Vorgaben für die einzelnen Biosphärenreservate aufgezeigt.

Die große gesellschaftliche Akzeptanz der Biosphärenreservate hat dazu geführt, dass vielerorts Überlegungen reifen, weitere Landschaften in Deutschland von der UNESCO als Biosphärenreservat anerkennen zu lassen. Da es sich um ein weltumspannendes Programm handelt, ist die UNESCO der Auffassung, dass Deutschland in diesem internationalen Verbund mit ca. 20 bis 25 Gebieten angemessen vertreten wäre. Ziel ist die Entwicklung und Etablierung eines Systems gesamtstaatlich repräsentativer Gebiete, in dem einerseits die Ökosystemtypen Deutschlands repräsentativ vertreten sind und welches andererseits die ökonomischen und soziokulturellen Verhältnisse beispielhaft abbildet. Bei der Betrachtung der bisher von der UNESCO in Deutschland anerkannten Biosphärenreservate fällt auf, dass u.a. einige die Regionen Deutschlands kennzeichnenden Landschaftstypen bislang nicht vertreten sind. So fehlen z.B. Stadt- und Industrielandschaften genauso wie intensiv genutzte Agrarlandschaften. Für diese Ökosystemtypen werden künftig vorrangig Biosphärenreservate einzurichten sein (vgl. Reidl 1995).

Um den gesamten Prozess der Antragstellung zu objektivieren, hat das Deutsche MAB-Nationalkomitee "Kriterien für die Anerkennung und Überprüfung von Biosphärenreservaten der UNESCO in Deutschland" (Deutsches MAB-Nationalkomitee 1996) erarbeitet. Diese bauen auf den Konzeptionen der UNESCO "Action Plan for Biosphere Reserves" (1984), "Statutory Framework of the World Network of Biosphere Reserves" (1995a) und "Seville Strategy for Biosphere Reserves" (1995b) sowie weiteren Beschlüssen der UNESCO zu Biosphärenreservaten auf. Am 18. und 19. Januar 1996 wurden sie anlässlich der 67. Sitzung der Länderarbeitsgemeinschaft Naturschutz, Landschaftspflege und Erholung (LANA) zustimmend zur Kenntnis genommen. Diese Kriterien bilden ein Grundraster, das Antragstellern bereits vor der Konzipierung neuer Biosphärenreservate den gesamten Anforderungskatalog offen legt. Auch für die Bewertung und Überprüfung bereits bestehender Biosphärenreservate in Deutschland werden die "Kriterien" herangezogen.

---

6   Seit der 24. Sitzung (27. bis 30. September 2000 in St. Oswald im Biosphärenreservat Bayerischer Wald) firmiert die "Ständige Arbeitsgruppe der Biosphärenreservate in Deutschland" (AGBR) unter der Bezeichnung "Erfahrungsaustausch der Biosphärenreservate in Deutschland".

10 Aufgaben und Ziele der Biosphärenreservate in Deutschland

Infolge des Wandels der Biosphärenreservate von einer internationalen Schutzgebietskategorie zu einem Modellkonzept einer nachhaltigen Entwicklung wurde Biosphärenreservaten im lokalen, regionalen und überregionalen Zusammenhang die Funktion eines zentralen Umsetzungsinstruments zugewiesen (vgl. Erdmann 1996). Ziel ist es, für die verschiedenen Kulturlandschaften Möglichkeiten einer differenzierten, an den regionalen ökologischen, ökonomischen und soziokulturellen Rahmenbedingungen orientierten nachhaltigen Entwicklung aufzuzeigen.

In Biosphärenreservaten sollen - gemeinsam mit den hier lebenden und wirtschaftenden Menschen - neue Ansätze zu Schutz, Pflege und Entwicklung einer Landschaft konzipiert, erprobt und etabliert werden, um somit den Schutz des Naturhaushaltes und die Entwicklung der Landschaft als Lebens-, Wirtschafts- und Erholungsraum miteinander zu verbinden. Gleichzeitig ist es Aufgabe, Verfahrensweisen zu erarbeiten, wie die in den Biosphärenreservaten gewonnenen Erkenntnisse auf größere, ähnlich strukturierte Räume übertragen werden können. Konkrete Entwicklungsziele hängen von den ökologischen, ökonomischen und soziokulturellen Strukturen, Funktionen und Zielen des jeweiligen Biosphärenreservates sowie seiner umgebenden Region ab.

Die Vereinbarung von Schutz- und Nutzungsinteressen erfordert eine enge Zusammenarbeit zwischen einheimischer Bevölkerung, Nutzern, Verwaltung und Entscheidungsträgern der öffentlichen Bereiche beim Management eines Biosphärenreservates. Wesentliche Aufgaben in Biosphärenreservaten sind soweit wie möglich den Bewohnerinnen und Bewohnern selbst zu übertragen. Hierfür sind die strukturellen Rahmenbedingungen (z.B. Teilzeitarbeit, Nebenerwerbsmöglichkeiten) zu schaffen.

Zur Umsetzung einer nachhaltigen Entwicklung verfolgen die Biosphärenreservate in Deutschland u.a. folgende Aufgaben (vgl. Erdmann & Frommberger 1999): Erhalt und nachhaltige Entwicklung der Leistungsfähigkeit der ökologischen und gesellschaftlichen Systeme, Forschung und Ökologische Umweltbeobachtung sowie Natur- und Umweltbildung und Öffentlichkeitsarbeit. Anhand ausgewählter Beispiele wird im folgenden skizziert, wie einzelne Biosphärenreservate in Deutschland die verschiedenen Aufgabenfelder inhaltlich ausgestalten.

10.1. Schutz des Naturhaushaltes - Erhaltung einer der letzten großräumigen Naturlandschaften Mitteleuropas im Biosphärenreservat Niedersächsisches Wattenmeer

Ziel eines umfassenden Schutzes des Naturhaushaltes in den Biosphärenreservaten ist es, deren Leistungsfähigkeit und Funktionsfähigkeit nachhaltig zu sichern. Dies kann - orientiert an dem jeweiligen Standort - durch Schutz (Erhaltung natürlicher und naturnaher, vom Menschen weitgehend unbeeinflusster Ökosysteme in ihrer Dynamik), Pflege (Erhaltung halbnatürlicher Ökosysteme und vielfältiger Kulturlandschaften einschließlich der Landnutzungen, die diese hervorbrachten) und eine nachhaltige, standortgerechte Nutzung (Sicherstellung und Stärkung der Leistungsfähigkeit des Naturhaushaltes, insbesondere Bodenschutz, Grund-, Oberflächen- und Trinkwasserschutz, Klimaschutz, Arten- und Biotopschutz) verwirklicht werden. Bei Eingriffen in den Naturhaushalt und das Landschaftsbild sowie bei Ausgleichs- und Ersatzmaßnahmen sind regionale Leitbilder, Umweltqualitätsziele und -standards angemessen zu berücksichtigen.

Das Biosphärenreservat Niedersächsisches Wattenmeer umfasst nahezu den gesamten niedersächsischen Küstenbereich sowie die Ostfriesischen Inseln mit Ausnahme der besiedelten Bereiche. Seine Grenzen sind identisch mit denen des gleichnamigen Nationalparks. Wegen seiner herausragenden Bedeutung als Brut-, Aufzucht- und Rastgebiet zahlreicher Vogelarten ist das Niedersächsische Wattenmeer zugleich auch - gemäß der Ramsar-Konvention - als Feuchtgebiet internationaler Bedeutung für Wat- und Wasservögel ausgezeichnet.

Das Wattenmeer zählt zu den letzten großräumigen Naturlandschaften Europas. Das besondere der Wattenmeerlandschaft ist ihre Weite und ihr amphibischer Charakter, der durch den gezeitenbedingten Wechsel von Wasser und Land bestimmt wird. Die Vielfalt der Substrate, die unterschiedlichen Einflüsse durch Überflutung und Trockenfallen, Strömungen und Nährstoffkonzentrationen haben eine große Zahl pflanzlicher und tierischer Lebewesen mit zum Teil extremen Anpassungen und Spezialisierungen hervorgebracht. Diese Arten können nicht in andere Bereiche, etwa Feuchtgebiete im Binnenland, vordringen oder ausweichen.

Geht das Wattenmeer auch nur in Teilen verloren, so sind viele der hier lebenden Tier- und Pflanzenarten in ihrem Bestand bedroht. Mitbetroffen sind auch zahllose Rastvögel, die jährlich das Wattenmeer als Nahrungsrevier nutzen. Sie machen auf ihren langen Flügen zwischen Sibirien oder Grönland bzw. Kanada und den Winterquartieren im Süden hier Station, um sich die nötigen Fettreserven anzufressen. Wegen ihrer Nähe zu den Nahrungshabitaten im Watt dienen die Salzwiesen zahlreichen Vögeln, z.B. Rotschenkel und Austernfischer, als Brutraum. Die Salzwiesen bieten zudem mit einer Produktivität von jährlich ca. 2 kg Biomasse pro m^2 reichhaltig Nahrung für verschiedene Gänsearten. Die unregelmäßige Überflutung mit Salzwasser sorgt dafür, dass die Salzwiesen als natürliche Endgesellschaft ohne Büsche und Bäume bestehen bleiben.

Für die Nordsee-Fischbestände von Scholle, Sprotte, Seezunge und Hering ist das Wattenmeer die Kinderstube. Andere Fischarten verbringen als typische Wattenmeerbewohner ihren gesamten Lebenszyklus dort, darunter Aalmutter, Steinpicker und Grundel. In den letzten Jahrzehnten hat deren Bestand jedoch rapide abgenommen, was auf einen verschlechterten Naturzustand zurückgeführt wird.

Durch vielfältige Nutzungen und die davon ausgehenden Belastungen und Störungen ist das Wattenmeer in vielen Bereichen in seinem Fortbestand heute bereits ernsthaft bedroht. Zu den größten Gefährdungspotentialen für das Ökosystem Wattenmeer gehören Schadstoffeinträge über die Flüsse und Luft, Direkteinleitungen, nationale und internationale Schifffahrt sowie Offshore-Plattformen. Allein aus der Landwirtschaft stammen 43% der jährlich 1,5 Mio. t Stickstoff, die in das Wattenmeer eingetragen werden. Anzeichen für die Überlastung des Wattenmeeres sind z.B. das Massensterben von Robben Ende der 1980er Jahre, vermehrt auftretende Fischkrankheiten, aber auch das massenhafte Auftreten von Großalgen sowie die in den zurückliegenden Jahren zunehmend häufiger beobachteten "Schwarzen Flecken", die 1996 eine Gesamtfläche von 50 km^2 umfassten.

Eines der Hauptanliegen im Biosphärenreservat Niedersächsisches Wattenmeer ist der Schutz der Ökosysteme einschließlich der an diese gebundenen Arten. Höchsten Schutz bietet die verhältnismäßig große Kernzone, die mit 128.000 ha über die Hälfte der Fläche des Biosphärenreservates einnimmt. Sie umfasst die Seehundbänke sowie bedeutende Brut-, Rast- und Nahrungsbiotope von Wat- und Wasservögeln auf Wattflächen, Salzwiesen und Seegraswiesen. Zur 110.000 ha großen Pflegezone zählen Teile der Wattflächen, Salzwiesen und Dünen sowie Baljen und Priele einschließlich der Wattfahrwasser. Die Dünenbereiche sind in erster Linie aus floristischen und vegetationskundlichen Gründen schutzwürdig. Der Schutz der Strandbereiche dient z.B. Strandbrütern wie dem Seeregenpfeifer und der Zwergseeschwalbe. Die verhältnismäßig kleine Entwicklungszone (2.000 ha) umfasst die Erholungsstrände der Insel- und Festlandküsten.

Zu den Schutzmaßnahmen im Biosphärenreservat gehört, dass Binnendünen nicht mehr befestigt werden, eine Befestigung der Ostenden der Inseln nach Möglichkeit unterbleibt und Gräben auf Salzwiesen zur (Deichfuß-) Entwässerung nur noch alternierend geräumt werden, wodurch das Wiederbesiedlungspotential der Gräben verbessert und die Auflandungsgeschwindigkeit verringert wird. Ferner werden vermehrt Blänken (flache Wasserstellen), die sich nach hohen Tiden ausbilden, in den Salzwiesen toleriert und nicht mehr entwässert.

Auf dem überwiegenden Teil der insgesamt 7.954 ha großen Salzwiesenfläche im Biosphärenreservat findet inzwischen keine landwirtschaftliche Nutzung mehr statt, lediglich 25% der Salzwiesenfläche werden nur noch extensiv genutzt. Die Herzmuschelfischerei wurde in Niedersachsen 1992 eingestellt, seit dem 01. Januar 1995 ist die Wattenjagd im Biosphärenreservat untersagt. Die Bemühungen zum Schutz des Wattenmeeres dürfen jedoch nicht an den Grenzen des Biosphärenreservates enden. Auch die Unterschutzstellung der angrenzenden deutschen sowie der dänischen und niederländischen Wattenmeerbereiche als Biosphärenreservate ist nur der erste Schritt zu einem umfassenden Schutzkonzept. Eine Minimierung der Nähr- und Schadstoffeinträge - insbesondere im Einzugsbereich der Flüsse - wird im Sinne eines effektiven Wattenmeerschutzes angestrebt. Dies muss künftig auch verstärkt durch internationale Abkommen unterstützt werden.

10.2   Handel - Vermarktung naturraumtypischer Produkte im Biosphärenreservat Rhön

In Biosphärenreservaten sollen umweltschonend erzeugte Produkte und Sortimente vermarktet sowie ökonomisch und ökologisch angemessene Vertriebsstrukturen entwickelt werden. Die Errichtung spezieller Systeme zur Vermarktung heimischer Produkte ist zu fördern. Hierzu ist möglichst weitgehend die Bevölkerung auch benachbarter lokaler Märkte in die Entwicklung und Umsetzung der Ziele des Biosphärenreservates und der Vermarktungsstrategien einzubeziehen. Branchenübergreifende Konzepte für regionale Wirtschaftskreisläufe mit möglichst kurzen Transportwegen und Konzepte für einen umwelt- und ressourcenschonenden Transport sollen aufgestellt und umgesetzt werden.

Das Kapital einer intakten Natur und Landschaft ist Ausgangspunkt einer zukunftsorientierten regionalen Entwicklung. Vernetzte Strategien, die die Bereiche Naturschutz, Landwirtschaft, Handwerk, Fremdenverkehr und Handel gleichermaßen beinhalten, können die Stärken der Region gezielt fördern und erhebliche Anstoßeffekte bewirken. Die Vermarktung landwirtschaftlicher Produkte im Biosphärenreservat Rhön ist ein gutes Beispiel für eine derartige Strategie.

Verschiedene Maßnahmen wie die Förderung der Direktvermarktung durch Bauernmärkte und Ab-Hof-Verkauf, der Aufbau von Vermarktungswegen zwischen Landwirten und Gastronomiebetrieben, örtlichen Verarbeitern (u.a. Metzger, Bäcker) und Kurkliniken ermöglichen den Landwirten im Biosphärenreservat Rhön einen gesicherten und einträglichen Absatz. Gleichzeitig kann sich die Gastronomie mit einer gesunden, regionaltypischen Küche profilieren und damit einen Beitrag zur Pflege wertvoller Kulturlandschaften im Sinne des Naturschutzes leisten. Für die Zukunft der Landwirtschaft ist die Förderung der Direktvermarktung sowie die Definition regionaler Qualitätsstandards ein entscheidender Aspekt.

Im bayerischen Teil des Biosphärenreservates hat sich eine Rhönschafe-Weidegemeinschaft gebildet. Die Weidegemeinschaft organisiert die Beantragung von Fördermitteln und die Vermarktung der Schafe. Dank eines vom "Verein Natur- und Lebensraum Rhön e.V." ausgeschriebenen Wettbewerbs zur gastronomischen Verwertung des Rhönschafes ist das Interesse der regionalen Gastronomie am Produkt "Rhönschaf" geweckt worden. Die Erzeugung und Vermarktung des Rhönschafes und der Verarbeitungsprodukte ist so gut angelaufen, dass die Nachfrage das Angebot übersteigt, was sich auch in den Preisen niederschlägt: während 1 kg Rhön-Lammfleisch früher ca. 8,00 DM/kg (1984) kostete, ist der Preis heute auf ca. 15,00 DM/kg (2001) gestiegen.

Als weitere Rhöner Spezialität werden "Rhöner Weideochsen" aus extensiver Haltung vermarktet, zunächst sollen jährlich etwa 100 Ochsen verkauft werden. Über den Direktvertrieb an die Gastronomie können die Landwirte das Doppelte des Normalpreises erzielen.

Neue Wege der Erzeugung und Vermarktung gehen auch die bäuerlichen Interessensgemeinschaften "Oberelsbach", "Oberes Streutal", "Schwarze Berge" und

"Rund um den Dreistelz". Diese im bayerischen Teil des Biosphäresreservates entstandenen Interessensgemeinschaften verstehen sich als örtliche Entwicklungsgruppen, die für die Bereiche Landwirtschaft, Tourismus, Handwerk etc. Projektideen erarbeiten und - mit Hilfe von Fördermitteln - umsetzen. Aus den Interessensgemeinschaften sind Vermarktungs- bzw. Verarbeitungsorganisationen hervorgegangen, die privatwirtschaftlich tätig sind.

10.3   Sozialarbeit - Integration Behinderter auf einem landwirtschaftlichen Betrieb im Biosphärenreservat Pfälzerwald

Biosphärenreservate sehen ausdrücklich die Einbeziehung der in diesem Gebiet lebenden und wirtschaftenden Menschen in einem umfassenden Ansatz von Schutz und Nutzung vor. Dazu gehört auch die Integration Behinderter, deren Eingliederung in die Arbeitswelt nach wie vor ein großes Problem darstellt. Das grundlegende Bedürfnis des Menschen, ein für sich selber aufkommender Teil der Gemeinschaft zu sein und von ihr anerkannt zu werden, ist für alle Menschen erstrebenswert. Projekte, die eine Eingliederung von Behinderten in die Gesellschaft fördern, können verhindern, dass diese Menschen abhängig und menschlich isoliert sind. Neben der medizinischen, psychologischen und pädagogischen Betreuung sind Ausbildung und eine dauerhafte Tätigkeit ein zentrales Ziel der Hilfe für Behinderte.

Am Ortsrand von Altleiningen - im Norden des Biosphärereservates Pfälzerwald - liegt der Kleinsägmühlerhof. Er wurde 1984 vom Verein Lebenshilfe in Bad Dürkheim mit dem Ziel gekauft, Behinderten Wohn- und Arbeitsmöglichkeiten in der Landwirtschaft und im Gartenbau zu schaffen. Der Hof umfasst 66 ha, darunter 21 ha Acker, 35 ha Grünland, 7 ha Forst und 1 ha Feldgemüse. Neben einer Milchkuhherde von ca. 40 Scharzbunten und deren Nachzucht werden auf dem Hof Mastschweine, Stallhasen und Hühner gehalten. Zu dem Schweinebestand gehören auch einige Exemplare der vom Aussterben bedrohten Haustierrasse Schwäbisch Hallische Schweine.

Der Kleinsägmühlerhof wird biologisch-dynamisch (Demeter) bewirtschaftet. Diese Wirtschaftsform ist mit sehr viel Handarbeit verbunden und bietet ein breites Spektrum an Tätigkeitsfeldern. Auf dem Hof sind drei Agraringenieure, ein Landwirt, drei Sozialpädagogen, mehrere Hauswirtschafts- und Reinigungskräfte sowie zwei Zivildienstleistende beschäftigt. Insgesamt arbeiten auf dem Hof zwischen 20 und 30 Behinderte. Von diesen leben derzeit 14 Personen im hofeigenen Wohnheim, während 9 Personen aus der Umgebung zum Kleinsägmühlerhof pendeln. Das Wohnheim ist in drei, jeweils von einem Sozialpädagogen betreute Wohngruppen unterteilt. Der Behindertengrad ist sehr unterschiedlich, lediglich Schwerstbehinderte können aufgrund der Arbeitsanforderungen nicht aufgenommen werden.

Bevor sich Behinderte für ein Leben auf dem Hof entscheiden können, müssen sie ein drei- bis sechswöchiges Praktikum absolvieren. Dabei zeigt sich, ob der

Kleinsägmühlerhof als Arbeitsplatz in Frage kommt und in welchem Bereich die Interessensschwerpunkte des Behinderten liegen. Die tägliche Arbeitszeit beträgt in der Regel 6,5 Stunden. Die meisten Behinderten werden bei der Arbeit durchgängig betreut.

Im Winter, wenn die Arbeit auf dem Feld ruht, werden in der Werkstatt Reparaturen oder Bauarbeiten und Renovierungen durchgeführt. In der Viehhaltung helfen die Behinderten beim Ausmisten, Füttern und Melken. Bei der Auswahl der Tiere wird auf deren ruhiges Gemüt geachtet, da der enge Kontakt mit den Tieren für die Behinderten auch eine wichtige pädagogische Bedeutung hat. Auf Grund des Verzichts auf Pestizide bieten sich im Feldgemüse- und Hackfruchtbau - insbesondere in der Unkrautbekämpfung mittels Handhacke - verschiedene Betätigungsfelder. Ein Hausgarten eröffnet weitere Beschäftigungsbereiche.

Weitere Arbeitsmöglichkeiten bestehen in der Hauswirtschaft. In der Küche, in der auch selbst erzeugte Produkte weiterverarbeitet werden, und in der hofeigenen Vollkornbäckerei, in der Brot und Backwaren für den Eigenbedarf sowie für den Verkauf im hofeigenen Laden und an Reformhäuser und Bioläden produziert werden, sind jeweils 3 Behinderte tätig. Die Angebotspalette des Hofladens umfasst darüber hinaus auch Milchprodukte sowie Obst und Gemüse. Die Behinderten helfen hier z.B. beim Abfüllen der Frischmilch und Verpacken der Waren mit. Der Verkauf der selbst erzeugten Produkte im Hofladen ist eine wichtige Erfahrung für die Behinderten, da ihnen somit die Bedeutung und der Wert ihrer Arbeit direkt bewusst wird.

Neben dem Direktvertrieb beliefert der Kleinsägmühlerhof Bauernläden, Geschäfte und Gastronomiebetriebe in der Region. Ein großes Problem bei der Direktvermarktung ist die periphere Lage des Hofes und die schlechte Anbindung an den öffentlichen Nahverkehr. Aus diesem Grund haben sich mehrere Fahrgemeinschaften von Konsumenten aus der Region gebildet. Die Schaffung eines Gütesiegels sowie verstärkte Werbeaktivitäten sind geplant. Die Finanzierung des Betriebs erfolgt über den Verein Lebenshilfe sowie durch die Dirketvermarktung hofeigener Produkte.

10.4 Naturbildung - Natur- und umweltpädagogische Schwerpunkte im Biosphärenreservat Hamburgisches Wattenmeer

Zu den Leitzielen des MAB-Programms gehört es, die Beziehungen des Menschen zu Natur und Umwelt zu verbessern. In Biosphärenreservaten ist daher die natur- und umweltpädagogische Arbeit eine zentrale Aufgabe. Sie zielt zum einen auf die praxisnahe Aus- und Fortbildung von Wissenschaftlern, Verwaltungspersonal und Schutzgebietsmitarbeitern. Zum anderen sollen die Bevölkerung und Besucher motiviert werden, an der Erstellung und Umsetzung des Konzeptes der Biosphärenreservate mitzuwirken. Die Vorgehensweise der Bildungsarbeit passt sich den unterschiedlichen Zielgruppen an. Mit der Förderung ganzheitlicher

Denkstrukturen und dem Bewusstsein für Möglichkeiten und Grenzen der Nutzung natürlicher Ressourcen soll natur- und umweltverantwortliches Handeln erlernt werden.

Der Erfolg eines Biosphärenreservates hängt vor allem davon ab, inwieweit sich die Bevölkerung mit den Leitgedanken identifiziert und zu einer Mitwirkung bei der Ausgestaltung der verschiedenen Aufgabenbereiche von Biosphärenreservaten motivieren lässt. Daher zählen Natur- und Umweltbildung zu den wichtigsten Aufgaben der Biosphärenreservate. Vor dem Hintergrund wachsender weltweiter Naturprobleme gilt es, die globalen Zusammenhänge und Wirkungen durch anschauliche Informationen und direkte Begegnungen praxisnah aufzuzeigen und zu vermitteln. Ökosystemares Wissen geht jedoch nicht automatisch einher mit naturverträglichem Handeln.

Gefördert werden soll die Verantwortung des Menschen für heutige und künftige Generationen sowie seine belebte und unbelebte Natur, die sich aus der anthropogenen Nutzung und den Belastungen der Ökosysteme ergibt. Ebenso muss das Bewusstsein für die Abhängigkeit des Menschen von einem leistungsfähigen Landschaftshaushalt gestärkt werden. Dabei kommt es sowohl darauf an, die Schutzbedürftigkeit von Landschaften, als auch deren Störanfälligkeit darzulegen. Insbesondere ist das Verständnis für systemare Gesamtzusammenhänge zu fördern. Natur- und Umweltbildung sollten auch emotionale und ästhetische Aspekte einbeziehen mit dem Ziel, die Schönheiten und Werte der heimatlichen bzw. Erholungslandschaft als Bestandteil der gesamten Biosphäre deutlich zu machen. In diesem Sinne sind naturverträgliche Lebenshaltungen und Verhaltensweisen zu fördern und Möglichkeiten zum Schutz von Natur und Landschaft sowie für naturverträgliches Freizeitverhalten aufzuzeigen.

Lebenslanges Lernen ist die Voraussetzung für die Bewältigung von Natur- und Umweltproblemen. In der Natur- und Umweltbildung können folgende Lernbereiche unterschieden werden:

- Lernen aus Erfahrung (Situationsorientierung),
- Handelndes Lernen (Handlungsorientierung),
- Ganzheitliches Lernen (Integration von Themen und Fächern),
- Verantwortliches Lernen (Wertorientierung in Einstellung und Verhalten) sowie
- Zukunftsbezogenes Lernen (Antizipation und Partizipation).

Für das flächenmäßig kleinste Biosphärenreservat in Deutschland, das Hamburgische Wattenmeer, ist Naturbildung von besonders großer Bedeutung. Der begehbare Teil des Biosphärenreservates, die 280 ha große Insel Neuwerk, liegt etwa 100 km von der Metropole Hamburg entfernt und ist mit bis zu 140.000 Besuchern jährlich starken Belastungen ausgesetzt. In Spitzenzeiten frequentieren täglich bis zu 1.800 Gäste die Insel. Um die Schutzinteressen trotzdem zu wahren, werden verschiedene natur- und umweltpädagogische Konzepte eingesetzt. Dabei arbeitet die Biosphärenreservatsverwaltung eng mit dem Verein Jordsand zum Schutz der Seevögel und der Natur e.V. zusammen. Das Informationszentrum des Biosphärenreservats bietet eine Ausstellung mit Infotafeln, ein EDV-gestütztes Besucherinformationssystem, Videovorführungen, ein Aquarium und Führungen. Jährlich besuchen über 23.000 Personen das Infozentrum. Für die Beantwortung von Fragen stehen Betreuer des Vereins Jordsand zur Verfügung. Zu den Veranstaltungen bzw. Bildungsprojekten zählen Lehrerfortbildungen, die z.B. gemeinsam mit dem Wissenschaftlichen Institut für Schulpraxis (Bremerhaven) durchgeführt werden. Außerdem werden Veranstaltungen mit Bildungsschiffen im Rahmen des Bildungsurlaubs angeboten. In Zusammenarbeit mit verschiedenen Universitäten finden studentische Exkursionen statt. Jährlich werden etwa 200 Gruppen betreut, was ca. 3.500 Besuchern entspricht. Darunter sind Tagesgäste, Dauergäste, Jugendgruppen, Schulklassen, Lehrergruppen, Hochschulgruppen und Betriebsausflüge. Auf Anfrage werden die Bildungsangebote auf die entsprechenden Gruppen - u.a. unter Berücksichtigung der Altersklassen - abgestimmt. Zwei Schullandheime, das Freizeitcamp der Stadt Salzgitter und das Sommerlager einer Schule aus Weinheim/Bergstraße auf Neuwerk arbeiten eng mit der Verwaltung des Biosphärenreservates zusammen; auf Anfrage werden mit Jugendgruppen spezielle Veranstaltungen durchgeführt.

11 Zusammenfassung

Nachhaltigkeit, nachhaltige Entwicklung und nachhaltige Regionalentwicklung sind modische Schlagwörter der Naturschutz-, Umwelt- und Entwicklungspolitik, die der Konkretisierung und inhaltlichen Ausgestaltung bedürfen. Im Anschluss an historische, methodische und räumliche Aspekte der Nachhaltigkeit und der nachhaltigen Entwicklung wurden am Beispiel des UNESCO-Programms "Der Mensch und die Biosphäre" (MAB) konkrete Fragen der praktischen Umsetzung vorgestellt und diskutiert.

Das MAB-Programm kann mittlerweile auf einen mehr als 30-jährigen erfolgreichen Verlauf zurückblicken. Sowohl für die Gestaltung der internationalen wie auch der nationalen Natur- und Umweltschutzpolitik konnten bedeutsame Beiträge geleistet werden. Zentraler Bestandteil des Programms sind die Biosphärenreservate. Sie stellen ein globales Netz repräsentativer Gebiete dar, das die Entwicklung der weltweiten Natur- und Umweltschutzpolitik nachhaltig unterstützt und für eine vorausschauende Entwicklung der Naturressourcen eine große Bedeutung hat. Biosphärenreservate genießen weltweit ein sehr hohes Ansehen. Dieses sollte genutzt werden, um das Ziel "Etablierung funktionsfähiger Modelle einer nachhaltigen Entwicklung" weiter zu fördern.

Am Beispiel von Biosphärenreservaten in Deutschland konnte aufgezeigt werden, welche neuen regionalen Perspektiven sich aus einem integrativen Neuansatz der nachhaltigen Entwicklung, der ökologische, ökonomische und soziale Aspekte miteinander verbindet, ergeben können. Nachhaltige Entwicklung auf regionaler Ebene stellt eine Chance für Mensch und Natur dar, die - auch im Hinblick auf künftige Generationen - genutzt werden sollte.

12 Literatur

Adam, B. (1998): Der Wettbewerb "Regionen der Zukunft". - In: UVP-report 12, S.172-175

AGBR [Ständige Arbeitsgruppe der Biosphärenreservate in Deutschland] (Hrsg.) (1995): Biosphärenreservate in Deutschland. Leitlinien für Schutz, Pflege und Entwicklung. - Berlin, Heidelberg u.a.

ARL [Akademie für Raumforschung und Landesplanung] (Hrsg.) (1994): Dauerhafte und umweltgerechte Raumordnung. - ARL-Arbeitsmaterialien 212

BMU [Bundesministerium für Umwelt, Naturschutz und Reaktorsicherheit] (1993): Konferenz der Vereinten Nationen für Umwelt und Entwicklung im Juni 1992 in Rio de Janeiro: Agenda 21. - Bonn

BMU [Bundesministerium für Umwelt, Naturschutz und Reaktorsicherheit] (1996): Schritte zu einer nachhaltigen, umweltgerechten Entwicklung: Umweltziele und Handlungsschwerpunkte in Deutschland. Grundlage für eine Diskussion. - Bonn

BMU [Bundesministerium für Umwelt, Naturschutz und Reaktorsicherheit] (1997): Schritte zu einer nachhaltigen, umweltgerechten Entwicklung. Berichte der Arbeitskreise anläßlich der Zwischenbilanzveranstaltung am 13. Juni 1997 in Bonn. - Bonn

Brendle, U. (1999): Musterlösungen im Naturschutz - Politische Bausteine für erfolgreiches Handeln. - Bonn-Bad Godesberg

BR Rhön [Biosphärenreservat Rhön] (Hrsg.) (1995): Rahmenkonzept für Schutz, Pflege und Entwicklung. - Radebeul

BUND [Bund für Umwelt und Naturschutz Deutschland] und Misereor (Hrsg.) (1996): Zukunftsfähiges Deutschland. Ein Beitrag zu einer global nachhaltigen Entwicklung. - Basel

Burger, D. (1997): Das Leitbild nachhaltige Entwicklung. - In: Entwicklung + ländlicher Raum 31/4, S.7-10

Busch-Lüty, Ch. (1992): Nachhaltigkeit als Leitbild des Wirtschaftens. - In: Politische Ökologie, Sonderheft 4, S.6-12

di Castri, F. & Robertson, J. (1982): The Biosphere Reserve Concept: 10 Years After. - In: Parks 6/4, S.1-6

Deutscher Bundestag (Hrsg.) (1997): Konzept Nachhaltigkeit. Fundamente für die Gesellschaft von morgen. Zwischenbericht der Enquete-Kommission "Schutz des Menschen und der Umwelt - Ziele und Rahmenbedingungen einer nachhaltig zukunftsverträglichen Entwicklung" des 13. Deutschen Bundestages. - Bonn

Deutscher Bundestag, Referat Öffentlichkeitsarbeit (Hrsg.) (1998): Konzept Nachhaltigkeit. Vom Leitbild zur Umsetzung. Abschlußbericht der Enquete-Kommission "Schutz des Menschen und der Umwelt - Ziele und Rahmenbedingungen einer nachhaltig zukunftsverträglichen Entwicklung" des 13. Deutschen Bundestages. - Bonn

Deutsches MAB-Nationalkomitee (Hrsg.) (1996): Kriterien zur Anerkennung und Überprüfung von Biosphärenreservaten der UNESCO in Deutschland. - Bonn

DVL [Deutscher Verband für Landschaftspflege e.V.] (1998): Verzeichnis der Regionalinitiativen. 230 Beispiele zur nachhaltigen Regionalentwicklung. - Ansbach

DVL [Deutscher Verband für Landschaftspflege e.V.] & NABU [Naturschutzbund Deutschland e.V.] (Hrsg.) (1999): Aktionsleitfaden für Regionalinitiativen. - Landschaft als Lebensraum 3

Eblinghaus, H. & Stickler, A. (1996): Nachhaltigkeit und Macht. Zur Kritik von Sustainable Development. - Frankfurt/Main

Ehlers, E. (1995): Traditionelles Umweltwissen und Umweltbewußtsein und das Problem nachhaltiger landwirtschaftlicher Entwicklung. - In: Erdmann, K.-H. & Kastenholz, H.G. (Hrsg.): Umwelt- und Naturschutz am Ende des 20. Jahrhunderts. Probleme, Aufgaben und Lösungen. - Berlin, Heidelberg u.a., S.155-174

Endres, A. (1993): A Sketch on "sustainability". - In: Zeitschrift für Umweltpolitik und Umweltrecht 2, S.177-183

Erdmann, K.-H. (1996): Biosphärenreservate in Deutschland. Modellandschaften einer dauerhaft umweltgerechten Entwicklung. - In: Bork, H.-R.; Heinritz, G. & Wiessner, R. (Hrsg.): Raumentwicklung und Umweltverträglichkeit. Tagungsbericht und wissenschaftliche Abhandlungen. 50. Deutscher Geographentag Potsdam vom 02.-05. Oktober 1995. Band 1. - Stuttgart, S.111-118

Erdmann, K.-H. (1998): Nachhaltigkeit als neues Leitbild der Natur- und Umweltschutzpolitik. - In: Büttner, M. & Erdmann, K.-H. (Hrsg.): Geisteshaltung und Umwelt - Stadt und Land. Teil 1. - Geographie im Kontext 3, S.21-36

Erdmann, K.-H. (1999): Das UNESCO-Programm "Der Mensch und die Biosphäre" (MAB). - In: Fränzle, O.; Müller, F. & Schröder, W. (Hrsg.): Handbuch der Umweltwissenschaften. Grundlagen und Anwendungen der Ökosystemforschung. - Landsberg/Lech, 4. Erg. Lfg., Kapitel VII-1, S.1-9

Erdmann, K.-H. (2000): Der deutsche Beitrag zum MAB-Programm. - In: Fränzle, O.; Müller, F. & Schröder, W. (Hrsg.): Handbuch der Umweltwissenschaften. Grundlagen und Anwendungen der Ökosystemforschung. - Landsberg/Lech, 6. Erg. Lfg., Kapitel VII-2, S.1-12

Erdmann, K.-H. & Frommberger, J. (1999): Neue Naturschutzkonzepte für Mensch und Umwelt. Biosphärenreservate in Deutschland. - Berlin, Heidelberg u.a.

Erdmann, K.-H. & Kastenholz, H.G. (1990): Prosoziales Verhalten lernen - Handlungsleitende Perspektiven zur Weiterentwicklung des UNESCO-Programms "Der Mensch und die Biosphäre" (MAB). - In: Goerke, W.; Nauber, J. & Erdmann, K.-H. (Hrsg.): Tagung der MAB-Nationalkomitees der Bundesrepublik Deutschland und der Deutschen Demokratischen Republik am 28. und 29. Mai 1990 in Bonn. - MAB-Mitteilungen 33, S.74-77

Erdmann, K.-H. & Nauber, J. (1995): Der deutsche Beitrag zum UNESCO-Programm "Der Mensch und die Biosphäre" (MAB) im Zeitraum Juli 1992 bis Juni 1994; mit einer englischen Zusammenfassung. - Bonn

Haber, W. (1994): Nachhaltige Entwicklung - aus ökologischer Sicht. - In: Zeitschrift für angewandte Umweltforschung 7, S.9-13

Hauff, V. (Hrsg.) (1987): Unsere gemeinsame Zukunft. - Greven

Huber, J. (1995): Nachhaltige Entwicklung durch Suffizienz, Effizienz und Konsistenz. - In: Fritz, P.; Huber, J. & Levi, H.W. (Hrsg.): Nachhaltigkeit in naturwissenschaftlicher und sozialwissenschaftlicher Perspektive. - Stuttgart, S.31-46

Jänicke, M. (1994): Ökologisch tragfähige Entwicklung. Kriterien und Steuerungsansätze ökologischer Ressourcenpolitik. - Trier

Jonas, H. (1984): Das Prinzip Verantwortung. Versuch einer Ethik für die technologische Zivilisation. - Frankfurt/Main

Jüdes, U. (1997): Nachhaltige Sprachverwirrung. Auf der Suche nach einer Theorie des Sustainable Development. - In: Politische Ökologie 52, S.26-29

Kastenholz, H.G.; Erdmann, K.-H. & Wolff, M. (Hrsg.) (1996): Nachhaltige Entwicklung. Zukunftschancen für Mensch und Umwelt. - Berlin, Heidelberg u.a.

Klemmer, P. (1994): Nachhaltige Entwicklung - aus ökonomischer Sicht. - In: Zeitschrift für angewandte Umweltforschung 7, S.14-19

Knapp, H.D. (1990): Nationalparkprogramm der DDR als Baustein für ein europäisches Haus. - In: Goerke, W.; Nauber, J. & Erdmann, K.-H. (Hrsg.): Tagung der MAB-Nationalkomitees der Bundesrepublik Deutschland und der Deutschen Demokratischen Republik am 28. und 29. Mai 1990 in Bonn. - MAB-Mitteilungen 33, S.41-45

Lantermann, E.-D. (1998): Lebensqualität als Leitlinie für gesellschaftliches Monitoring. - In: Kruse-Graumann, L.; Hartmuth, G. & Erdmann, K.-H. (Hrsg.): Ziele, Möglichkeiten und Probleme eines gesellschaftlichen Monitorings. - MAB-Mitteilungen 42, S.53-58

Maeschli, C. (1998): Das Leitbild Nachhaltigkeit - Eine Einführung. Fachstudie TA Projekt Nachhaltige Landwirtschaft. - Basel

Meadows, D.L. & Meadows, D.H. (1972): The Limits of Growth. - New York

Moroni, A. & Ravera, G. (1981): Trends and perspectives in science's contribution to environmental education, and MAB's role there in. - In: MAB report series 53, S.96-103

Ninck, M. (1997): Zauberwort Nachhaltigkeit. - Zürich

Quennet-Thielen, C. (1996): Nachhaltige Entwicklung: Ein Begriff als Ressource der politischen Neuorientierung. - In: Kastenholz, H.G.; Erdmann, K.-H. & Wolff, M. (Hrsg.) (1996): Nachhaltige Entwicklung. Zukunftschancen für Mensch und Umwelt. - Berlin, Heidelberg u.a., S.9-21

Radkau, J. (1996): Beweist die Umweltgeschichte die Aussichtslosigkeit von Umweltpolitik? - In: Kastenholz, H.G.; Erdmann, K.-H. & Wolff, M. (Hrsg.): Nachhaltige Entwicklung. Zukunftschancen für Mensch und Umwelt. - Berlin, Heidelberg u.a., S.23-44

Reidl, K. (1995): Emscher-Landschaftspark - Wiederaufbau von Landschaft und Biosphärenreservat? Diskussion von Möglichkeiten und Grenzen des Naturschutzes in der Industrielandschaft des Ruhrgebietes. - In: Natur und Landschaft 70, S.485-492

Renn, O. (1994): Ein regionales Konzept qualitativen Wachstums. Pilotstudie für das Land Baden-Württemberg. - Arbeitsbericht der Akademie für Technikfolgenabschätzung in Baden-Württemberg 3

Renn, O. & Kastenholz, H.G. (1996): Von der Theorie zur Praxis: Perspektiven einer nachhaltigen Entwicklung. - In: Erdmann, K.-H. & Nauber, J. (Hrsg.): Beiträge zur Ökosystemforschung und Umwelterziehung III. - MAB-Mitteilungen 38, S.27-37

Spehl, H. (1994): Nachhaltige Regionalentwicklung. Ansätze und Perspektiven. - Naret-Diskussionspapier Nr.3

Spehl, H. & Tischer, M. (1994): Regionale Ansätze und Projekte nachhaltiger Entwicklung. - Naret-Diskussionspapier Nr.4

SRU [Der Rat von Sachverständigen für Umweltfragen] (1994): Umweltgutachten 1994 für eine dauerhaft-umweltgerechte Entwicklung. - Stuttgart

Stachowiak, H. (1965): Gedanken zu einer allgemeinen Theorie der Modelle. - In: Studium Generale 18, S.432-463

Staudinger, M. (1980): In Partnerschaft mit der Natur. - MAB-Mitteilungen 6, S.29-39

UBA [Umweltbundesamt] (Hrsg.) (1997): Nachhaltiges Deutschland. Wege zu einer dauerhaft-umweltgerechten Entwicklung. - Berlin

UNESCO [United Nations Educational, Scientific and Cultural Organization] (Hrsg.) (1984): Action plan for biosphere reserves. - In: Nature and Resources 20/4, S.11-22

UNESCO [United Nations Educational, Scientific and Cultural Organization] (Hrsg.) (1995a): Statutory Framework of the World Network of Biosphere Reserves. - Paris

UNESCO [United Nations Educational, Scientific and Cultural Organization] (Hrsg.) (1995b): Seville Strategy for Biosphere Reserves. - Paris

UNESCO [United Nations Educational, Scientific and Cultural Organization] (Hrsg.) (1996): Biosphärenreservate. Die Sevilla-Strategie und die internationalen Leitlinien für das Weltnetz. - Bonn

UNESCO [United Nations Educational, Scientific and Cultural Organization] & UNEP [United Nations Environment Programme] (Hrsg.) (1984): Conservation, science und society. Contributions of the First International Biosphere Reserve Congress, Minsk, Byelorussia/USSR, 26 September - 2 October 1983. - Natural Resources Research 21.1 und 21.2

Weizsäcker, E.U. von; Lovins, A.B. & Lovins, L.H. (1995): Faktor vier. Doppelter Wohlstand - halbierter Naturverbrauch. Der neue Bericht an den Club of Rome. - München

Windhorst, H.-W. (1978): Geographie der Wald- und Forstwirtschaft. – Stuttgart

Vom Wissen zum Handeln: Strategien zur Förderung naturverträglichen Verhaltens

Gundula Hübner (Halle-Wittenberg)

Exposé

Bei der Lösung von Natur- und Umweltproblemen kommt menschlichem Verhalten eine Schlüsselrolle zu. Dennoch sind psychologische Wirkmechanismen im Kontext naturverträglichen Verhaltens zu wenig bekannt. In diesem Beitrag wird naturverträgliches Verhalten aus psychologischer Perspektive betrachtet. Berücksichtigt werden sowohl Determinaten individuellen umweltrelevanten Verhaltens als auch dessen Vernetzung im sozialen Kontext. Abgeleitet werden Maßnahmen und Strategien, mit denen naturverträgliches Verhalten gefördert werden kann. Mit dem Ansatz des Sozialen Marketings sowie dessen Erweiterung zum Partizipativen Sozialen Marketing, wird ein Rahmenkonzept für die Gestaltung effizienter Strategien zur Förderung naturverträglichen Verhaltens vorgestellt.

1 Einleitung

Die Forschung über Ursachen und Zusammenhänge der zunehmenden Umweltgefährdungen war lange Zeit naturwissenschaftlich dominiert. Heute wird verstärkt die Rolle menschlichen Verhaltens berücksichtigt. Sozial- und Verhaltenswissenschaften kommt eine Schlüsselrolle zu, wenn es um die Lösung von Umweltproblemen geht. Denn die Erkenntnisse der Naturwissenschaften und technologischer Fortschritt sind nur dann hilfreich, wenn sie auch in menschliches Verhalten und Entscheidungen umgesetzt werden. Die Bedeutung der Verhaltensdimension wird auch durch die Erfahrung deutlich, dass sich trotz umfassender Konzeptionen, wie z.B. die Naturschutzleitlinien des Bundesamtes für Naturschutz, und trotz umfangreicher rechtlicher Instrumente der Naturschutz in der Bundesrepublik Deutschland nicht ohne weiteres durchsetzen lässt und mit Akzeptanzproblemen konfrontiert ist (z.B. Ssymank 1997).

Warum gefährden Menschen Natur und Umwelt? Wie kann naturverträgliches Verhalten gefördert werden? Antworten auf diese Frage werden im Alltag des Naturschutzes überwiegend aus einem intuitiven Verständnis menschlichen Verhaltens gegeben - als wenn die Erforschung menschlichen Verhaltens nicht eben solcher wissenschaftlicher Standards bedürfte wie die naturwissenschaftliche Erkenntnisgewinnung. Dies hat zur Konsequenz, dass die Annahmen über Ursachen umweltschädigenden Verhaltens sowie Ideen zur Förderung umweltgerechten Verhaltens zwar auf intuitiv einsichtigen, aber nicht überprüften Annahmen beruhen, die häufig vereinfachend oder falsch sind. Zwei Beispiele verbreiteter Fehlannahmen über menschliches Verhalten und Umweltprobleme (vgl. Gardner & Stern 1996):

1. Umweltbildung, d.h. die Einstellung von Menschen verändern und ihnen Wissen zu vermitteln, ist ein effektiver Weg, naturverträgliches Verhalten zu fördern.

2. Erschreckende, furchterregende Bilder von Umweltkatastrophen und Naturzerstörung zu zeigen, ist eine effektive Art, damit Menschen Natur- und Umweltprobleme ernster nehmen.

Ergebnisse psychologischer Theoriebildung und Interventionsforschung erlauben eine fundierte Diskussion umweltbezogenen Handelns und bieten Ansatzpunkte für Interventionen, mit denen naturverträgliches Verhalten gefördert werden kann. Der Focus dieses Beitrags liegt auf der Vermittlung psychologischer Wirkmechanismen, ohne dabei die Bedeutung gesellschaftlicher und naturwissenschaftlicher Dimensionen zu vergessen.

2 Determinanten naturverträglichen Verhaltens

Wenn wir naturverträgliches Verhalten fördern wollen, müssen wir Kenntnis über die Determinanten haben, die unser Verhalten bestimmen. Es liegen unterschiedliche Modelle umweltrelevanten Verhaltens vor (im Überblick vgl. Homburg & Matthies 1998). Ein bewährtes und in der Praxis gut anwendbares Modell umweltrelevanten Verhaltens ist das Modell von Fietkau & Kessel (1981), das weite Verbreitung gefunden hat und sich auf naturverträgliches Verhalten übertragen lässt (Abb.1). Dieses Modell macht deutlich, warum Wissen, Wertorientierungen und Bewusstsein allein nicht zwangsläufig zu naturverträglichem Verhalten führen: Umweltrelevantes Verhalten wird durch fünf Determinaten bestimmt, aus denen sich Ansatzpunkte für Interventionen ergeben.

Das *Wissen* über globale Umweltprobleme, über richtiges Handeln für den Umweltschutz sind zwar eine notwendige Voraussetzung umweltrelevanten Verhaltens. Dieses Wissen wirkt aber nicht direkt, sondern nur indirekt über umweltbezogene Einstellungen und Werte auf das Verhalten.

In Anlehnung an Ernst & Spada (1993) lassen sich drei Wissenskomponenten unterscheiden: *ökologisches Wissen* beinhaltet die Kenntnis ökologischer Zusammenhänge; falsche Annahmen über Ressourcen und Zusammenhänge können zu entsprechend falschem Verhalten führen. *Soziales Wissen* bezeichnet die Annahmen und Einschätzungen einer Person über ihre soziale Umgebung, z.B. die Absichten, Motive und Erwartungen anderer. So unterstützen beispielsweise positive Gruppennormen gegenüber naturverträglichem Verhalten entsprechendes Verhalten Einzelner. *Handlungswissen* ermöglicht die Auswahl adäquater Verhaltensmöglichkeiten.

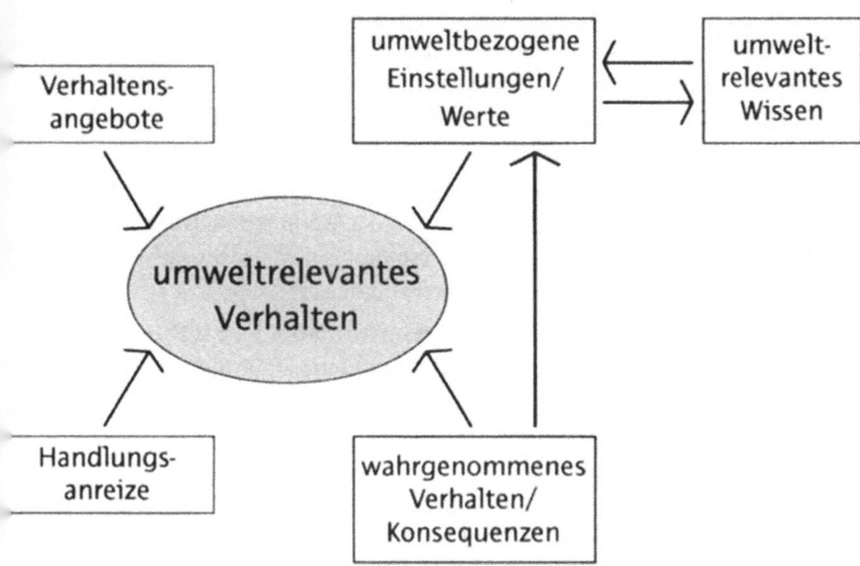

Abb.1:   Modell umweltrelevanten Verhaltens (nach Fietkau & Kessel 1981).

Werte und Einstellungen wirken als Anreiz zur Wissensaufnahme. Werte wirken nicht direkt, sondern vermittelt über Einstellungen auf umweltrelevantes Verhalten, während für Einstellungen ein direkter Einfluss aufgezeigt werden konnte (z.B. Urban 1986; Bamberg 1996). Wert- und Einstellungsänderungen sind aber nicht das Zaubermittel zum Erfolg, denn der Zusammenhang zwischen Einstellungen und Verhalten ist oft geringer als angenommen (Six & Eckes 1996). Werte sind zudem nur schwer zu beeinflussen, und Einstellungen allein reichen nicht aus, ein Verhalten vorherzusagen (im Überblick vgl. Eagly & Chaiken 1993).

Umweltrelevantes Verhalten ist nur dann möglich, wenn auch ein *Verhaltensangebot* dazu besteht, z.B. Apfelsaft von regionalen Streuobstwiesen im Verkaufsregal des Supermarktes angeboten wird. Die subjektive Wahrnehmung, mehr als nur eine Verhaltensmöglichkeit zu haben, unterstützt die Bereitschaft, sich naturverträglich zu verhalten.

Handlungsanreize spielen beim Aufbau von Verhaltensweisen eine zentrale Rolle. Belohnungen sind dabei effektiver als Bestrafungen. Beim Einsatz finanzieller Belohnungen ist zu beachten, dass sie unter bestimmten Bedingungen eine bereits bestehende Naturschutzmotivation vermindern können - das Motiv Naturschutz wird durch das Motiv Geldgewinn verdrängt. Dieses Phänomen ist als "Überveranlassung" bekannt (vgl. Frey & Gaska 1993). Nach Möglichkeit sollten daher eher soziale oder psychische Belohnungen eingesetzt werden, z.B. öffentliche Belobigung für naturverträgliches Verhalten. Als Anreize wirken auch die Vorteile, die durch Naturschutzprojekte für die betroffenen Zielgruppen entstehen. Was als Vorteil wahrgenommen wird, kann sehr unterschiedlich, und Naturschutzargumente können dabei irrelevant sein.

Die *wahrgenommenen Konsequenzen des Verhaltens* wirken sich stabilisierend auf das Verhalten aus, wenn sie positiv sind, z.B. ein Effekt für den Naturschutz wahrnehmbar ist. Ebenfalls kann Verhalten seinerseits Einstellungen und Werte beeinflussen (Bem 1972; Festinger & Carlsmith 1959). Rückmeldungen über den Erfolg des Verhaltens können individuell oder gemeinschaftlich durchgeführt werden, z.B. über regelmäßige Erfolgsbilanzen für den Naturschutz in der örtlichen Presse. Übertragen auf den Naturschutz können Naturerlebnisse, wie z.B. Exkursionen, die ein affektives Erleben von Natur ermöglichen, als positive Konsequenzen wirken und Einstellungen und Werte beeinflussen.

Im alltagspsychologischen Verständnis wird Natur- und Umweltbewusstsein oft als die entscheidende Voraussetzung für naturverträgliches Verhalten angeführt. Der Begriff "Umweltbewusstsein" wird jedoch in dem Modell von Fietkau & Kessel (1981) nicht verwendet. Es besteht keine Einigkeit darüber, wie der Begriff Umweltbewusstsein wissenschaftlich zu definieren ist (vgl. Fuhrer 1995a; Homburg & Matthies 1998). Entsprechend sind in der Literatur eine Reihe unterschiedlicher Konzeptualisierungen von Umweltbewusstsein zu finden, die "Umweltbewsstseins-Forschung leidet an einem Theoriedefizit" (Fuhrer 1995a, S.94). Die Vorstellungen darüber, was Umweltbewusstsein ausmacht, divergieren. Uneinigkeit besteht hinsichtlich der Anzahl der Komponenten von Umweltbewusstsein. So unterscheiden Maloney & Ward (1973) in ihrer klassischen "Ecology Scale" vier Dimensionen: ökologisches Wissen, emotionale Betroffenheit, Handlungsbereitschaft und tatsächliches Verhalten. Andere Autoren weisen sieben Faktoren von Umweltbewusstsein nach (Amelang et al. 1977). Minimalistischere Ansätze reduzieren Umweltbewusstsein schließlich auf die Bewertung von Umweltproblemen und ökologischen Verhaltensweisen (z.B. Diekmann & Preisendörfer 1992).

Wie auch immer Umweltbewusstsein definiert werden mag, der Zusammenhang zwischen Umweltbewusstsein und umweltgerechtem Verhalten ist oft genug enttäuschend gering (vgl. u.a. Diekmann & Preisendörfer 1992; Fuhrer 1995b; Schahn 1993).

3 Individuumsbezogene Maßnahmen zur Förderung naturverträglichen Verhaltens

Die Interventionsforschung, in der psychologisch begründete Maßnahmen experimentell auf ihre Wirksamkeit zur Förderung umweltgerechten Verhaltens überprüft werden, kann inzwischen auf eine drei Jahrzehnte währende Tradition blicken. Aus den Ergebnissen der Interventionsforschung lassen sich Empfehlungen für Maßnahmen ableiten, mit denen naturverträgliches Verhalten gefördert werden kann. Im Umweltbereich haben sich unterschiedliche Maßnahmen bewährt, wobei sich antezedente Maßnahmen, die vor der Verhaltensübung einsetzen, als erfolgreicher erwiesen als konsequente Maßnahmen, die nach dem Verhalten einsetzten (im

Maßnahmen zur Verhaltensänderung

Antezedente
- Hinweisreize und Modellernen
- Zielsetzungen
- Selbstverpflichtung

Konsequente
- Belohnungen und Bestrafungen
- Rückmeldungen

Abb.2:   Übersicht Maßnahmen.

Überblick vgl. Dwyer et al. 1993; Gardner & Stern 1996). Abb.2 bietet eine Übersicht der erfolgreichen konsequenten und antezedenten Maßnahmen.

Hinweisreize und Modelllernen - Hinweisreize deuten in knappen Worten oder Symbolen auf Verhaltensweisen, die von uns erwartet werden. Nicht nur im Naturschutz, sondern in nahezu allen Bereichen öffentlichen Lebens sind Hinweisreize gegenwärtig. Strenge Ge- oder Verbote sind allerdings in der Regel weniger effektiv als höfliche Formulierungen. Konkrete Verhaltensweisen können durch Modelllernen unterstützt werden. Personen, die direkt oder vermittelt über Medien, z.B. Film oder Internet, beobachtet werden können, zeigen das gewünschte Verhalten. Vermittelt werden sowohl Handlungswissen als auch soziale Normen.

Zielsetzungen - Verhaltensfördernd sind Zielsetzungen, bei denen sich der Verbraucher für ein bestimmtes Ergebnis festlegt, z.B. im Monat 40 Liter weniger Benzin verbrauchen, zehnmal den Bus nutzen.

Selbstverpflichtung - Verhalten wird stabilisiert, wenn eine verbale oder schriftliche Selbstverpflichtung dazu eingegangen wird. Mit der Selbstverpflichtung lässt sich eine positive Spirale des Verhaltens in Gang setzen. Ist erst eine kleinere Verpflichtung in einem bestimmten Bereich eingegangen worden, wird die Person in der Folgezeit auch eher bereit sein, eine größere Verpflichtung im gleichen Bereich einzugehen. Der Installation einer Energiesparlampe folgt der energiesparende Kühlschrank. Kleine Schritte können so zu Türöffnern für komplexeres Verhalten werden. Die Technik der kleinen Schritte wird als "Foot-in-the-door-Technik" bezeichnet (vgl. Arbuthnot et al. 1977).

Die Wirkung der Maßnahmen kann durch eine Kombination untereinander oder mit den konsequenten Maßnahmen gesteigert werden. Konsequente Maßnahmen:

Belohnungen und Bestrafungen - Auf die Bedeutung von Belohnungen und Bestrafungen als Handlungsanreiz wurde bereits im Rahmen der Darstellung des Modells umweltrelevanten Verhaltens von Fietkau & Kessel (1981) verwiesen. Umweltgerechtes Verhalten wird wahrscheinlicher, wenn es für den Einzelnen mehr Vor- als Nachteile bringt. Wenn finanzielle Belohnungen eingesetzt werden, sollten sie so gering sein, dass sie als Anerkennung und nicht als Begründung für das Verhalten verstanden werden. Dann zieht eine Person aus ihrem Verhalten Rückschluss auf ihre Einstellungen und Werthaltungen: "Ich installiere eine Energiesparlampe, also finde ich Energiesparen gut." Aufgebaut werden kann so eine innere Motivation.

Rückmeldungen - Rückmeldungen über den Erfolg des Verhaltens können individuell oder gemeinschaftlich durchgeführt werden, z.B. über regelmäßige Erfolgsbilanzen in der örtlichen Presse über die gemeinschaftliche Beteiligung und den erzielten Effekt. Kollektive Rückmeldungen informieren über das Verhalten anderer. Aufgebaut werden soziale Normen, und es werden soziale Vergleichsprozesse angeregt (Prose et al. 1994).

Die weitverbreitete schriftliche Vermittlung von Wissen fehlt bislang in den obigen Ausführungen aus gutem Grund: "allein und im Vergleich mit anderen Techniken hat die schriftliche Wissensvermittlung meist nur schwache Effekte" (Homburg & Matthies 1998, S.181). Die schriftliche Wissensvermittlung wird erfolgreicher, wenn sie mit den dargestellten Maßnahmen gekoppelt wird.

Die vorgestellten Maßnahmen umzusetzen bedeutet auch, zu kommunizieren. Kommunikation wird wirkungsvoller, wenn Prinzipien der Informationsvermittlung berücksichtigt werden.

4 Prinzipien der Informationsvermittlung

Wie soll Kommunikation gestaltet sein, damit sie erfolgreich ist? Zum einen sind bei der Gestaltung formale und grafische Aspekte zu berücksichtigen, wie z.B. die Schriften, der Bildeinsatz oder die Farben. Zum anderen müssen sozialwissenschaftliche Grundlagen der Einstellungs- und Verhaltensänderung in die inhaltliche Gestaltung einbezogen werden. Im Folgenden werden einige allgemeine Anforderungen an Kommunikation angeführt, die sich aus einer Reihe empirischer Studien zur Förderung umweltbewussten Verhaltens (vgl. im Überblick Gardner & Stern 1996) sowie aus der Forschung zur Informationsverarbeitung (vgl. im Überblick Felser 1997; Eagly & Chaiken 1993) ableiten lassen.

Unterschieden werden kann zwischen einer emotionalen und einer rationalen Ausführung von Kommunikation (Kotler & Roberto 1991):

Emotionale Ausführung

Die Frage nach der Wirksamkeit eher emotionaler als rationaler Aussagen wird im Naturschutz häufig gestellt, ebenso wie die Frage, ob ein emotionaler Appell negativ oder positiv sein sollte.

Bedrohungsszenarien oder angstinduzierende Appelle können Aufmerksamkeit für den Naturschutz erzeugen. Allerdings ist die Emotionalisierung von Naturschutzthemen über Bedrohung aus verschiedener Hinsicht problematisch:

1. Bedrohungen und Angst können lähmen und zur Passivität führen. Furchtappelle haben nur dann einen Effekt auf Verhalten, wenn sie gleichzeitig überzeugende, für jeden machbare Lösungen aufzeigen, mit denen die Bedrohung abgewendet werden kann.

2. Die starke Betonung von Katastrophen in Verbindung mit hoher Emotionalisierung kann zwar zu spontanen Reaktionen und Schutzbemühungen führen, bei
    ständiger Wiederholung sinkt jedoch der Erfolg. Es werden immer stärkere Reize erforderlich, um noch Aufmerksamkeit zu erreichen.

3. Mit der Emotionalisierung wird in der Regel auf persönliche Betroffenheit gesetzt, um Einstellungs- und Verhaltensänderungen zu erzielen. Persönliche Betroffenheit führt jedoch nicht automatisch zu entsprechenden Einstellungen
    oder adäquatem Verhalten.

Sich aktiv am Naturschutz zu beteiligen, kann zudem je nach Zielgruppe sehr unterschiedlich motiviert sein. Mit einer positiven Emotionalisierung können andere Gruppen angesprochen und ein positives Ambiente für Naturschutzanliegen geschaffen werden. Im Gegensatz zum vorherrschenden asketischen Verzichtsimage sollte ein attraktives, lustvolles Naturschutz-Image aufgebaut werden (vgl. Erdmann et al. 2000).

Rationale Ausführung

Ausgehend von der Annahme, Wissen und Bewusstsein ziehe das erwünschte Verhalten nach sich, werden sehr oft Broschüren, Plakate, Info-Tafeln, Bücher und andere Materialien zur Vermittlung von Information eingesetzt. Damit Information
Einstellungen und Verhalten beeinflussen kann, müssen jedoch Voraussetzungen
erfüllt sein. Einige Beispiele, überwiegend aus Studien zur Einstellungsänderung
abgeleitet, werden im Folgenden angeführt:

1. Eine entscheidene Rolle kommt der *Qualität von Argumenten* zu. Führt das Lesen von Information zu überwiegend positiven Gedanken und werden die enthaltenen Argumente als überzeugend eingestuft, wird eine Einstellungsänderung wahrscheinlicher.

2. Um eine Wirkung zu haben, muss die Information *glaubwürdig* sein. Eine Studie zur Nutzung der Solarenergie zeigte, dass Aussagen von Freunden oder
    Nachbarn, die bereits eine Solaranlage hatten, als glaubwürdiger eingeschätzt
    wurden als die Aussagen von Experten.

3. Fast banal, aber immer wieder vergessen: Um überhaupt eine Wirkung zu haben, muss Information von der Zielgruppe *wahrgenommen und verstanden werden*. Erreicht werden kann dies durch vereinfachte, lebendige und anschauliche
    Darstellungen.

4. Besteht ein *persönlicher Bezug* zum Thema, wird Information stärker aufgenommen. Erreicht werden kann dies beispielsweise, indem ein greifbarer, regionaler Bezug hergestellt wird.

Der Kommunikation kommt nicht nur bei der Gestaltung von Maßnahmen eine
besondere Bedeutung zu. Umweltprobleme werden kaum sinnlich erlebt, sondern
vielmehr durch Kommunikation gelernt. Eine Rolle spielen hier sowohl die Kommunikation im engeren sozialen Kontext als auch der Einfluss von Massenmedien
(Fuhrer & Wölfing 1997; Renn 1995). Wir würden kaum auf Naturschutzprobleme
aufmerksam, würden sie uns nicht von den Medien vermittelt. Wie wir Natur wahr-

nehmen und bewerten, wird auch durch den soziokulturellen und politisch ökonomischen Kontext beeinflusst in dem wir leben (vgl. Kruse-Graumann 1997). Im sozialen Diskurs bilden sich kollektive Beurteilungs- und Handlungsmuster aus, an denen sich Einzelpersonen orientieren können. Individuelles Umweltverhalten ist entsprechend nicht isoliert zu betrachten, sondern eingebettet in die Normen und Vorstellungen sozialer Bezugssysteme.

5 Naturverträgliches Verhalten im sozialen Kontext

Wie sehr individuelles Verhalten oder die Wahrnehmung von Umweltproblemen gesellschaftlich geprägt ist, wird an einem einfachen Beispiel deutlich. Für den Begriff "Waldsterben" gibt es kein französisches Äquivalent. Der Umgang mit *le Waldsterben* wird als typisch deutsch angesehen (Graumann & Kruse 1990).

Wie jedes individuelle Verhalten auf der Mikroebene ist auch naturverträgliches Verhalten vernetzt mit der Makroebene gesellschaftlicher Institutionen und Mechanismen sowie mit der Mesoebene sozialer Strukturen und Organisationen (Reusswig 1999). Bleiben die drei angeführten Kontexte individuellen Verhaltens unberücksichtigt, besteht die Gefahr vereinfachter Akteursmodelle.

Ein Ansatz, unterschiedliches Verhalten von Menschen im sozialen Kontext zu verstehen, ist der Lebensstilansatz. Mit dem Lebensstilkonzept wird vor dem Hintergrund der zunehmenden Differenzierung unserer Gesellschaft versucht, jenseits von traditioneller Schicht und Klasse Gruppen von Personen zu identifizieren, die sich in ihren Lebensstilen ähnlich sind.

Die Lebensstile von Menschen zu ermitteln bedeutet methodisch, sie hinsichtlich sozialer Merkmale (Bildung, Beruf, Einkommen) und Merkmalen der subjektiven Lebenswelt und -orientierungen (z.B. Wertvorstellungen, Konsum- und Mobilitätsverhalten) zu unterschiedlichen Gruppen zusammenzufassen, die sich untereinander deutlich abgrenzen. Die Lebensstilgruppen werden zu Zielgruppen für erfolgreiche Interventionen: Diejenigen Ideen und Verhaltensweisen werden leichter übernommen, die sich in bestehende Lebensstile integrieren lassen. Dagegen bleiben die besten Maßnahmen erfolglos, wenn sie von der Zielgruppe nicht akzeptiert werden.

Eine Zielgruppenanalyse, die sowohl natur- als auch umweltrelevante Einstellungen und Verhaltensweisen berücksichtigt, steht für Deutschland noch aus. Die Bedeutung des zielgruppenspezifischen Vorgehens wird daher am Beispiel einer Studie zum Energiesparen (Prose & Wortmann 1991; Prose et al. 1993) dargestellt. Befragt wurden Haushalte zu ihren Werten, Lebensstilen und Konsumgewohnheiten, abgekürzt WELSKO. Sieben unterschiedliche Zielgruppen wurden ermittelt, dargestellt in Abb.3.

Am Beispiel dreier ausgewählter Gruppen werden zielgruppenspezifische Unterschiede erkennbar:

Für *Konservativ-Umweltbewusste* sind Familie und soziale Sicherheit wichtige Werte, Verantwortung für Umwelt und zukünftige Generationen sind ausgeprägt und teilweise religiös fundiert. Die *Lustbetonten* dagegen orientieren sich an Erleb-

WELSKO-Typen:
Werte   ·   Lebensstile   ·   Konsumverhalten

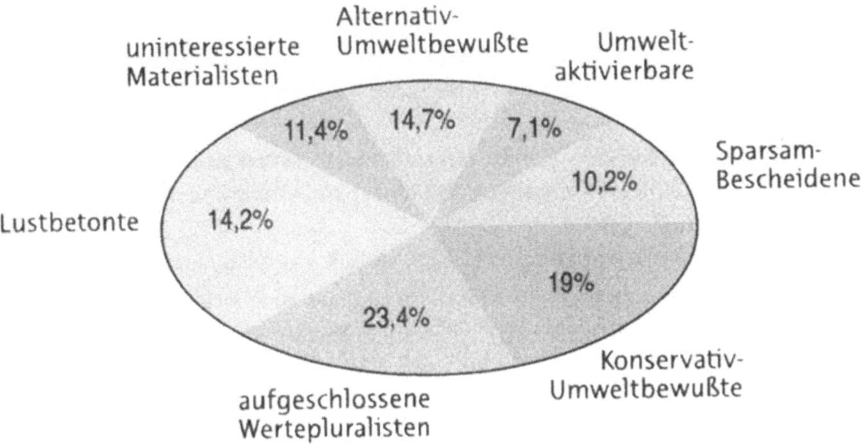

Abb.3:   WELSKO-Typen (nach Prose & Wortmann 1991).

nis, Spaß und Freizeit und zeigen wenig soziales und Umweltengagement. Auch für die *Uninteressierten Materialisten* spielt Umweltorientierung kaum eine Rolle, ihre Interessen liegen stärker im technischen Konsumbereich.

Wollten wir die Zielgruppen z.B. für energiesparendes Verhalten gewinnen, ist die Kommunikation je nach Zielgruppe unterschiedlich auszurichten und nicht immer und unbedingt primär ökologisch zu orientieren. Während z.B. Konservativ-Umweltbewussten Umweltverantwortung als Argumente für Energiesparen akzeptieren dürften, müssten für Uninteressierte Materialisten technische Aspekte im Vordergrund stehen, für die Lustbetonten Spaß am Energiesparen.

Eine Zusammenfassung der Ergebnisse verschiedener Milieu- und Lebensstilstudien von Reusswig (1999) bietet weitere Beispiele, von denen zwei angeführt werden: Im alternativen Milieu, von Reusswig als der historische Lebensstil-Kern der Umweltbewegung beschrieben, ist zwar das Umweltbewusstsein mit am stärksten ausgeprägt. Dagegen lässt der Umgang mit Energie zu wünschen übrig: Häufig sind überalterte technische Geräteausstattungen oder eine mangelhafte Wärmeisolierung der Wohnungen und Häuser anzutreffen. Im Gegensatz dazu das kleinbürgerliche Milieu: Hier sind zwar ökologische Weltbilder und Bewusstseinsinhalte nur schwach vertreten. Jedoch weisen die Geräteausstattung und das Eigenheim oft eine gute Energiebilanz auf. Gänzlich ohne den Anspruch einer ökologisch-alternativen Wende, aber aus Spaß an Technik und handwerklichen Herausforderungen sind Sonnenkollektoren, Regenwassernutzung und Rindenmulch im Garten anzutreffen.

Mit dem Lebensstilansatz wird ein Einblick in die Differenziertheit unserer modernen Gesellschaft möglich. Lebensstilspezifisch zu denken und die Realitäten von Zielgruppen zu berücksichtigen, bietet Chancen für den Naturschutz. So kann beispielsweise die Effektivität von Kommunikation erhöht werden, wenn die unterschiedlichen Realitäten der Zielgruppen berücksichtigt werden.

Die Bedeutung zielgruppenorientierter Kommunikation im Naturschutz zeigen exemplarisch zwei einfache Erfahrungen aus der Praxis:

- Waldführungen zum Thema Naturschutz fanden keine Resonanz, während die gleiche Führung, nun angekündigt im Tenor "Abenteuer Wald", viele Besucher anlockte.
- Auf der Insel Rügen schafften es Naturschützer mit einer Holzfachmesse, in die das örtliche Handwerk einbezogen war, einer parallel stattfinden Automesse das Publikum abzuziehen.

Gemeinsam ist diesen Erfolgsbeispielen, dass Naturschutz nicht über die Themen kommuniziert wurde, die allein Naturschützer interessieren, sondern über Themen, die sich mit den Interessen ausgewählter Bevölkerungsgruppen deckten.

6 Natur als kollektiv genutztes Gut

Umweltressourcen, wie Boden, Wasser, Luft oder Tierpopulationen und Pflanzenbestände, werden von Menschen in Anspruch genommen und bilden unsere Lebensgrundlage. Dennoch kommt es zu einem kurzsichtigen Umgang mit natürlichen Ressourcen, deren Ausbeutung bis zur Zerstörung der Ressource führen kann. Die Beispiele für ein derartiges Verhalten sind unzählig. Der Hintergrund für dieses kollektive menschliche Fehlverhalten liegt im komplexen Verhältnis zwischen Mensch und Natur sowie in der sozialen Interaktion zwischen Menschen.

Das Handeln einer Einzelperson ist durch die Art der Ressourcennutzung eines Sozialsystems beeinflusst. In einem System, in dem viele eine sich noch lohnende Umweltressource übernutzen, muss der Einzelne mittun. Denn tut er dies nicht, trifft ihn zusätzlich zum Schaden der Übernutzung, der alle trifft, der geringere unmittelbare Ertrag. Der Rücksichtslose wird zum Gewinner. Ein derartiges Vorgehen wird durch die bestehenden wirtschaftlichen Strukturen unterstützt. Übernutzt das Kollektiv, erscheint individuell übernutzendes Handeln rational (vgl. Ernst 1997; Mosler 1995).

Ist der Anteil eines Einzelnen an einem Umweltschaden unmittelbar belegbar, kann er zur Rechenschaft gezogen werden. Werden Umweltschäden jedoch durch das Verhalten vieler einzelner Personen verursacht, liegt der Fall anders: Der Beitrag einer einzelnen Person beispielsweise an der Übernutzung der Wildtier- oder Fischbestände, der Überlastung eines Naturschutzgebietes oder der Gefährdung einer einzelnen Art ist in der Regel minimal und zudem nicht unmittelbar erfahrbar, die Schäden treten oft schleichend ein. Diese Umstände erschweren es, die Bedeutung des eigenen, individuell gesehen geringen Beitrags an der Umweltproblematik zu begreifen. Beispiele für dieses Phänomen finden sich überall in unserem Alltag. Erklären lässt sich dieses Phänomen als Folge der Wechselwirkungen an drei

Schnittstellen zwischen Individuum, Naturressourcen und Sozialsystem (Mosler 1995; Mosler & Gutscher 1999):

1. Individuum - Naturressource: Nichterfassbarkeit der Ressourcenentwicklung. Nutzen wir sich selbst erneuernde Ressourcen wie Wildtiere (Fische, "Pelztiere") und Pflanzen, aber auch Boden, Wasser und Luft, sind die Gesetzmäßigkeiten dieser Ressourcen unbekannt oder nur schwer erkennbar. Der durch die Nutzung erbrachte Gewinn ist sofort sichtbar, der etwaige Schaden tritt dagegen meist erst zeitverzögert auf und wird zugunsten des aktuellen Gewinns vernachlässigt.

2. Individuum - Sozialsystem: Der soziale Konflikt. Die Einzelperson profitiert von der Ressourcenausbeutung, der kurzfristige Gewinn wirkt als Anreiz, langfristige Folgen werden nicht erwogen. Der Schaden verteilt sich zudem auf die Gesamtheit. "Zusätzlich besteht oft eine Unsicherheit über das Verhalten der anderen Beteiligten und somit die Angst, der Betrogene zu sein, wenn man sich ressoucenschonend verhält" (Mosler 1995, S.78). Das Verhalten der anderen wird zum Maß der Dinge, nichts ändert sich.

3. Sozialsystem - Naturressource: Die geringfügige, vielfache Übernutzung. Auf die gesamte Ressource bezogen, ist der schädigende Anteil einer Einzelperson gering. Das Umweltproblem wird erst durch die vielfache Übernutzung geschaffen. Übernutzen viele Personen auch nur geringfügig, kann sich die Ressource nicht mehr regenerieren. Aus der individuellen Perspektive eines Einzelnen ist der gravierende Effekt seines kleinen Mehrnutzens kaum nachvollziehbar.

Die skizzierte Problemkonstellation, in der der Einzelne von der Naturnutzung profitiert, der Schaden aber von der Gesamtheit getragen wird, wird als ökologisch-soziales Dilemmata (Spada & Ernst 1990; Ernst 1997), Ressourcenmanagementproblem (Diekmann 1991) oder als Allmende-Klemme (Spada & Opwis 1985) bezeichnet. Übergreifend läßt sich dieser Forschungszweig als Gemeingut-Dilemmaforschung zusammenfassen (Mosler 1995). Es liegen inzwischen umfassende Ergebnisse zur Gemeingut-Dilemmaforschung vor, aus denen sich Empfehlungen für Interventionen zur Förderung naturverträglichen Verhaltens ableiten lassen (vgl. Ernst 1997; Mosler 1995). Drei zentrale Empfehlungen:

1. *Einschätzung des Ressourcenzustandes ermöglichen.*
   Ökologisches Wissen wird bereits in vielfältiger Weise vermittelt, wobei, wie oben dargestellt, Optimierungen möglich wären. Dennoch dürfte es kaum gelingen, Unsicherheiten vollständig zu vermeiden. Die ökologischen Zusammenhänge sind zu komplex und Naturprobleme sind zudem nur schwer direkt wahrnehmbar. Warum nicht mit dieser Unsicherheit offensiv umgehen? Zu hinterfragen ist, warum gerade im Naturschutz gelten soll, was für kaum einen anderen Lebensbereich gilt: das Primat der absoluten Wissenssicherheit.

2. *Wissen um das Verhalten anderer ermöglichen.*
   Wissen um das Verhalten anderer lässt sich auf unterschiedliche Weise vermitteln. Beispiele sind die bereits vorgestellten Maßnahmen der öffentlichen

Selbstverpflichtungen zu einem bestimmten Verhalten einzelner Personen oder Gruppen, gezielte Rückmeldungen über kollektives Verhalten oder auch das Öffentlichmachen schädlichen Verhaltens. Besondere Bedeutung kommt auch der direkten Kommunikation zwischen Beteiligten zu, die bei Massendilemmata, beispielsweise der Ozonbelastung durch Autoabgase, jedoch kaum möglich ist.

3. *Naturverträgliches Verhalten attraktiv machen.*

Anreize für naturverträgliches Verhalten auf individueller Ebene wurden bereits angeführt. Gefordert sind hier zusätzlich zum einen politische Entscheidungen, die z.B. über veränderte steuerliche Abgaben das materielle Kosten-Nutzen-Verhältnis des naturverträglichen Verhaltens direkt beeinflussen.

Naturschutz wird attraktiver, wenn es gelingt Gewinnerkoalitionen aufzubauen, bei denen alle Beteiligten einen Nutzen aus dem Naturschutz ziehen (Brendle 1999). Beispiele sind Vermarktungsprojekte für Apfelsaft aus Streuobstwiesen oder der Erhalt des Rhönschafes "durch Verzehr" (Krenzer 2000).

7 Soziales Marketing als Strategie

Wie ist es möglich, die Akzeptanz von Naturschutz und naturverträglichem Verhalten zu fördern? Es ist inzwischen bekannt, dass es nicht damit getan ist, zu informieren und aufzufordern. Wir benötigen vielmehr umfassende Strategien, die systematisch und gezielt eingesetzt werden können und einzelne Maßnahmen effektiv in Interventionen kombinieren. Soziales Marketing ist eine erprobte Strategie, um die Akzeptanz von sozialen Anliegen und Verhaltensweisen zu fördern. Es umfasst die Planung, Umsetzung und Kontrolle von Programmen zur Förderung der Akzeptanz einer gesellschaftspolitischen Vorstellung, wie z.B. "Natur ist ein schützenswertes Gut", oder einer Verhaltensweise bei einer oder mehreren Zielgruppen, z.B. verstärkt regionale Produkte zu konsumieren (Kotler & Roberto 1991). Soziales Marketing ist ein schrittweiser Problemlösezyklus, der in Abb.4 dargestellt ist.

Aus den insgesamt sechs Schritten des Marketing-Zyklus lassen sich allgemeine Leitlinien für die Gestaltung und

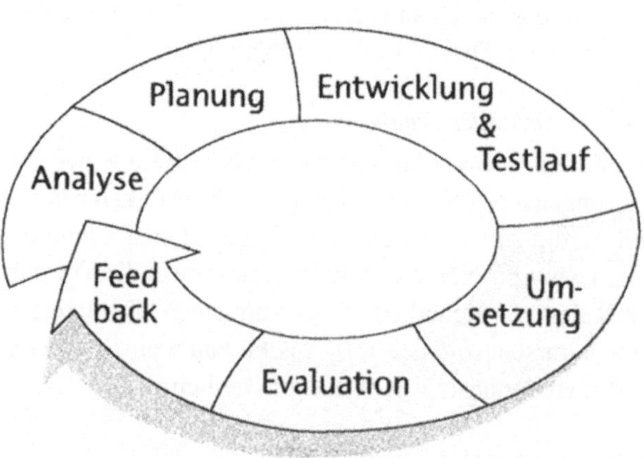

Abb.4:   Marketing-Zyklus (nach Novelli 1984).

Umsetzung von Interventionen zur Förderung naturverträglichen Verhaltens ableiten (vgl. Stern 1995).

> 1. *Führe als ersten Schritt eine **Analyse** durch und definiere ein realistisches Ziel.*

Die Analyse untergliedert sich in zwei Bereiche: externe und interne Analyse. Die externe Analyse beinhaltete eine *Analyse des schädigenden oder unterstützenden Verhaltens*, welches verändert oder gefördert werden soll. Abgeleitet werden können so Zielgruppen, die mit einer Intervention erreicht werden können und sollen. Mit einer *Zielgruppenanalyse* werden Wünsche und Bedürfnisse der betroffen Interessengruppen und Bürger ermittelt. *Entscheidend ist, die Situation aus der Perspektive der Zielgruppe zu verstehen.* Ein weiterer Teil der externen Analyse ist die *Umfeldanalyse*. In ihr werden die Gegebenheiten erfasst, welche den Erfolg eines Programms fördern oder behindern können, wie z.B. mögliche Unterstützer und Gegner, Multiplikatoren oder auch die Entwicklung der Region, Situation und Zukunftsperspektiven. Die externe Analyse wird so zur *Akzeptanzvoruntersuchung* bei beteiligten Entscheidungsträgern, Vertretern unterschiedlicher Interessensgruppen sowie den Betroffenen.

Die interne Analyse ist eine *Selbstanalyse* der eigenen Stärken und Schwächen, die im Hinblick auf die sechs Schritte des Marketing-Zyklus eine Bedeutung haben, wie z.B. finanzielle, personelle Ausstattung.

Als Ergebnis der Analyse muss ein konkretes, messbares Ziel definiert werden, um den Erfolg der Intervention kontrollieren zu können. *Das gesteckte Ziel muss realistisch sein* - das ehrgeizigste Ziel macht keinen Sinn, wenn es nicht zu erreichen ist.

> 2. *Kombiniere in der **Planung** verschiedene Einzelmaßnahmen und richte dich nach dem Akzeptanzspielraum der Betroffenen.*

Auf Basis der Analysenergebnisse wird in der Planung die Strategie festgelegt, mit der das anvisierte Ziel erreicht werden soll. Festgelegt werden die Kommunikationsstrategie, der organisatorische Ablauf und Maßnahmen zur Förderung naturverträglichen Verhaltens. Welche Maßnahmen ausgewählt werden, richtet sich nach den eigenen Ressourcen sowie nach dem definierten Zielkriterium. Es macht einen Unterschied, ob ein Landschaftsentwicklungsplan eingeführt werden soll oder das die Waldwege nicht verlassen werden sollen. *Generell gilt, dass der Erfolg einer Intervention durch die Kombination unterschiedlicher Maßnahmen erhöht werden kann.* Schließlich ist der Akzeptanzspielraum zu berücksichtigen, der durch die externen Bedingungen und die Zielgruppe vorgegeben ist. *Nur die Interventionen haben Aussicht auf Erfolg, die innerhalb des Akzeptanzspielraums liegen.*

Unterstützend wirkt, bereits in der Planung Erfolgsfaktoren zu berücksichtigen, die sich im Verlauf von Naturschutzprojekten als förderlich erwiesen haben, wie z.B. die Überschaubarkeit eines Projektes oder personelle Unterstützer-Netzwerke (Brendle 1999).

*3. Ein **Testlauf** schützt vor Aktionismus.*

Fast banal, aber häufig übersehen: Nur jene Intervention führt zum gewünschten Erfolg, mit der auch tatsächlich die gewünschten Veränderungen erreicht werden können. Mündet die Planung direkt in die Umsetzung, besteht die Gefahr eines zwar engagierten, aber möglicherweise wenig effektiven Aktionismus. *Um den Erfolg einer Intervention zu unterstützen, sollte daher im Anschluss an die Planung ein Testlauf erfolgen.* Werden die entwickelten Materialien, z.B. Plakate, von der anvisierten Zielgruppe wahrgenommen und verstanden? Führen die ausgewählten Maßnahmen tatsächlich zu den gewünschten Veränderungen? Nötigenfalls sind die einzelnen Interventionselemente zu überarbeiten und zu verfeinern.

*4. + 5. Führe bereits während der **Umsetzung** kontinuierlich **Evaluationen** durch.*

Beeinflusst durch verschiedene Dinge kann es während der Umsetzung zu Abweichungen vom erstellten Plan kommen. Frühzeitig eingeplante Effektivitätskontrollen ermöglichen im weiteren Verlauf eine Feinsteuerung des geplanten Interventionsverlaufs. Positive Abweichungen können zur Effektivitätssteigerung genutzt werden, indem Erfolge und positive Entwicklungen an die Beteiligten und Betroffenen rückgemeldet werden, z.B. anhand positiver Berichte in den Medien. *Kommunikation und Kooperation sind für die Umsetzung unerlässlich.*

Eine Evaluation ermöglicht zusätzlich die Beurteilung der eigenen Effektivität und Effizienz, d.h. eine Kosten-Nutzen-Bilanzierung. Welche Erfolgskriterien wie erhoben werden, ist bereits frühzeitig bei der Definition realistischer, messbarer Zielkriterien festzulegen. *Voraussetzung für eine erfolgreiche Umsetzung ist ein geeignetes Kontrollsystem zur Evaluation.*

*6. **Feedback** ermöglicht kontinuierliches Lernen.*

Nachdem das Programm beendet ist, sammeln die beteiligten Akteure die Erfahrungen, die mit dem Programm von der Analyse bis zur Evaluation gemacht wurden. Diese interne Aufbereitung der Ergebnisse ermöglicht einen Lernprozess zur Effizienzsteigerung nachfolgender Interventionen.

Über die dargestellten Determinaten, Maßnahmen und strategischen Überlegungen ist eine weitere Einflussgröße aufzuführen, die bei der Gestaltung und Umsetzung von Naturschutzprojekten zu berücksichtigen ist: die Partizipation.

8 Partizipation - Mitwirkung statt Verordnung

Nachhaltige Entwicklungen können nicht von außen oder von oben verordnet, sondern nur gemeinsam erreicht werden. Gezielt die Selbstorganisation verschiedener Akteure und ihre aktive Mitwirkung anzuregen, ist der Kerngedanke des Partizipativen Sozialen Marketings (PSM; Prose 1994; Prose & Hübner 1995). Im PSM wird der Ansatz des Sozialen Marketings um partizipatorische Elemente erweitert. Ziel ist es, einen "Schneeballeffekt" für ein soziales Anliegen wie Klimaschutz oder Naturschutz zu initiieren. Erreicht wird dies, indem die Kommunikations- und Einflusswege in bestehenden sozialen Netzwerken berücksichtigt und der Einfluss ihrer Meinungsführer sowie das Modellverhalten von Bezugspersonen systematisch einbezogen werden. Einfacher formuliert: "Versuche Leute zu gewinnen, welche andere Leute gewinnen!" (Mosler & Gutscher 1999, S.161). Es gilt, bestehende soziale Netzwerke als Akteure und Multiplikatoren für den Naturschutz zu gewinnen. Um für diese Netzwerke ein Partner für den Naturschutz werden zu können, reicht es nicht aus, an den Sinn des Einzelnen für das Gemeinwohl zu appellieren. Vielmehr müssen unterschiedliche Verhaltensangebote für verschiedene Akteure entwickelt sowie Kooperations- und Partizipationsstrategien eingesetzt werden.

Die hier nur knapp skizzierten Überlegungen des PSM wurden in der von Prose initiierten Klimaschutzaktion *nordlicht* umgesetzt (Prose 1997; Prose et al. 1993, 1994). Die Hauptbestandteile der "Klimaschutzaktion zum Mitmachen" sind einfach gehalten. Ein vierseitiger *Handzettel* propagiert vier, für jeden leicht umsetzbare Verhaltensangebote zum Strom- und Wassersparen. Lokale und regionale *Sponsoren* ermöglichten den Druck der Handzettel, auf dem sie ihr Logo abdrucken lassen konnten. Über persönlichen Kontakt und durch Brief- und Telefonaktionen wurden *Verteilernetze* aktiviert. Gemeinden, Schulen, Elterngruppen, Betriebsräte, Vereine der unterschiedlichsten Art, vom Pudelzüchterverein bis zur Freiwilligen Feuerwehr, setzten sich aktiv für die Verbreitung der *nordlicht*-Handzettel ein. Der Motor der Aktion war ein *System der Rückmeldung*, das ermöglicht, laufend die Anzahl der umgesetzten Maßnahmen (z.B. Installation einer Energiesparlampe) über die Verbreitungsgebiete zu verfolgen. Diese Informationen waren Basis für eine fortlaufende Pressearbeit, in der die Erfolge für den Klimaschutz und der Anstieg der Beteiligungsrate an der Aktion an die Öffentlichkeit rückgemeldet wurden. Motiviert wurden so weitere Akteure für den Klimaschutz. *nordlicht* wurde bewusst einfach und überschaubar konzipiert, um möglichst vielen, auch Nicht-Profis, das Mitmachen zu ermöglichen. Der Erfolg spricht für sich: allein in Schleswig-Holstein, dem Heimatland der Aktion, konnten 12% der Haushalte durch die Kampagne motiviert werden, Maßnahmen zum Strom- und Wassersparen umzusetzen.

Naturschutzprojekte, die gegen die Mehrheit der Bevölkerung durchgeführt werden, machen langfristig keinen Sinn, wie nicht zuletzt die aktuelle Akzeptanzdebatte im Naturschutz zeigt (z.B. Wiersbinski et al. 1998). Partizipation, wie sie überwiegend in Planungsprozessen verstanden wird, bedeutet daher auch, gesellschaftliche Gruppen an der Diskussion und der Erarbeitung von Konzepten zu beteiligen, sie als Experten für ihre Heimat einzubeziehen. Zu gewährleisten ist eine gerechte Beteiligung betroffener Personen an der Entscheidungsfindung. Substanzielle Fairness wird erreicht, indem Verteilungsnormen für Ressourcen und die aus der Entscheidung resultierenden Chancen und Risiken nachvollziehbar und gerecht begründet werden (Renn 1999). Konzepte, die noch offen sind für unterschiedliche

Lösungswege, lassen nicht nur Verhandlungsspielräume zu sondern können im Gegensatz zu verordneten Maßnahmen zur effektiven Kooperation motivieren.

9 Zusammenfassung und Schlussfolgerungen für die praktische Arbeit im Naturschutz

Naturverträgliches Verhalten ist, wie anderes Verhalten auch, hoch komplex. Einfache Erklärungsmuster reichen nicht aus, um Barrieren und Hindernisse zu verstehen. Ebenso gibt es weder einen Königsweg noch Standardlösungen, wie naturverträgliches Verhalten gefördert werden kann. Aber es lassen sich aus den dargestellten Überlegungen und Ergebnissen allgemeine Empfehlungen für die praktische Arbeit im Naturschutz ableiten:

1. Information zu geben ist notwendig, aber nicht ausreichend. Wissen allein reicht nicht aus, verändertes Verhalten zu bewirken, sondern es müssen sozialwissenschaftliche Maßnahmen zur Einstellungs- und Verhaltensänderung einbezogen werden.

2. Individuelles Verhalten ist nicht zuletzt auch durch das Verhalten anderer und ihrer Erwartungen beeinflusst. Information sollte sich daher nicht auf ökologisches Wissen beschränken, sondern ebenso soziales Wissen über das Verhalten anderer vermitteln.

3. Die strikte Orientierung an Zielgruppen ist ein Schlüssel zum Erfolg. Von entscheidender Bedeutung für den Erfolg ist die konzentrierte Ausrichtung auf die Wünsche und Bedürfnisse, die Lebensstile der Gruppe, die wir erreichen wollen; Wir müssen die Sprache der Zielgruppe sprechen.

4. Umweltrelevantes Verhalten muss nicht immer ökologisch motiviert sein. Dies bedeutet auch, dass naturverträgliches Verhalten nicht immer unbedingt ökologisch begründet werden muss. Unsere Gesellschaft ist zu differenziert, als dass sich naturverträgliches Verhalten als einheitlicher Trend durchsetzen könnte.

5. Erfolg setzt realistische, messbare Zielsetzungen voraus. Nur die Maßnahmen zur Förderung naturverträglichen Verhaltens haben eine Chance, die von den Zielgruppen akzeptiert werden und für sie machbar sind. Kleine Schritte sind erfolgreicher als "übergestülpte" ehrgeizige Maßnahmen.

6. Gezielt Partizipation zu gestalten, ermöglicht Synergieeffekte für den Naturschutz. Gelingt es, bestehende soziale Netzwerke für den Naturschutz zu aktivieren, wird naturverträgliches Verhalten nachhaltiger verankert. Betroffene werden zu Kooperationspartnern, wenn auch sie, gemessen an ihren eigenen Bewertungen, durch den Naturschutz gewinnen.

7. Mit dem Rahmenkonzept des Sozialen Marketings steht eine Basismethode zur Verfügung, um effektiv und effizient für den Naturschutz agieren zu können. Philosophie und Strategie des Sozialen Marketings unterstützen Akteure, die vielfältigen an den Naturschutz gestellten Anforderungen aktiv zu gestalten.

Nahezu jedes Natur- und Umweltproblem umfasst naturwissenschaftliche wie auch sozialwissenschaftliche Aspekte. Weder die Naturwissenschaften noch die Gesellschafts- oder Wirtschaftswissenschaften allein können die komplexen Probleme lösen, geschweige denn eine einzelne Disziplin, sei es z.B. die Biologie, Politikwissenschaft oder auch die Psychologie. Denkweisen und Lösungsmöglichkeiten zu vernetzen und zu integrieren, ist eine gemeinsame Herausforderung für die Zukunft.

10   Literatur

Amelang, M.; Tepe, K.; Vagt, G. & Wendt, W. (1977): Mitteilung über einige Schritte der Entwicklung einer Skala zum Umweltbewußtsein. - In: Diagnostica 23, S.86-88

Arbuthnot, J.; Tedeschi, R.; Wayner, M.; Turner, J.; Kressel, St. & Rush, R. (1977): The induction of recycling behavior through the Foot-in-the-Door-Technique. - In: Journal of Environmental Systems 6, S.355-368

Bamberg, S. (1996): Allgemeine oder spezifische Einstellungen bei der Erklärung von Umweltbewußtsein? - In: Zeitschrift für Sozialpsychologie 27, S.47-60

Bem, D.J. (1972): Self-perception theory. - In: Berkowitz, L. (Hrsg.): Advances in Experimental Social Psychology 6. - New York, S.1-62

Brendle, U. (1999): Musterlösungen im Naturschutz. Politische Bausteine für erfolgreiches Handeln. - Bonn

Diekmann, A. (1991): Soziale Dilemmata. Modelle, Typisierungen und empirische Resultate. - In: Esser, H. & Troitsch, K.G. (Hrsg.): Modellierung sozialer Prozesse. - Bonn, S.417-456

Diekmann, A. & Preisendörfer, P. (1992): Persönliches Umweltverhalten. Diskrepanzen zwischen Anspruch und Wirklichkeit. - In: Kölner Zeitschrift für Soziologie und Sozialpsychologie 44, S.226-251

Dwyer, W.O.; Leeming, F.C.; Cobern, M.K.; Porter, B.E. & Jackson, J.M. (1993): Critical review of behavioral interventions to preserve the environment. - In: Environment and Behavior 25, S.275-321

Eagly, A.H. & Chaiken, S. (1993): The psychology of attitudes. - San Diego

Erdmann, K.-H., Küchler-Krischun, J. & Schell, C. (2000): Darstellung des Naturschutzes in der Öffentlichkeit. Erfahrungen, Analysen, Empfehlungen. - BfN-Skripten 20

Ernst, A.M. (1997): Ökologisch-soziale Dilemmata: Psychologische Mechanismen des Umweltverhaltens. - Weinheim

Ernst, A.M. & Spada, H. (1993): Modeling Agents in a Resource Dilemma: A Computerized Learning Environment. - In: Towne, D.; de Jong, T. & Spada, H. (Hrsg.): Simulation-Based Experimental Learning. - Berlin, S.105-120

Felser, G. (1997): Werbe- und Konsumentenpsychologie: eine Einführung. - Stuttgart

Festinger, L. & Carlsmith, J.M. (1959): Cognitive consequences of forced compliance. - In: Journal of Abnormal and Social Psychology 58, S.203-210

Fietkau, H.J. & Kessel, H. (1981): Einleitung und Modellansatz. - In: Fietkau, H.J. & Kessel, H. (Hrsg.): Umweltlernen. Veränderungsmöglichkeiten des Umweltbewußtseins. - Königstein/Taunus, S.1-14

Frey, D. & Gaska, A. (1993): Die Theorie der kognitiven Dissonanz. - In: Frey, D. & Irle, M. (Hrsg.): Theorien der Sozialpsychologie, Band 1. - Göttingen, S.275-324

Fuhrer, U. (1995a): Sozialpsychologisch fundierter Theorierahmen für eine Umweltbewußtseinsforschung. - In: Psychologische Rundschau 46, S.93-103

Fuhrer, U. (1995b): Ökologisches Handeln als sozialer Prozess. - Basel

Fuhrer, U. & Wölfing, S. (1997): Von den sozialen Grundlagen des Umweltbewußtseins zum verantwortlichen Umwelthandeln. - Bern

Gardner, G.T. & Stern, P.C. (1996): Environmental problems and human behavior. - Boston

Graumann, C.F. & Kruse, L. (1990): The environment: Social construction and psychological problems. - In: Himmelveit, H.T. & Gaskell, G. (Hrsg.): Societal Psychology. - New York, S.212-229

Homburg, A. & Matthies, E. (1998): Umweltpsychologie. Umweltkrise, Gesellschaft und Individuum. - Weinheim, München

Kotler, P. & Roberto, E. (1991): Social Marketing. - Düsseldorf

Krenzer, J.H. (2000): Mit sanften Schritten ins nächste Jahrtausend. Rhönerlebnisse im Einklang mit der Natur. Der Gasthof "Zur Krone" und die Rhöner "Schau-Kelterei". - In: Erdmann, K.-H., Küchler-Krischun, J. & Schell, C. (2000): Darstellung des Naturschutzes in der Öffentlichkeit. Erfahrungen, Analysen, Empfehlungen. - BfN-Skripten 20, S.11-21

Kruse-Graumann, L. (1997): Naturschutz und Umweltbildung. - In: Erdmann, K.-H. & Spandau, L. (Hrsg.): Naturschutz in Deutschland: Strategien, Lösungen, Perspektiven. - Stuttgart, S.241-261

Maloney, M.P. & Ward, M.P. (1973): Ecology: Let's hear from the people. - In: American Psychologist 8, S.583-586

Mosler, H.-J. (1995): Umweltprobleme. Eine sozialwissenschaftliche Perspektive mit naturwissenschaftlichem Bezug. - In: Fuhrer, U. (Hrsg.): Ökologisches Handeln als sozialer Prozess. - Basel

Mosler, H.-J. & Gutscher, H. (1999): Wege zur Deblockierung kollektiven Umwelthandels. - In: Linneweber, V. & Kals, E. (Hrsg.): Umweltgerechtes Handeln. Barrieren und Brücken. - Berlin, Heidelberg u.a., S.141-164

Novelli, W.D. (1984): Developing Marketing Programs. - In: Frederikson, L.W., Solomon, L.J. & Brehony, K.A. (Hrsg.): Marketing Health Behavior. - New York, London, S.59-89

Prose, F. (1994): Ansätze zur Veränderung von Umweltbewußtsein und Umweltverhalten aus sozialpsychologischer Perspektive. - In: Materialien zur Energiepolitik in Berlin 16, S.14-23

Prose, F. (1997): Sieben Schritte zur neuen Beweglichkeit. Konzept und Zwischenergebnisse der nordlicht-Aktion zur Verminderung des motorisierten Individualverkehrs. - In: Giese, E. (Hrsg.): Verkehr ohne (W)ende? Psychologische und sozialwissenschaftliche Beiträge. - Tübingen, S.317-329

Prose, F. & Hübner, G. (1995): Soziales Marketing für den Klimaschutz. - In: Altner, G.; Mettler-Meibom, B.; Simonis, U.E. & von Weizsäcker, E.U. (Hrsg.): Jahrbuch Ökologie 1996. - München, S.285-290

Prose, F.; Hübner, G. & Kupfer, D. (1993): Konzeption, Implementierung und Evaluation eines Marketing-Programms zur lokalen Aktivierung von Energie- und Wassersparpotentialen in Haushalten. - Kiel

Prose, F.; Kupfer, D. & Hübner, G. (1994): Social Marketing und Klimaschutz. - In: Fischer, W. & Schütz, H. (Hrsg.): Gesellschaftliche Aspekte von Klimaänderungen. - Jülich, S.132-144

Prose, F. & Wortmann, K. (1991): Energiesparen: Verbraucheranalyse und Marktsegmentierung der Kieler Haushalte. - Kiel

Renn, O. (1995): Individual and social perception of risk. - In: Fuhrer, U. (Hrsg.): Ökologisches Handeln als sozialer Prozess. - Basel, S.27-50

Renn, O. (1999): Fairneß in Partizipationsverfahren zur Umweltgestaltung. - In: Linneweber, V. & Kals, E. (Hrsg.): Umweltgerechtes Handeln. Barrieren und Brücken. - Berlin, Heidelberg u.a., S.95-116

Reusswig, F. (1999): Umweltgerechtes Handeln in verschiedenen Lebensstil-Kontexten. - In: Linneweber, V. & Kals, E. (Hrsg.): Umweltgerechtes Handeln. Barrieren und Brücken. - Berlin, Heidelberg u.a., S.49-70

Schahn, J. (1993): Die Kluft zwischen Einstellung und Verhalten beim individuellen Umweltschutz. - In: Schahn, J. & Giesinger, T. (1993): Psychologie für den Umweltschutz. - Weinheim, S.29-49

Six, B. & Eckes, T. (1996): Metaanalysen in der Einstellungs-Verhaltens-Forschung. - In: Zeitschrift für Sozialpsychologie 27, S.7-17

Spada, H. & Ernst, A.M. (1990): Wissen, Ziele und Verhalten in einem ökologisch-sozialen Dilemma. - Freiburg im Breisgau

Spada, H. & Opwis, K. (1985): Ökologisches Handeln im Konflikt. Die Allmende-Klemme. - In: Day, P.; Fuhrer, U. & Laucken, U. (Hrsg.): Umwelt und Handeln - Ökologische Anforderungen und Handeln im Alltag. - Tübingen, S.65-85

Stern, P.C. (1995): Understanding and changing environmentally destructive behavior. - In: Fuhrer, U. (Hrsg.): Ökologisches Handeln als sozialer Prozess. - Basel, S.89-96

Ssymank, A. (1997): Schutzgebiete für die Natur: Aufgaben, Ziele, Funktionen und Realität. - In: Erdmann, K.-H. & Spandau, L. (Hrsg.): Naturschutz in Deutschland: Strategien, Lösungen, Perspektiven. - Stuttgart, S.11-38

Urban, D. (1986): Was ist Umweltbewußtsein? Exploration eines mehrdimensionalen Einstellungskonstruktes. - In: Zeitschrift für Soziologie 15, S.363-377
Wiersbinski, N.; Erdmann, K.-H. & Lange, H. (1998): Zur gesellschaftlichen Akzeptanz von Naturschutzmaßnahmen. - BfN-Skripten 2

Kulturelle Aspekte von Naturschutz und Naturauffassungen.
Betrachtungen zu einem Spannungsfeld

Heinrich Spanier (Bonn)

Exposé

Naturschutz und Naturauffassungen sind Resultat gesellschaftlicher, kultureller Entwicklung. Das Schützen von Natur ist Ausdruck einer bestimmten Kultiviertheit im Umgang mit der lebendigen Umwelt des Menschen. Der Beitrag beleuchtet, wie Kultur und Natur wechselwirken und welche Vorstellungen von Natur dem Handeln zu Grunde liegen. Möglicherweise ist es berechtigt, von einer Kulturvergessenheit des Naturschutzes zu sprechen. Idyllische und romantische Vorstellungen der Natur deuten auf die Lebendigkeit einerseits archetypischer Prägungen durch Savannen und andererseits - in mythologischer Hinsicht - auf antike Vorstellungen von Arkadien hin. Es liegt die Vermutung nahe, dass das arkadische Grundmuster nach wie vor lebendig ist und ein uneingestandenes Motiv naturschützerischer Auseinandersetzungen darstellt.

1 Einführung

Der Begriff "Natur" ist seit den Griechen stets im Kontext seiner verschiedenen Gegenteile verstanden worden (vgl. Böhme 1992). Solche Gegensatzpaare sind:
- Natur und Setzung (nämlich beispielsweise von Ge*setz*gebung),
- natürlich und gekünstelt,
- ursprünglich und zivilisiert,
- außen und innen,
- Natur und Technik.

Das zuerst genannte Gegensatzpaar von Natur und Setzung betrifft den Sachverhalt der vom Menschen geschaffenen - in der Regel staatlichen - Ordnung im Zusammenspiel mit einer - wie auch immer gearteten - göttlichen oder natürlichen Ordnung. Aus diesem Gegensatz wurden sowohl die Rechte der Stärkeren wie auch die Menschenrechte abgeleitet.

Das zweite Begriffspaar, welches natürliche und gekünstelte, sogar verderbte Lebensweisen meint, hat ebenfalls eine lange Tradition. Insbesondere die Religion beruft sich bei ihren moralischen Postulaten auf das Natürliche als einer Schöpfungsordnung.

Der Gegensatz von Natur und Zivilisation bzw. von Natur und Kultur ist wesentlich durch Rousseau geprägt worden, mit seinem berühmten "revenons à la nature".

Dieser Gegensatz konnte deshalb gedacht werden, weil beginnend mit dem 18. Jahrhundert die Menschheitsgeschichte als eine Entwicklung von einem Naturzustand zu einem Zustand der Zivilisation begriffen wurde. Andererseits folgte aus den Beschränkungen, welche die Zivilisation mit sich brachte und wohl auch schon aus den ersten Zivilisationsschäden (vgl. Spanier 1994) die Sehnsucht nach dem Einfachen und Ursprünglichen, dem "Freien" schlechthin. Unser Sprachgebrauch von der "freien Landschaft", dem "freien Feld" legt so manche Spur zurück in die Vergangenheit.

Bei der Entgegensetzung von Natur und Technik handelt sich gleichfalls um eine Unterscheidung wie von Natur und Kunst. Bis zum 18. Jahrhundert umfasste *téchne* bzw. in seiner lateinischen Übersetzung *ars* **alles** menschliche Herstellen. Nach der Aristotelischen Philosophie hat *natürlich Seiendes* das Prinzip seiner Bewegung in sich. Das heißt, Naturdinge entwickeln sich aus eigener Kraft und reproduzieren sich selbst.

Das griechische Wort für Natur "physis" bezeichnet das Aufgehende, das, was sich von selbst zeigt, wie die Blüte einer Blume. Das *technisch Seiende* hingegen erhält seine Form, seine Funktionalität vom Menschen. Ohne menschliches Zutun kann sich Technisches nicht vermehren. Schon in der Antike wurde beispielhaft auf das Bett aus Weidenruten verwiesen. Wenn man dieses eingrabe, wüchse kein Bett empor, sondern wieder eine Weide.

Diese Naturauffassung sieht die Natur als das Verlässliche und wohl auch als das Maßgebliche an. Die Natur ist eben das, was von selbst da ist - im Gegensatz zu dem, was Menschen machen und herstellen. Von hier aus ist es nicht weit zu teleologischen Vorstellungen der Naturzwecke, der zweckmäßigen Organisation von Teilen und Prozessen auf ein Ziel hin. Diese Vorstellungen finden sich heutzutage in populärwissenschaftlichen Ökosystemmodellen, die sich so weit von ihrem streng wissenschaftlichen Habitus weg entwickelt haben, dass sie ein zweckgerichtetes, zielorientiertes Dasein der Natur durchscheinen lassen.

Bemerkenswert ist, dass diese aristotelische Natursicht den Menschen nur insoweit berücksichtigt, als er die Dinge, die nicht von selbst sind, schafft. Aber was ist der Mensch selbst? Hat der Mensch sich etwa selbst geschaffen? Wohl nicht. Ist er das, was er ist, ohne sein Zutun, von Natur? Auch dieses scheidet aus. Es liegt nahe, mit Kant den Menschen als Doppelwesen, als beiden Bereichen zugehörig aufzufassen. In physikalischer Analogie wird man dem Menschen wie dem Licht Wellen- und Korpuskeleigenschaften Natürlichkeit und Kultürlichkeit zusprechen, je nach der zu Grunde liegenden Fragestellung.

Ein einheitliches "Natur"-Verständnis ist in heutiger Zeit und unserer Gesellschaft nicht (mehr?) vorzufinden. Gegenwart und Geschichte zeigen, dass es mit der Definition dessen, was Natur meint, ähnlich fundamentale Schwierigkeiten gibt, wie mit der Erklärung der Zeit. Über jene hatte der Kirchenvater Augustinus bekannt: "Wenn mich niemand darüber fragt, so weiß ich es; wenn ich es aber jemandem auf seine Frage erklären möchte, so weiß ich es nicht." (zit. nach Cramer 1993, S.12)

Nicht nur, dass man im abstrakt-philosophischen Bereich keine einheitliche Meinung hat, selbst im Naturschutz und den Naturwissenschaften gehen die Meinungen über das, was natürlich ist, kräftig auseinander. Man untersucht mit großer Ambition den Grad der Natürlichkeit mit Hilfe der sog. Hemerobie-Klassifizierungen, was nichts anderes bedeutet, als Komparative und Superlative von Natur bilden zu wollen. Andere schwören auf die Kartierung der potentiellen natürlichen Vegetation, auf welche die anderen wiederum ganz verzichten, weil es sie gar nicht interessiert, was wäre, wenn es den Menschen nicht gäbe. Als wenn das ein ideal anzustrebender Zustand sein könnte.

Auch wenn sich seit antiken Zeiten Natur stets mit seinem jeweiligem Gegenteil zeigt, so ist es wichtig festzustellen, dass Natur und Kultur Zwillingsbegriffe und aufeinander bezogen sind. Der Naturphilosoph Klaus Michael Meyer-Abich (1997, S.247) hat einmal formuliert: "Kultur ist der am ehesten spezifisch menschliche Beitrag zur Naturgeschichte." Er bekennt, dass wir Menschen eben nicht dazu da sind, um die Welt wieder so zu verlassen, als wären wir gar nicht da gewesen. Wie für alle Lebewesen gehöre es auch zur menschlichen Natur und zum menschlichen Leben, Veränderungen in die Welt zu bringen.

2 Natur und Kunst in ihrer Bezogenheit

Zunächst gilt es in einem ersten Schritt die Rolle zu beleuchten, welche die Natur für die Kultur spielt und in einem zweiten Schritt umgekehrt, welche Rolle die Kultur für die Natur hat.

2.1 Die Rolle der Natur für die Kultur

Wie wirkt Natur auf die Kultur, wie beeinflusst und schafft Natur wertvolle Kulturgüter. Es liegt nahe, bei dieser Frage, an Gemälde, Zeichnungen und Aquarelle zu denken und sie vor dem geistigen Auge Revue passieren zu lassen. Auch so manches stimmungsvolle Gedicht, insbesondere aus der deutschen Romantik ruft Bilder in unserem Innern hervor. Der Leser sei angeregt, auch musikalische Werke hinsichtlich ihrer landschaftsbildenden Energie zu testen. Aus der Vielzahl der Möglichkeiten bieten sich folgende Werke an: Zunächst das *Erwachen heiterer Gefühle bei der Ankunft auf dem Lande* aus Beethovens Pastorale. Im Kontrast dazu Sibelius *Finlandia* und Smetanas *Moldau*. Weniger bekannt, aber genauso naturverbunden ist Ferde Grofés *Grand Canyon Suite*, die in den Vereinigten Staaten ebenso populär ist wie Charles Ives *Central Park in the dark* aus dem Jahre 1906. Er beschreibt den in der nächtlichen Stille ruhenden Park, der von lautem Großstadtlärm umgeben ist.

Es geht keineswegs um eine musiktheoretische Auseinandersetzung mit den Werken, sondern um schlichtes Hören und (Nach-)Empfinden. Auch Musik evoziert ganz persönliche Bilder von Natur vor dem geistigen Auge. Ganz im Sinne von Caspar David Friedrichs berühmter Anweisung: "Schließe dein leibliches Auge, damit du mit dem geistigen Auge zuerst siehst dein Bild. Dann fördere zu Tage, was du im Dunkeln gesehen, dass es zurückwirke auf andere von außen nach innen." (zit. nach Roters 1995, S.37) René Magritte sagt es moderner und kürzer: "Wir sehen die Welt außerhalb unserer selbst und haben doch eine Darstellung von ihr in uns." (zit. nach Schama 1996, S.20)

Mit den symphonischen Beispielen lässt sich zunächst intuitiv verdeutlichen, dass Natur und Landschaft nicht nur eine physische, sondern erst recht eine psychische Komponente haben. Landschaft entsteht - verkürzt ausgedrückt - auch in unseren Köpfen. Es sind die in den Köpfen entstandenen Bilder, die uns Gefühle mit den konkreten Landschaften verbinden lassen. Henry David Thoreau schrieb am 30. August 1856 in sein Tagebuch: "Es ist umsonst, wenn wir von einer Wildnis träumen, die in der Ferne liegt. So etwas gibt es nicht. Der Sumpf in unserem Kopf und Bauch, die Urkraft der Natur in uns, das ist es, was uns diesen Traum eingibt. Nie werde ich im fernsten Labrador eine größere Wildnis finden als in einem Winkel in Concord, d.h. als die, welche ich dort hineintrage." (zit. nach Schama 1996, S.6)

2.2   Archetypische Landschaftsbilder

Was ist nun aber Landschaft? Simon Schama (1996, S.18f.) ist der Frage nach der Wortherkunft des Begriffs der Landschaft nachgegangen. "*Landschaft* bezeichnete eine Einheit menschlicher Besiedelung, ja einen Gerichtsbezirk, ebenso wie etwas, das einen erfreulichen Gegenstand anschaulicher Darstellung bilden konnte. So war es sicher kein Zufall, dass die niederländischen Polder - selbst der Ort eindrucksvoller menschlicher Technik - der Bereich waren, an dem eine Gemeinschaft die Vorstellung von einer *landschap* entwickelte, was dann in der englischen Umgangssprache der damaligen Zeit zu *landskip* wurde. Ihre italienischen Pendants, die ländlichen Idyllen mit Bächen und von goldenen Weizenfeldern bedeckten Hügeln, hießen *parerga*, sie waren das 'Beiwerk' im Hintergrund für die vertrauten Motive der klassischen Mythologie und der Heiligen Schrift. In den Niederlanden jedoch war die menschliche Planung und Nutzung der Landschaft - wie sie sich in den Fischern, den Viehtreibern, den einfachen Fußgängern und Reitern ausdrückt, die beispielsweise die Bilder eines Esaias van den Velde bevölkern - die Hauptsache und sich auf überraschende Weise selbst genug."

Ernüchternder fällt ein Blick ins Naturschutzgesetz aus: Man wird annehmen dürfen, dass der Gesetzgeber sich etwas dabei gedacht haben mag, wenn er immer wieder von "Natur und Landschaft" spricht. Es muss möglicherweise etwas Getrenntes sein. Wo die Trennlinie zu ziehen ist, wird jedoch nicht herausgearbeitet.

Haben sich in Bezug auf Natur und Landschaft unterschiedliche Sprachgebräuche entwickelt? Wird uns der Landmann auf seinem Traktor auf die Frage, warum er den Beruf des Landwirts gewählte habe, antworten, weil er es schön finde in der Natur zu arbeiten. Ihm wird natürlich reflexhaft jeder Naturschützer aus der Stadt akribisch darlegen können, dass die Landwirtschaft mitnichten etwas mit Natur zu tun habe, sondern viel eher zu ihrer Beseitigung beitrage. Meint der Bauer vielleicht nur, draußen zu sein oder außerhalb der Stadt?

Wolfgang Haber (1998a, S.28) meint, weil Landschaft eine gewisse Weite vermittle, sei sie "Natur mittlerer Größe". Hilfreich, gerade für unser Thema, ist Ludwig Trepls (zit. nach Haber 1996, S.298) Annäherung, nach der man eine *wirkliche* Gegend nur dann Landschaft nennen würde, wenn sie wie ein Gemälde aussehe oder wirke, also letztlich das Gemüt bewege.

Möglicherweise gibt es sogar archetypische Landschaftsbilder - in unserem Inneren festgelegte Muster von Landschaften, auf die wir jeweils ähnlich reagieren. Bestimmte Landschaften scheinen aufgrund ihrer Anmut stets angenehme und heitere Gefühle auszulösen. Eben solche, die Beethoven mit dem ersten Satz seiner Pastorale hörbar vermittelt. Andere Landschaften vermitteln eher melancholische Stimmungen, wie in Sibelius Finlandia. Hier die hellen, lichtdurchfluteten Felder und Wiesen auf dem Lande - dort die dunklen gewaltigen Fichtenwälder Finnlands mit den immer wieder eingefügten Seen, deren Lichteindruck aber dunkel und kalt ist. Hier Heiterkeit - dort Depression.

Edward Osborne Wilson (1984, S.106ff.; 1986, S.19-24; 1994, S.359ff)[1] nimmt an, der Mensch sei durch den Landschaftstyp der Savanne geprägt. Da die Wiege der Menschheit in der ostafrikanischen Savannenlandschaft gestanden habe, sei das Savannenmuster archetypisch im Menschen angelegt. Savannen sind parkartige

---

1   "It (Biophilia) means the inborn affinity human beings have for other forms of life, an affiliation evoked, according to circumstance, by pleasure, or a sense of security, or awe, or even fascination blended with revulsion.
One basic manifestation of what I called biophilia is a preference for certain natural environments as places for habitation. In a pioneering study of the subject, Gordon Orians, a zoologist at the University of Washington, diagnosed the 'ideal' habitat most people choose if given a free choice: they wish their home to perch atop a prominence, placed close to a lake, ocean, or other body of water, and surrounded by a parklike terrain. The trees they most want to see from their homes have spreading crowns, with numerous branches projecting from the trunk close to and horizontal with the ground, and furnished profusely with small or finely divided leaves. It happens that this archetype fits a tropical savanna of the kind prevailing in Africa, where humanity evolved for several millions of years. Primitive people living there are thought to have been most secure in open terrain, where the wide vista allowed them to search for food while watching for enemies. Possessing relatively frail bodies, early humans also needed cover for retreat, with trees to climb if pursued.
Is it just a coincidence, this similarity between the ancient home of human beings and their modern habitat preference? Animals of all kinds, including the primates closest in ancestry to *Homo sapiens*, possess an inborn habitat selection on which their survival depends. It would seem strange if our ancestors were an exception, or if humanity's brief existence in agricultural and urban surroundings had erased the propensity from our genes. Consider a New York multimillionaire who, provided by wealth with a free choice of habitation, selects a penthouse overlooking Central Park, in sight of the lake if possible, and rims its terrace with potted shrubs. In a deeper sense than he perhaps understands, he is returning to his roots." (Wilson 1994, S.359ff.)

Graslandschaften mit Bäumen und Baumgruppen. Und genau diese Arten von Landschaften sind es auch, die uns besonders ansprechen: "Wo immer die Menschen die Wahl haben", führt Wilson weiter aus, "ziehen sie in offenes, baumbestandenes Land, und zwar möglichst auf Erhöhungen über dem Wasser. ... Die ungebundensten, die Reichen und Mächtigen, lassen sich auf Anhöhen über Seen und Flüssen oder der Meeresküste nieder." Vor allem Parklandschaften sind es, die eine besonders starke Anziehungskraft auf Menschen ausüben. Selbst der kleine Hausgarten ist das Modell einer Savanne. Im hoch verdichteten Pompeji schuf man Savannenausblicke durch Wandmalereien.

In vielen Fällen, in denen die von Natur aus gegebene Landschaft den Savannen-Ansprüchen nicht entsprach, haben Fürsten und Potentaten der Natur auf die Sprünge geholfen. Die vielen großartigen Parklandschaften, die wir in Wörlitz, Muskau, Branitz oder in Sckells Englischem Garten in München finden, sind alle nach dem gleichen Muster geschaffen: sie bieten dem, der es sich leisten kann, den Wohnsitz in der Graslandschaft mit Bäumen auf einer Anhöhe über dem Wasser. Das preußische Arkadien, welches Peter Josef Lenné in und um Potsdam herum geschaffen hat, ist das Abbild einer Ideallandschaft irgendwo zwischen Italien und Griechenland (Solmsdorf 1995, S.52).

Wilson (1984) leitet seine Überlegung aus dem ökologischen Verhalten der ersten Menschen ab. Die frühen Menschen lebten im offenen Gelände einfach am sichersten. Der weite Blick gestattete es ihnen, gleichzeitig Nahrung zu suchen und Feinde zu beobachten, zu sehen, ohne gesehen zu werden. Da sie aber doch ziemlich zarte Körper hatten, waren Bäume in Reichweite notwendig, um erforderlichenfalls auf ihnen Schutz suchen zu können. Weil die Menschheit wohl deutlich mehr als 95% ihrer Zeit in der Savanne gelebt hat, könnten einige unserer gefühlsmäßigen Reaktionen auf solche Gegenden sehr wohl das Ergebnis der Anpassung an diese Umwelt darstellen. Es gibt aus psychologischen Tests herausgearbeitete Hinweise darauf, dass uns die Vorliebe für die Savanne angeboren ist; wenn wir noch keine Erfahrungen mit anderen Lebensräumen haben, weckt sie in uns ein Gefühl für ihre Schönheit - als Erbe erfolgreicher Anpassung (Barrow 1997, S.125).

Die von Wilson 1984 dargestellte "tiefe genetische Erinnerung an die optimale Umwelt" wird bei allen Diskussionen um und über unsere Umwelt, die Welt in der wir leben wollen nicht hinreichend beachtet. Auch die unberührte Natur hat mehr mit uns zu tun, als uns bewusst ist. Diese optimale Umwelt bediente die uns eigene Vorliebe für Geborgenheit und gute Aussicht. Wir finden immer wieder eine Zweipoligkeit vor: die optimale Landschaft verbindet stets Aspekte der Zuflucht mit jenen der Abenteuerlust.

2.3   Arkadien

Dieses Motiv kehrt in dem klassischen Landschaftsthema schlechthin wieder: Dem Traum von Arkadien. Dieser Traum hat ebenfalls seine zwei Seiten. Es hat immer zwei Arten von Arkadien gegeben: das zottige und das glatte, das dunkle und das helle, den Ort der Muße und den Ort des Schreckens. Zum einen ist das liebliche, anmutige und mit Blick auf die Antike idealisierte und mystifizierte Arkadien gemeint. Seinen plastischen Ausdruck fand es beispielsweise in der Renaissance mit der aufkommenden Lust, botanische Gärten anzulegen (Schama 1996). Erst später, zu Beginn des 19. Jahrhunderts, wagte man sich daran, den Nervenkitzel zu vervollkommnen. In der Zeit entstand in London der erste Zoologische Garten. Wir werden es uns heute nicht mehr vorstellen können, aber die Zoobesuche müssen wahrhaftige Abenteuer gewesen sein. Der englische Historiker Simon Schama (1996, S.600f.) sieht in der Anlage dieser Zoos die gleiche geistige Wurzel wie auch bei den Botanischen Gärten. Beide schufen ein spezielles Arkadien-Gefühl.

Es war andererseits immer Kennzeichen des bewohnbaren Arkadiens gewesen, dass es wilde Tiere von seinem Territorium verbannt hatte. Das macht insofern auch Sinn, weil das besondere Merkmal der Bewohner ihre Tiernatur war. Deren beherrschende Gottheit war Pan, selbst ziegenfüßig. Die Tiernatur der Arkadier erklärte man sich mit ihrem hohen Alter, weshalb man sie als *Autochthone* bezeichnete, nämlich als Menschen, die der Erde selbst entsprungen und älter als der Mond waren (Schama 1996, S.563).

Es würde zu weit führen, die Rezeption des Traumes von Arkadien durch die Jahrhunderte, in Geistesgeschichte und Kunst nachzuvollziehen. Es ergeben sich überraschend viele Parallelen zu Fragestellungen, die aktuell den Naturschutz bewegen. Von besonderer Bedeutung ist die Tatsache, dass alle Vorstellungen des idyllischen Arkadiens die Anwesenheit von Staat und Stadt in nicht allzu großer Entfernung voraussetzen. Schließlich sind beide Arkadien, das idyllische ebenso wie das wilde, Landschaften der städtischen Imagination (Schama 1996, S.565; vgl. Haber 1996, S.297f; Haber 1998a, S.28).

Etliche Probleme, die der Naturschutz heute hat, der Gegenwind, der ihm seitens der einheimischen Bevölkerung entgegenbläst, lassen sich m.E. auf diesen Umstand zurückführen. Die Landwirtschaft hatte und hat dem romantisierten städtischen Naturbild zu genügen - und dessen Vorbild war die wenig effiziente, aber beschaulich idyllisch wirkende Nutzungsstruktur des ländlichen Raumes der ersten Hälfte des 20. Jahrhunderts, die nach Möglichkeit so bleiben, das heißt keine weiteren Veränderungen erleiden sollte.

Simon Schama (1996, S.562) zieht eine positiv stimmende Lehre daraus: "Es ist verlockend, die beiden Arkadien als ewigen Gegensatz zu definieren, von der Idee des Parks (Wildnis oder Idylle) bis zur Philosophie der Vorgartenwiese (emsig gestriegelt oder voller Gänseblümchen, Klee und Löwenzahn); Artigkeit und Harmonie oder Unversehrtheit und Wildheit? Der Streit ist im Zentrum der Debatten innerhalb der Umweltbewegung lebendig, ... Doch so heftig die Auseinandersetzung oft ist und so unversöhnlich die beiden Ideen von Arkadien zu sein scheinen, ihre lange Geschichte lässt vermuten, dass sie sich in Wirklichkeit gegenseitig stützen."

Den Geheimnissen der Natur auf die Spur zu kommen, dienen einerseits die Naturwissenschaften und andererseits die Künste. Beide ergänzen sich gegenseitig

und entstammen der gleichen menschlichen Triebfeder. In der Renaissance war die
kunstvolle Nachahmung der Natur stets auch Naturerkenntnis (Eusterschulte 1997,
S.32). Die Naturwissenschaften sind in ihrer geschichtlichen Entwicklung den Weg
gegangen, das Komplexe der Natur in immer mehr Einzelheiten aufzulösen. Aufgabe der Künste hingegen war und ist es, stets das Ganze vor seinen Teilen zu sehen
und sichtbar zu machen.

2.4 Die Rolle der Naturwissenschaften

Interessanterweise zeigen neuere naturwissenschaftliche Ansätze in eine andere
Richtung: immer mehr Naturwissenschaftlern geht es nicht mehr um weitere Reduktion, d.h. Zerlegung in immer weitere Einzelheiten, sondern um die Zusammenführung der Teilerkenntnisse. Dieser neue Weg befasst sich damit, (die) Selbstorganisation in der Natur zu erklären, herauszufinden, wie Komplexität entsteht und wie
sie sich verhält - möglich sind die neuen Erkenntnisse durch Chaostheorie und frak-
tale Geometrie. Mit der dieser zugrunde liegenden Mathematik gelingt tatsächlich
eine Zusammenführung von Erkenntnissen.

Das für den hier interessierenden Zusammenhang Bedeutsame ist, dass die Ergebnisse auch für den Laien einfach schön sind. So sehr, dass sich schon Kunstaus-
stellungen der mathematischen Diagramme angenommen haben. In dem Augen-
blick also, in dem es den Wissenschaftlern um das Erkennen des Ganzen geht, entsteht also eine ästhetische Qualität.

Die ästhetische Qualität der neuen naturwissenschaftlichen Ansätze korrespon-
diert hervorragend mit dem Auftrag der Künste: Wie gesagt, ihr Ziel und Streben ist
es, Ganzheiten zu erfassen und zu vermitteln. Der romantische englische Dichter
Percy Shelley (1792-1822) nannte es eine heilige Aufgabe des Künstlers, "die neu-
en Erkenntnisse der Wissenschaften in sich aufzunehmen und sie den menschlichen
Bedürfnissen anzuverwandeln, sie mit menschlichen Leidenschaften einzufärben,
sie in das Fleisch und Blut der menschlichen Natur zu verwandeln" (zit. nach Leder-
man & Teresi 1993, S.515).

2.5 Naturverlust in der Kulturgeschichte

Die Naturwissenschaften repräsentieren den vielleicht bedeutendsten Teil der Kulturgeschichte im Hinblick auf unser Thema. Die österreichische Philosophin Elfriede Maria Bonet (1996, S.108-124) sieht im Verhältnis von Natur zu Kultur den eigent-
lichen Motor der Kulturgeschichte. Die Bewegung dieser Relation erscheine jeweils
als eine Verschiebung auf der Natur-Kultur-Achse (Bonet 1996, S.111). Deswegen
sei es auch erforderlich, "die Kulturgeschichte 'verkehrt herum' zu lesen, nicht als
solche des 'Fortschritts', des zunehmenden Gewinns, sondern als solche des zunehmenden Verlustes. Aber erst aus dieser Perspektive wird genau sichtbar", schreibt sie,
"dass es genau das ist, was den Menschen zum 'Menschen' machen sollte, die Suche

nach dem 'Humanum', was ihn heute bedroht. Denn wir waren so sehr mit der Suche nach diesem Humanum beschäftigt, dass wir das, was dieses Humanum ermöglicht, nämlich die 'Natur' vergessen haben" (Bonet 1996, S.112). Die von Bonet so verstandene Kulturgeschichte sieht drei kulturelle Hauptepochen, nämlich

Kultur als Lebensform,

Kultur als Begriff und

Kultur als theoretisches System bzw. Konstrukt.

In der archaischen Zeit, in der wir die Kultur als Lebensform finden, gibt es noch keine Reflexion über die Kultur. Die Relation von Natur und Kultur befindet sich im Gleichgewicht. Das Denken kann als magisch bezeichnet werden, die Natur ist Partner. Die Kultur als Lebensform umfasst sowohl das alltägliche Handeln, ein durch Mythen bestimmtes Denksystem und Rituale, welche die Verbindung zwischen Handeln und Denken herstellen. Einige dieser Rituale lassen sich auch heute noch in den Jagdritualen wiederfinden. Denn bereits der altsteinzeitliche Mensch entwickelte ein Bezugssystem eigener Art zwischen Jäger und Beute. Es entwickelte sich ein Glaube an einen Wildgeist, der darüber wacht, dass der Jäger nicht mehr Tiere tötet, als zum Lebensunterhalt nötig sind.

Die zweite kulturgeschichtliche Epoche, in welcher die Kultur als Begriff erscheint, ist mit dem Aufkommen des rationalen Denkens verbunden. Kultur wird nach und nach eine Angelegenheit des Denksystems. Auf der Natur-Kultur-Achse findet eine allmähliche Verschiebung von "Natur" zu "Kultur" statt. In der griechischen Antike ist Natur zunächst noch Vorbild. Es wird mit dem aufkommenden Christentum zum Symbol, und mit dem Beginn der neuzeitlichen Naturwissenschaften wird Natur zum Mittel, bis sie schließlich zum Gegensatz mutiert. Seit Descartes gilt: "Der Grad der Kulturhöhe ist gleich dem Grad der Naturbeherrschung." Dabei geht die Naturbeherrschung in zweierlei Richtungen: zum einen als Herrschaft des Menschen über die Naturstoffe und zum anderen als Herrschaft über die "Natur des Menschen" selbst. Kultur erscheint damit als zentraler Oberbegriff "aller Leistungen und Orientierungen des Menschen, die seine bloße Natur fortentwickeln und überschreiten". Das Ziel der Kultur, so Johann Gottfried Herder, ist die Humanität (Bonet 1996, S.111).

Die dritte kulturelle Epoche ist die derzeit Andauernde. Kulturen werden als autonome Gebilde betrachtet, Natur wird entweder ausgeblendet oder als Analogie oder als Metapher verwendet. Als epochal wird man auch aus der Rückschau den Bericht an den Club of Rome "Grenzen des Wachstums" (Meadows & Meadows 1972) ansehen dürfen. Die dort erstmals angewendeten statistischen Methoden und Zeitreihen, die Erarbeitung von Trends und Prognosen sowie die Berücksichtigung ihrer Wechselwirkungen hat wohl eine neue Qualität der Systembetrachtung in das kulturelle System eingefügt.

Wenn in der ersten kulturgeschichtlichen Epoche Natur als Partner galt und in der zweiten entweder als Vorbild, als Symbol oder als Mittel erscheint, ist die dritte Epoche durch den Gegensatz von Natur und Kultur geprägt.

"Solange Gott als verbindlich-transzendente Instanz fungiert", so Elfriede Maria Bonet (S.120f.), "bleibt die Natur das 'zweite Standbein Gottes', auf das sich der Mensch nicht nur beziehen kann, sondern beziehen muß". Mit Kant aber werde das transzendentale Ich zu jenem Fix- und Angelpunkt, von dem aus die Welt zu erklären sei. "Es ist nicht mehr das - außerhalb des Subjekts gelegene - System, das die Normen und Gesetze vorgibt, es ist das - 'transzendental' erstarkte - Subjekt. Und 'Fortschritt' wird nun zu einem Kriterium der Natur selbst". Fortschritt werde seitdem als das Streben nach Vollkommenheit verstanden, welche vor dem Hintergrund der messbaren Ergebnisse der Naturwissenschaften als "Wachstum", als quantitatives Wachstum, umgedeutet werde. Somit zeigt sich nach Bonet die Kulturgeschichte nicht nur als Geschichte des Naturverlustes, sondern im Hinblick auf das unser gesellschaftliches Leben dominierende Wachstum auch als Geschichte eines fundamentalen Missverständnisses.

2.6   Zur Rolle der ästhetischen Wahrnehmung

Seiner ursprünglichen griechischen Bedeutung nach ist *aisthanestai* das sinnliche Empfinden und Wahrnehmen (Bockemühl 2000, S.3-10) Wir finden diese Art Ästhetik heute noch beim An-Ästhesisten, jenem Facharzt, dessen Aufgabe es ist, gegen Schmerzen unempfindlich zu machen. Aufgabe der Künste im Zusammenhang mit unserem Thema ist es, empfindsam für die uns umgebende Natur zu machen. Das setzt gleichermaßen Menschen voraus, die empfinden wollen und können (Rock 1986, S.482). Es ist eine der vornehmen Aufgaben der Erziehung, die Wahrnehmungsfähigkeiten auszubilden. Das bezieht die Wahrnehmung von Gestalt ebenso ein wie das Wahrnehmen von Komplexität und Vernetztheit. Wir erinnern uns, dass die sich aus der Herkunft aus der Savanne ergebenden Evolutionsvorteile auf gute und empfindliche Wahrnehmung der jeweiligen Umwelt zurückzuführen sind.

Viele unserer Umweltprobleme haben mit den Folgen von unerwünschtem Wachstum zu tun. Der Mangel an direkter Wahrnehmungsfähigkeit von Wachstum ist jedoch wohl eine der Ursachen für eben dieses unerwünschte Wachstum (Kotauczek 1996, S.27-44). Gerade die Vielzahl an Variablen, die in ökologischen Systemen gleichzeitig und in ihren Wechselbeziehungen zueinander zu betrachten sind, erfordert von uns, den Wahrnehmungsapparat zu schulen und mit neuen Techniken vertraut zu machen.

Unser Thema der Wahrnehmung von Landschaft und Kultur wird eine Frage der Ästhetik sein; denn wenn das empfindsame Wahrnehmen den ursprünglichen Wortsinn trifft, dann wird hier auch der Schlüssel zu suchen sein.

Nach antiker Auffassung ist Wahrnehmung keine Wechselwirkung oder ein physikalischer Prozess. Im Gegenteil: Wahrnehmung ist die gemeinsame Wirklichkeit des Wahrgenommenen und des Wahrnehmenden. Beide, Wahrgenommenes und Wahrnehmendes treten in diesem Prozess des Wahrnehmens in ihr eigentliches Wesen. Umgekehrt bleiben die Eigenschaften von Wahrgenommenem und Wahrnehmendem ohne die Wahrnehmung nur Potentiale, nur Möglichkeiten, sie werden nicht wirklich. Das Sympathische an dieser Auffassung ist, dass das Wahrnehmen das Einbringen der ganzen Person erzwingt - halbes Wahrnehmen oder nur ein wenig, kann nicht vorkommen, es gibt nur ein entweder oder.

Ästhetik wird vor diesem Hintergrund das Durchdringen der Wahrnehmung mit dem Bewusstsein (Bockemühl 2000, S.3). Die Künste erhalten in diesem Zusammenhang ihren besonderen Stellenwert. Mit Vereinfachungen, Betonungen, Reduzierungen oder Übertreibungen verdeutlicht der Künstler genau das, was im Gesamtzusammenhang und dem in der Wahrnehmung nicht Geschulten entgeht. Die Wahrnehmungsfrage lebt durch das Wie der Gestaltung des Künstlers. Die großartigen Parkschöpfungen der Vergangenheit und unsere Gegenwärtigen bilden in künstlerischer Verdichtung auch ein gesellschaftliches Verhältnis zur Landschaft ab.

3 Die Rolle der Künste für die Natur

3.1   Kulturlandschaft und Landeskultur

Das Thema der Durchdringung von Kultur und Natur kennt ein bekanntes Schlagwort: nämlich das der Kulturlandschaft. Man wird der Vielschichtigkeit, die darin liegt, jedoch nicht gerecht, wenn der Sachverhalt immer wieder - und wie ich meine unzulässig - auf die bäuerliche Kulturlandschaft verkürzt wird. Vor allem dann nicht, wenn damit unterstellt werden soll, dass die Prägungen, die Landschaften durch die Landbewirtschaftung im Laufe der Geschichte erfahren haben, immer und für alle Zeiten nachhaltig günstige Prägungen sind. Die Beziehungen des Menschen zu seiner lebendigen Umwelt sind erstens komplexer und vielschichtiger und zweitens auch viel grundsätzlicherer und umfassenderer Art, als dass sie sich auf Fragen der Landwirtschaft reduzieren ließen.

Es ist offensichtlich nicht nur ein Bedürfnis unserer Tage, Kultur und Landschaft in einem einzigen Begriff zusammenzufassen[2], um damit gleichsam eine beiden gemeinsame, übergeordnete Qualität zu beschreiben. Ich erinnere in diesem Zusammenhang an den Begriff der "Landeskultur", über den bis vor etwa 20 bis 25 Jahren reichlich publiziert wurde und der sich im Grundgesetz, im Bundeswasserstraßengesetz, Raumordnungsgesetz und Flurbereinigungsgesetz wie-

---

2   Der Begriff der Landeskultur (und daraus abgeleitet auch der der "Kulturtechnik") war in den 1950iger und 1960er Jahren (teilweise noch in den 1970er Jahren) sehr gebräuchlich, § 1 **FlurbG** i.d.F. vom 14.07.1953 nennt als Zweck der Flurbereinigung ausdrücklich die Förderung der "allgemeinen Landeskultur". Im **Raumordnungsgesetz** vom 8.4.1965 heißt es in § 2 Abs. 5: "Die Landeskultur soll gefördert werden." (Vgl. hierzu u.a. Kuntze 1971, S.257-264; Schmidt 1968, S.11f.; Bohte 1971, S.393-414; Meyer 1970; Niggemann 1986, S.121-135; Kowallik 1987, S.116-118).

derfindet. Es heißt dort jeweils ähnlich, dass die Landeskultur gefördert werden solle.[3]

Von der Konferenz der Vereinten Nationen für Umwelt und Entwicklung (UNCED) in Rio de Janeiro ging 1992 der Ruf nach "sustainable development" aus, nach "nachhaltiger Entwicklung" in die Welt. Damit wird der gleiche Sachverhalt des Miteinanders von Schutz und Nutzung, Kultur und Natur umschrieben. Nachhaltige Entwicklung - es ist mir wichtig, darauf hinzuweisen, dass eine nachhaltig *günstige* Entwicklung gemeint ist - nachhaltige *günstige* Entwicklung also ist stets und zuvörderst auch Entwicklung. Ohne das Miteinander von Natur und Kultur, Schutz und Nutz ist das nicht zu erreichen.

Kulturlandschaft fragt aber auch nach Traditionen. Denn das, was der Mensch aus Tradition tut, weil es von Mensch zu Mensch, von Generation zu Generation weitergegeben wird, macht die Kultur der Menschen aus, wie Hubert Markl (1991, S.245) es einmal formulierte. Weil vieles im menschlichen Verhalten auf solche Traditionen zurückgeführt werden kann, hat Arnold Gehlen (1957) nicht zu unrecht den Menschen von Natur aus als Kulturwesen bezeichnet.

Kulturlandschaft fragt vor allem nach der Gestalt der Landschaft, sucht ihren sichtbaren Ausdruck. Das lenkt die Aufmerksamkeit auf zwei übergeordnete Schaltkreise, den der Information und wiederum auf den der Ästhetik.

3.2   Der Informationsgehalt der Landschaft

Wir haben uns daran gewöhnt, im Zusammenhang mit ökologischen Untersuchungen von Landschaften die Stoff- und Energieflüsse zu analysieren. Auf diesem Gebiet sind durch langwierige Ökosystemforschung große Fortschritte erzielt worden.

Für die Kulturlandschaft, jener Landschaft, die aufgrund kulturellen Wirkens im Laufe der Geschichte eine bestimmte Gestalt erhalten hat, ist der in der Landschaft manifestierte Informationsgehalt entscheidend. Der große Geograph Josef Schmithüsen machte bereits 1964 (S.1-24) in seiner kleinen Abhandlung "Was ist eine Landschaft?" darauf aufmerksam, dass Landschaften "neben den Bibliotheken die wichtigsten Speicher und Akkumulatoren der geistigen Errungenschaften der Menschheit" sind. Das Leben der Gesellschaften zehre aus ihnen mehr, als uns zuweilen bewusst sei.

Die Zukunft unserer Kulturlandschaft ist auch als Informationsproblem zu kennzeichnen und wir werden auch von Informationshaushalten im Naturhaushalt

---

3   In jüngster Zeit neu aufgeflammt ist die Landeskulturdiskussion durch Gassner (1996) und den Beitrag von Friesecke (2000, S.81-85). Friesecke kommt zu dem Ergebnis, dass Landeskultur im Sinne der Einvernehmensregelung in Art. 89 Abs. 3 GG und § 4 WaStrG die Sorge für die land- und forstwirtschaftliche Nutzung und Betreuung der Landschaft sei. Dabei sei der Begriff aber nicht auf agrartechnische und agrarökonomische Anforderungen beschränkt.

sprechen können. Auf das Informationsproblem trifft zu, was generell für jedes vorausschauende, planende Handeln gilt: Es kann nur durch rationale Organisation und Abstimmung

Informationen gewinnender,

verarbeitender und

auswertender Prozesse

bewältigt werden. Eine tragfähige Entwicklung verlangt, die in der Landschaft gespeicherten Informationen zunächst einmal wahrzunehmen und sachgerecht zu verarbeiten. Dazu sind nicht zuletzt alle raumverändernden Disziplinen aufgefordert: von der Flurbereinigung über den bezeichnenderweise Kulturbau genannten Fachbereich bis hin zur Verkehrswegeplanung, Wasserwirtschaftsplanung oder zum Städtebau. Von herausragender Bedeutung ist jedoch die Landschaftsplanung, deren Aufgabe es ist, Teilaspekte zu einem Ganzen zusammenzufügen. Mit einem Konzept, welches darauf besteht, Landschaftsplanung als Fachplanung durch zu setzen, wird der Beitrag des Naturschutzes zur nachhaltigen Entwicklung, soweit er sich in der Landschaftsplanung konkretisiert, marginalisiert und abgewertet. Die spezifischen und notwendigen Stärken der Landschaftsplanung werden nicht mehr nachgefragt.

3.3   Landschaftsästhetik im Naturschutz

Kulturlandschaften können im umfassenden und ursprünglichen Wortsinne nur ästhetisch erschlossen werden. Jedoch zeichnet sich seit geraumer Zeit eine Entwicklung ab, die Werner Nohl (1996, S.214) als "halbierten Naturschutz" bezeichnet. Damit umschreibt er die "Landschaftsbild-Vergessenheit im heutigen Naturschutz". Diese sei nicht zuletzt auf die Überbetonung des naturwissenschaftlichen Ansatzes zurückzuführen. Das lässt sich auch an den im Naturschutz dominierenden Berufsgruppen ablesen.

Es zeichnet sich ab, dass der Sachverhalt des Naturschutzes in nicht zu ferner Zeit vollständig - vielleicht auch aus "berufsständischen" Gründen - von dem Begriff der biologischen Vielfalt ersetzt sein wird. Dann wird der gleiche Sachverhalt in den 150 Jahren seines mehr oder weniger offiziellen Daseins zum 6. Mal seine Bezeichnung ändern. In seiner Anfangsphase hieß es Landesverschönerung, danach Heimatschutz, in der Zeit des Nationalsozialismus Naturschutz, dann Landespflege (nur wenig bekannt ist der Deutsche Rat für Landespflege), und schließlich wurde der Sachverhalt mit dem Zwillingsbegriff Naturschutz und Landschaftspflege bezeichnet - nun also biologische Vielfalt. Kulturwissenschaftliche Ansätze, die jedoch ebenso zum Naturschutz gehören und - wie das Beispiel des Heimatschutzes zeigt - auch gehörten, werden stark vernachlässigt.

Die Zukunft der Kulturlandschaft wird wesentlich davon bestimmt sein, wie wir mit dem historischen Erbe umgehen werden. Und dieses verlangt, ihren "geistigen Gehalt" zu erfassen, wie es Josef Schmithüsen bereits im Jahr 1954 (S.185ff.) emp-

fohlen hat. Es heißt danach zu fragen, welche geistigen Gehalte in der Kulturlandschaft erkennbar sind, wie sie im einzelnen zum Ausdruck kommen und wer die
Träger dieser geistigen Prägung sind.

Jede Weiter-Entwicklung der Landschaft verlangt einen sorgfältigen Umgang
gerade mit diesen Inhalten. Entwicklung sollte nicht in zu großen Sprüngen, sondern kontinuierlich erfolgen, damit vor allem die dort lebenden Menschen in ihrer
Heimat erkennen können, "woher sie kommen und wohin sie gehen". Nur die Bewohner einer Landschaft, die dieses können, die über eine heimatliche Identität verfügen, sind auch in der Lage, einen ökologisch verträglichen, eben nachhaltigen
Umgang mit der Natur und ihren Ressourcen zu pflegen. Legitimations- und Durch-
setzungsschwierigkeiten, die der Naturschutz seit geraumer Zeit feststellt, mögen
ihre Ursache auch darin haben, dass sich die notwendige heimatliche Identität eben
nicht naturwissenschaftlich, landschaftsökologisch erreichen lässt, sondern emotionale und ästhetische Besetzungen erfordert. Es geht eben nicht um naturwissenschaftlich beschreibbares "Gelände", sondern auch um den "locus amoenus" bzw.
"locus horribilis" (Nohl 1996, S.214).

Der Historiker Joachim Radkau (2000, S.272) analysiert den gleichen Sachverhalt so: "Man kann sogar eine Schwäche der heutigen Umweltbewegung darin sehen,
dass sie nicht mehr im gleichen Maße wie der alte Naturschutz eine Basis in der Hei-
matliebe und der Anhänglichkeit an ein vertrautes Bild von der Heimat hat. Denn nur
ein solches Leitbild kann wirklich populär und libidinös besetzt werden. Ein zwischen Experten auszuhandelnder Emissionsgrenzwert bietet kein lohnendes Ziel."

Bemerkenswert an Radkaus Buch "Natur und Macht" ist das vom Verlag gewählte Umschlagbild: Es zeigt in der unteren Hälfte Beton gewordene Macht, höchstwahr-
scheinlich eine Bank- oder Konzernzentrale. Das Thema Macht ist ganz treffend ab-
gebildet. Die Natur als "Gegenspieler" wird durch eine liebliche, leicht hügelige
Agrarlandschaft dargestellt. Man sieht eine Feldweg-Allee eine leichte Anhöhe hinauf und rechter Hand eine Mähwiese, linker Hand eine Pferdekoppel. Es hat durchaus
eine kuriose Komponente, festzustellen, dass intensives Erforschen und Propagieren
der Natürlichkeit zu dem Ergebnis führt, dass die Bevölkerung mit Natur ganz andere
Assoziationen verbindet, als die Spezialisten. Hier tun sich interessante Untersu-
chungsfelder für Soziologen, Meinungsforscher und wohl auch Sprachforscher auf.

3.4   Landschaftsveränderungen in der Geschichte

Es ist im übrigen ein weit verbreitetes Missverständnis, frühere Generationen wären sorgsamer mit ihren landschaftlichen Potentialen umgegangen. Mittels archäo-
logischer Untersuchungen konnte nachgewiesen werden, dass es in den vergangenen 8.000 Jahren in Griechenland mehrfach Phasen von Entwaldung und katastro-
phaler Bodenerosion gab, an denen nach Meinung vieler Wissenschaftler der
Mensch ursächlich beteiligt war (Runnels 1995, S.84-88). In Platons Dialog "Kritias" und in Aristoteles "Meteorologie" gibt es deutliche Hinweise darauf, wie durch

nachhaltige Bewirtschaftung - nämlich durch nachhaltig *ungünstige* Bewirtschaftung die Bodenerosion schwerwiegende Folgen verursacht und zu flächendeckender Armut geführt hat.

Auch der vorindustrielle Bauer in unseren Breiten war alles andere als ein bewusst nachhaltig wirtschaftender Mensch. Die Funktionalität und Stabilität der von ihm geschaffenen Kulturlandschaft war lediglich ein zufälliges und natürlich auch vorteilhaftes Ergebnis (Adam 1996). Geändert hat sich in den letzten 150 Jahren jedoch die Intensität der Eingriffe, nicht jedoch die dahinter liegende Einstellung. Hätten vorindustrielle Bauern über die heutigen Maschinen verfügen können, hätten sie sie auch eingesetzt.

4 Vier Thesen

4.1   These 1

Es gibt keinen Gegensatz zwischen Kulturlandschaft und Naturlandschaft. Es gibt nur Kulturlandschaft.

Es geht dabei um Folgendes: Erstens: Der Mensch kann, weil er ein Kulturwesen ist, Natur auch nur kulturell wahrnehmen. Seine Wahrnehmungswerkzeuge, Sinne und Geist, der das physisch Wahrgenommene verarbeitet, abstrahiert und zu Begriffen verallgemeinert, sind kulturelle Werkzeuge. Auch die Sprache, mit welcher das Wahrgenommene zu Information verdichtet wird, ist ein kulturelles Medium.

Zweitens: Indem wir der Natur unsere Aufmerksamkeit schenken, verändern wir sie bereits. Es handelt sich um das gleiche Phänomen, dem Physiker spätestens seit Heisenberg gegenüberstehen. Sie müssen damit fertig werden - und es ist vielen von ihnen in der ersten Hälfte des Jahrhunderts wirklich nicht leicht gefallen -, dass sie das atomare Objekt durch ihre Beobachtung und Messung bereits verändern.

Gewandelt auf unser Thema folgt daraus die Feststellung: "Die Wildnis ortet sich nicht, sie gibt sich keinen Namen" (Schama 1996, S.17 und S.592). Dinge zu benennen heißt, sie in Besitz zu nehmen. Damit fängt es stets an. Damit wird Naturlandschaft zur Kulturlandschaft. Wir kommen damit zum Ausgangspunkt unserer Überlegungen zurück: Für Aristoteles war Natur das, was von sich aus ist. Wenn das so ist, und bislang zeichnete sich kein Grund ab, dem nicht zu folgen, dann ist vom Menschen geschützte Wildnis erst recht Kultur. Denn ohne das Menschentun wäre in heutiger Zeit die Wildnis nicht - deshalb schützen wir sie doch, um sie vor dem irreversiblen Untergang zu bewahren. Also kann die von uns geschützte Natur ohne unseren Schutz nicht existieren und mutiert - ohne das wir es merken - von der Natur zur Kultur.

Der dritte Aspekt, der aus jeder Naturlandschaft zwangsläufig eine Kulturlandschaft macht, ist paradoxerweise der Naturschutz selbst: weil der Akt des Schützens ein kultureller Akt ist, wird so die wildeste Natur zum Gegenstand unserer Obhut.

Denn nicht die technische Raffinesse, mit der Naturgüter erschlossen und ausgebeutet werden, sondern das Gegenteil davon, die bewusste Zurückhaltung ist ein Maßstab für kulturelle Reife und Kultiviertheit einer Nation.

An dieser Stelle bietet sich die Gelegenheit, Naturschutzmythen zu hinterfragen.[4] Das in den USA gelegene Yosemite-Tal (heute Yosemite Nationalpark) galt als unberührt und paradiesisch: eine Ikone der heilenden Wildnis gegen alle zivilisatorischen Gefährdungen. Das Yosemite-Tal hatte seine Gestalt und sein Aussehen aber infolge regelmäßiger und althergebrachter Brandrodung durch die dort ansässigen Ahwahneechee-Indianer erhalten - es handelt sich demnach um eine klassische Kulturlandschaft. Diese Indianer wurden schließlich von den amerikanischen Truppen, dem Mariposa-Bataillon, welches zum Schutz der dort befindlichen Erzbergwerke eingesetzt war, gehetzt, verfolgt und vertrieben. Die wenigen, welche die Enteignung und Vertreibung überlebten, nannten ihre Peiniger *Yo-che-ma-te*: "einige von ihnen sind Killer". Da dieses für den Nationalpark natürlich keinen besonders erfreulichen etymologischen Bezug darstellte, wurde aus dem Wortschatz der Miwok-Indianer eine Ableitung erfunden: *uzumati*, womit Grizzly-Bären bezeichnet werden.

Auch ein weiterer Aspekt der Entstehungsgeschichte amerikanischer Nationalparks sollte nicht übersehen werden. Sie wurden in der zeitgenössischen Diskussion als Kompensat für die amerikanische Historien- und Kulturlosigkeit empfunden. Insbesondere die Sequoien, die Mammutbäume, wurden in verschiedenen Artikeln als "vollgültiges Äquivalent der größten Erzeugnisse der abendländischen Kunst und als *die authentischen, lebenden Denkmäler des uralten Amerika* bezeichnet".[5] Die Nationalparkidee hatte auch ihre instrumentalisierte Funktion, kulturelle Minderwertigkeits-Empfindungen zu kompensieren und die "Auserwähltheit des amerikanischen Volkes" zu begründen.

4.2   These 2

Garten ist die Metapher für die Einheit von Kultur und Landschaft;
Garten-Denken ist die Voraussetzung für nachhaltige Entwicklung.

In der Menschheitsgeschichte spielt der Garten tatsächlich und als bildhafte Umschreibung eine besondere Rolle. Es ist an den Garten Eden ebenso zu erinnern, wie an den biblischen Auftrag, sich die Erde untertan zu machen und - damit auch verbunden - sie wie einen Garten zu pflegen und zu bewahren.

Den Begriff "paradeisos" hat im 4. vorchristlichen Jahrhundert der griechische Philosoph Xenophon geprägt, der damit die großen orientalischen Gärten beschrieb, die er während der Perserkriege gesehen hatte.

---

4   Die nachfolgende Darstellung ist verkürzt Schama (1996, S.16-19 und S.208-216) entnommen.

5   Schama (1996, S.214) zitiert an dieser Stelle Oliver Wendell Holmes im Atlantic Monthly.

In heutiger Zeit haben Gärten eine weitere Bedeutung erhalten. Hubert Markl (1991) sieht die Menschen angesichts der Entwicklung, welche die Ressourcen hartnäckig beeinträchtigt, zunächst zur Hilflosigkeit und dann zur Trostlosigkeit verdammt - er empfiehlt Garten-Denken. Das Markl'sche Paradoxon lautet: "Garten-Denken heißt aus dem Land mehr als nur das Letzte herauszuholen."

Es ist übrigens bezeichnend, dass eine frühe Form nachhaltiger Forstwirtschaft, welche seitens des russischen Zarenreiches Anfang des 19. Jahrhunderts u.a. in den Wäldern von Białowieża erzwungen wurde, "jardinage" genannt wurde (Schama 1996, S.62).

Vom Menschen geschützte Natur, um sie vor dem Menschen zu schützen, wird so wieder zum Garten in seiner ursprünglichen Bedeutung - nur, dass wir mit dem Naturschutz nicht mehr unsere gärtnerischen Kulturen vor den wilden Tieren und der Wildnis, sondern die Wildnis vor uns schützen.

4.3   These 3

Es gibt ein grundlegendes, ur-menschliches Bedürfnis danach, Kultur und Natur als Einheit zu sehen, zu verstehen und zu begreifen.

Diese These[6] greift auf, dass zu allen Zeiten und überall auf der Welt Menschen ihren Platz in der Natur bestimmt haben. Mythen und Märchen, steinzeitliche Höhlenmalereien und Schöpfungsgeschichten belegen dies. Menschen sind wohl auch nicht lebensfähig, wenn sie sich aus der Natur und ihren Gewalten, die sie immer wieder überwältigen, ausschließen.

Es gibt Stimmen, die sehen gerade den Naturschutz - wenigstens zum Teil - als mystische Veranstaltung. Wolfgang Haber (1998b) hatte schon vor Jahren vor dem religiösen bzw. pseudoreligiösen Sendungsbewusstsein in der Profession gewarnt. Der Altruismus, die selbstgewählte Aufopferung für das Gemeinwohl, wird immer wieder wie eine Monstranz zur Schau gestellt.

Jüngst konnten Georg Menting und Gerhard Hard (2001) nachweisen, dass der Naturschutz Symbole schützt, wenn er überhaupt etwas schützt. Wörtlich heißt es: "Denn fast alle Ideale des modernen Naturschutzes, von Gleichgewicht bis Vielfalt, sind, wie die Ideengeschichtler immer wieder zeigen, von Hause aus Lobpreisungen Gottes und seiner Schöpfung und haben letztlich nur in diesem 'theo-ökologischen' Kontext einen guten Sinn."

---

6   These 3 steht unter der Überschrift "et in arcadia ego". Die Bedeutung des berühmten Gemäldes von Nicolas Poussin mit gleichem Titel liegt wohl darin, dass der Künstler darstellen will, dass der Tod auch bzw. selbst in Arkadien ist. Insofern ist es in seiner Aussage ein eher antiidyllisches Gemälde. Andererseits untertitelt Goethe seine Italienische Reise ebenfalls mit "et in arcadia ego".

Die Geographen Menting und Hard stehen mit dieser Meinung nicht alleine da. Der bereits zitierte Naturphilosoph Gernot Böhme (1992, S.194) kommt zu gleichem Ergebnis, wenn er den Widerstand gegen Künstlichkeit und die explizite Berufung auf die Natur analysiert, die heutzutage allenthalben wahrzunehmen ist. Diese Argumentation werde ethisch geführt, sei aber im Kern moraltheologisch. Natur als substantiellen Wert anzusehen, gelinge eigentlich nur dann, "wenn man die gegebene äußere Natur - etwa die Artenvielfalt - .... durch eine Schöpfungsordnung absichern kann."

Das erklärt letztlich auch einen bemerkenswerten Hang zur Apokalypse in der "Naturschutz-Szene". Apokalypsen machen stets nur dann Sinn, wenn es zu dem jeweiligen Weltuntergangsszenario auch den passenden Messias gibt (Huber 1982, S.9). Weil es sich so gut damit hantieren lässt, und weil im Notfall sogar Argumente entbehrlich werden können, es geht schließlich um Glaubens- und nicht um Überzeugungsfragen - sind Apokalypsen sehr beliebt. Der Naturschutz hat seit es ihn gibt apokalyptisch und messianisch argumentiert. Im Kontext der dargelegten Überlegungen ist es ein Hinweis auf die mitschwingende mystische Komponente.

4.4   These 4

Die menschliche Spezies Wissenschaftler verdrängt die Spezies Laie aus der Landschaft.

Es ist das große Dilemma des Naturschutzes, der sein Schwergewicht auf die naturwissenschaftlichen Fakten legt, dass er bei der Vielzahl menschlicher Eingriffe in den Naturhaushalt fast den Verstand verlieren möchte. Stets begegnet er dem Menschen als Störer ökologischer Systeme - vor diesen Störungen will er die Natur in Schutz nehmen.[7] Je mehr er dieses tut, um so größer werden seine Legitimations- und Durchsetzungsprobleme. Der Naturschutz könnte wesentlich erfolgreicher sein, wenn seinem Handeln ein Landschaftskonzept zugrunde liegen würde, das nicht nur in der unbelebten Natur sowie Flora und Fauna die wirksamen Akteure der Landschaft sähe, sondern auch Menschen auf der Basis eines partnerschaftlichen Verhältnisses als empfängliche und prägende Landschaftsteilhaber mit einbeziehen würde.

Radkau (2000, S.309) stellt fest, wie sehr sich die Umweltbewegung verwissenschaftlicht habe. Sie hätte einen Teil ihrer Kraft aus der Grundsatzkritik an der modernen Wissenschaft gezogen. Diese Verwissenschaftlichung habe ihren Preis, nämlich den der Schaffung von Hierarchien mit den Laien zu unterst. Das führe aber zu einer Abwertung des Wissens der Laien. Radkaus treffende Bemerkung dazu

---

7   Nohl (1996, S.215): "Die Landschaftsökologie steht damit vor dem großen Problem, dem Alltagsmenschen als Mitnutzer und Mitgestalter der Landschaft tendenziell nur noch eine historische Rolle zubilligen zu können."

lautet: "Indem man Umweltprobleme als ökologische definiert, verschleiert man, dass die Entscheidung in der Regel auch eine Frage nach Interessen ist."

5 Literatur

Adam, T. (1996): Mensch und Natur: Das Primat des Ökonomischen. Entstehen, Bedrohung und Schutz von Kulturlandschaften aus dem Geiste materieller Interessen. - In: Natur und Landschaft 71, S.155-159

Barrow, J.D. (1997): Der kosmische Schnitt. Die Naturgesetze des Ästhetischen. - Heidelberg, Berlin

Bockemühl, M. (2000): Bewusstseinswandel im Spiegel der Landschaftsmalerei. - In: Natur + Mensch 5/2000, S.3-10

Böhme, G. (1992): Natürlich Natur. Über Natur im Zeitalter ihrer technischen Reproduzierbarkeit. - Frankfurt/Main

Bohte, H.G. (1971): Landeskultur im Wandel der Zeit. - In: Berichte aus der Landwirtschaft 49, S.393-414

Bonet, E.M. (1996): Auf der Suche nach dem Humanum. Die kulturgeschichtlichen Ursachen des Wachstums. - In: Riedl, R. & Delpos, M. (Hrsg.): Die Ursachen des Wachstums. Unsere Chancen zur Umkehr. - Wien, S.108-124

Breidbach, O. (Hrsg.) (1997): Natur der Ästhetik - Ästhetik der Natur. - Wien, New York

Cramer, F. (1993): Der Zeitbaum. Grundlegung einer allgemeinen Zeittheorie. - Frankfurt/Main, Leipzig

Eusterschulte, A. (1997): Nachahmung der Natur. Zum Verhältnis ästhetischer und wissenschaftlicher Naturwahrnehmung in der Renaissance. - In: Breidbach, O. (Hrsg.): Natur der Ästhetik - Ästhetik der Natur. - Wien, New York, S.19-53

Friesecke, A. (2000): Bedürfnisse der Landeskultur als Voraussetzung des Einvernehmens zwischen Bund und Land bei der Verwaltung der Bundeswasserstraßen. - In: Natur und Recht 22, S.81-85

Gassner, E. (1996): Zur Kompetenz in Sachen Naturschutz. - In: Natur und Recht 18, S.130-135

Gehlen, A. (1957): Die Seele im technischen Zeitalter. Sozialpsychologische Probleme der industriellen Gesellschaft. - Reinbek bei Hamburg

Haber, W. (1996): Die Landschaftsökologen und die Landschaft. - In: Berichte der Reinhold Tüxen-Gesellschaft 8, S.297-309

Haber, W. (1998a): Von der Kulturlandschaft zur Landschaftskultur. - In: Greifswalder Universitätsreden NF 85, S.26-41

Haber, W. (1998b): Nachhaltigkeit als Leitbild der Umwelt- und Raumentwicklung in Europa. - In: Heinritz, G.; Wiessner, R. & Winiger, M. (Hrsg.): Nachhaltigkeit als Leitbild der Umwelt- und Raumentwicklung in Europa. Tagungsbericht und wissenschaftliche Abhandlungen. 51. Deutscher Geographentag Bonn vom 06.-11. Oktober 1997. Band 2. - Stuttgart, S.11-30

Huber, J. (1982): Die verlorene Unschuld der Ökologie. Neue Technologien und superindustrielle Entwicklung. - Frankfurt/Main

Kotauczek, P. (1996): Um welche Maße geht es? - In: Riedl, R. & Delpos, M. (Hrsg.): Die Ursachen des Wachstums. Unsere Chancen zur Umkehr. - Wien, S.27-44

Kowallik, U. (1987): Der Begriff der Landeskultur in Art. 89 Abs. 3 des Grundgesetzes und § 4 des Bundeswasserstraßengesetzes. - In: Natur und Recht 9, S.116-118

Kuntze, H. (1971): Landeskultur - kulturhistorisch betrachtet. - In: Zeitschrift für Kulturtechnik und Flurbereinigung 12, S.257-264

Ledermann, L. & Teresi, D. (1993): Das schöpferische Teilchen. Der Grundbaustein des Universums. - München

Markl, H. (1991): Natur als Kulturaufgabe. Über die Beziehung des Menschen zur lebendigen Natur. - München

Meadows, D.L. & Meadows, D.H. (1972): The Limits of Growth. - New York

Menting, G. & Hard, G. (2001): Vom Dodo lernen. Öko-Mythen um einen Symbolvogel des Naturschutzes. - In: Naturschutz und Landschaftsplanung 33/1, S.27-34

Meyer, K. (1970): Landeskultur. - In: Akademie für Raumforschung und Landesplanung (Hrsg.): Handwörterbuch der Raumforschung und Raumordnung. - Hannover

Meyer-Abich, K.M. (1997): Ist biologisches Produzieren natürlich? Leitbilder einer naturgemäßen Technik. - Gaia 6/4, S.247-252

Niggemann, J. (1986): Aktuelle und künftige landeskulturelle Aufgaben in der Bundesrepublik Deutschland. - In: Zeitschrift für Agrargeographie 4, S.121-135

Nohl, W. (1996): Halbierter Naturschutz. - In: Natur und Landschaft 71, S.214-219

Radkau, J. (2000): Natur und Macht. Eine Weltgeschichte der Umwelt. - München

Riedl, R. (1996): Bedingungen aus der Ausstattung der Kreatur. - In: Riedl, R. & Delpos, M. (Hrsg.): Die Ursachen des Wachstums. Unsere Chancen zur Umkehr. - Wien, S.45-56

Riedl, R. & Delpos, M. (Hrsg.) (1996): Die Ursachen des Wachstums. Unsere Chancen zur Umkehr. - Wien

Rock, M. (1986): Ästhetischer Zugang zur Umwelt. Schönheit als Motiv des Naturschutzes. - In: Natur und Landschaft 61, S.481-483

Roters, E. (1995): Jenseits von Arkadien. Die romantische Landschaft. - Köln

Runnels, C.N. (1995): Umweltzerstörung im griechischen Altertum. - In: Spektrum der Wissenschaft 5/1995, S.84-88

Schama, S. (1996): Der Traum von der Wildnis. Natur als Imagination. - München

Schmidt, E. (1968): Über den Begriff Landeskultur. - In: Wasser und Boden 20, S.11-12

Schmithüsen, J. (1954): Der geistige Gehalt in der Kulturlandschaft. - In: Berichte zur deutschen Landeskunde 12, S.185-188

Schmithüsen, J. (1964): Was ist eine Landschaft. - Erdkundliches Wissen. Schriftenreihe für Forschung und Praxis 9, S.1-24

Spanier, H. (1994): Alles schon gesagt. Ein Lesebuch für Liebhaber der Natur, Freunde und Gegner des Naturschutzes über den Naturschutz im Wandel der Zeit. - Bonn (Privatdruck)

Solmsdorf, H. (1995): Friedrich Wilhelm IV oder die Sehnsucht nach der Savanne. Gedanken zur Potsdamer Kulturlandschaft. - Deutscher Rat für Landespflege (Hrsg.): Pflege und Entwicklung der Potsdamer Kulturlandschaft. - Schriftenreihe des Deutschen Rates für Landespflege 66, S.52

Tuan, Y. (1979): Landscapes of Fear. - New York

Wilson, E.O. (1984): Biophilia. - Cambridge (Mass.), London

Wilson, E.O. (1986): Sehnsucht nach der Savanne. - In: Garten und Landschaft 3/1986, S.19-24

Wilson, E.O. (1994): Naturalist. - Washington, D.C.